基礎分析化学

―解説と問題―

徳島大学薬学部教授　　　名城大学薬学部教授
田中　秀治　　　　　　金田　典雄

編　集

東京　廣川書店　発行

―― 執筆者一覧（五十音順）――

片岡　洋行　　就実大学薬学部教授
金田　典雄　　名城大学薬学部教授
竹内　政樹　　徳島大学薬学部准教授
田中　秀治　　徳島大学薬学部教授

基礎分析化学―解説と問題―

編者　田中　秀治　　平成28年1月20日　初版発行©
　　　金田　典雄

発行所　株式会社　廣川書店

〒113-0033　東京都文京区本郷3丁目27番14号
　　　電話 03(3815)3651　FAX 03(3815)3650

まえがき

　分析化学は，興味の対象となる物，あるいはその中の特定の成分について，その真実や真値を明らかにするための原理や方法論，さらには応用を探究する化学の一分野である．物質に関する正しい情報を得るために何かを量る（測る）ことは，実験科学において必須の過程である．したがって，分析化学はあらゆる自然科学の基盤となる重要な学問分野である．

　本書は，特に薬学部学生を対象として，分析化学の初級〜中級の教科書・参考書として編集されたものである．薬学部に限らず，大学における分析化学教育では，低学年において化学反応に基づく化学的分析法を，より高学年において物理的性質に基づく物理的分析法−主に機器分析法−をそれぞれ取り扱うのが一般的である．そこで本書では，改訂「薬学教育モデル・コアカリキュラム」の「C2 化学物質の分析」のうち，「(4) 機器を用いる分析法」は他の専門書に譲り，「(1) 分析の基礎」，「(2) 溶液中の化学平衡」，「(3) 化学物質の定性分析・定量分析」，「(5) 分離分析法」，「(6) 臨床現場で用いる分析技術」をカバーすることとした．ただし，技能に関するSBO，重量分析ならびに日本薬局方確認試験などで用いられる定性分析は含まないものとした．

　執筆に際しては，全体としてはコンパクトな書でありながら，基本事項を網羅し，それらを丁寧に解説し，必要不可欠な図表は必ず含めるよう心掛けた．分析化学の学修では実際に問題を解くことが重要で，それによってはじめて理解できることも多い．本書では，できるだけ多くの例題と練習問題を配することを基本方針とし，必要に応じて踏み込んだ説明も加え，より深い内容を求める学生の期待にも応えられるように配慮した．章による濃淡が生じないよう少人数（4名）で執筆を行い，さらに編者が様々な角度から内容を点検し，用語や体裁などの統一も図った．計12章で構成されるが，「第11章　免疫学的分析法」および「第12章　画像診断技術」は，一般の分析化学書にはあまり見られない本書の特徴である．

　本書が，薬学部学生のお役に立てれば大きな喜びであり，さらなる改善に向けて，読者諸氏のご批判やご教示をいただければ幸いである．

　最後に，本書の出版にあたり多大なお力添えと激励をいただいた (株) 廣川書店 代表取締役社長 廣川治男氏，常務取締役 廣川典子氏，編集部諸氏に深く感謝いたします．

2015 年 12 月

編　者

基礎分析化学 −解説と問題−

第1章 分析化学序論

1.1 分析化学 ··· 1
    1.1.1 分析化学とは ··· 1
    1.1.2 分析操作 ··· 1
    1.1.3 分析法の分類 ··· 2
1.2 単　位 ·· 2
    1.2.1 物理量と単位 ··· 2
    1.2.2 国際単位系（SI） ··· 3
    1.2.3 非SI単位 ·· 5
    1.2.4 濃度の単位 ··· 5
練習問題 ·· 6

第2章 分析データの取り扱い

2.1 系統誤差と偶然誤差 ·· 11
    2.1.1 誤　差 ·· 11
    2.1.2 真度と精度 ··· 11
    2.1.3 正規分布と各種統計量 ·· 12
    2.1.4 母平均の信頼区間の推定 ····································· 13
2.2 検　定 ·· 15
    2.2.1 有意差検定 ··· 15
    2.2.2 棄却検定 ·· 16
2.3 有効数字と誤差の伝播 ··· 20
    2.3.1 有効数字 ·· 20
    2.3.2 偶然誤差の伝播 ·· 21
練習問題 ·· 23

第3章 電解質水溶液と化学平衡

3.1 電解質水溶液 ... 25
3.1.1 電解質 ... 25
3.1.2 活量と活量係数 ... 25
3.1.3 電解質水溶液とデバイ－ヒュッケルの理論 ... 26
3.1.4 イオンの個別活量係数 ... 27

3.2 化学平衡 ... 28
3.2.1 化学平衡と平衡定数 ... 28
3.2.2 ル・シャトリエの原理 ... 29
3.2.3 化学量論 ... 29

練習問題 ... 30

第4章 酸塩基平衡

4.1 酸と塩基 ... 33
4.1.1 アレニウスの定義 ... 33
4.1.2 ブレンステッド－ローリーの定義 ... 33
4.1.3 ルイスの定義 ... 34

4.2 水中での酸と塩基の電離 ... 34
4.2.1 酸の電離 ... 34
4.2.2 塩基の電離 ... 34
4.2.3 水の電離 ... 36

4.3 酸塩基水溶液のpH ... 37
4.3.1 pH ... 37
4.3.2 1価の強酸の水溶液のpH ... 37
4.3.3 1価の弱酸の水溶液のpH ... 37
4.3.4 多価の酸の水溶液のpH ... 39
4.3.5 塩基水溶液のpH ... 39
4.3.6 加水分解する塩の水溶液のpH ... 40

4.4 緩衝液 ... 41
4.5 多価の酸の各化学種の存在率とpHとの関係 ... 43
練習問題 ... 44

第5章 錯体生成平衡

- 5.1 錯体とキレート 49
  - 5.1.1 錯体 49
  - 5.1.2 キレート 50
- 5.2 錯体生成平衡 50
  - 5.2.1 錯体の生成定数 50
  - 5.2.2 キレート効果 51
- 5.3 EDTA 53
  - 5.3.1 EDTA の構造と性質 53
  - 5.3.2 キレート生成に対する pH の影響 55
  - 5.3.3 生成定数と条件生成定数 55
- 練習問題 58

第6章 沈殿生成平衡

- 6.1 難溶性塩の溶解と溶解度積 61
- 6.2 難溶性塩の溶解性に影響を与える因子 64
  - 6.2.1 共通イオン効果 64
  - 6.2.2 異種イオンの効果 65
  - 6.2.3 pH や錯生成の影響 65
  - 6.2.4 その他 66
- 練習問題 67

第7章 酸化還元平衡

- 7.1 酸化と還元 69
  - 7.1.1 酸化還元反応 69
  - 7.1.2 酸化数 70
- 7.2 電極電位 71
  - 7.2.1 電極 71
  - 7.2.2 電極電位とネルンストの式 71
  - 7.2.3 標準水素電極 73
  - 7.2.4 水の安定領域 74

7.3 化学電池とネルンストの式 ………………………………………………… 75
　　7.3.1 化学電池 ……………………………………………………………… 75
　　7.3.2 起電力とネルンストの式 …………………………………………… 76
練習問題 ……………………………………………………………………………… 77

第8章　容量分析法

8.1 容量分析法総論 ……………………………………………………………… 81
　　8.1.1 容量分析法とは ……………………………………………………… 81
　　8.1.2 容量分析法に必要な条件 …………………………………………… 81
　　8.1.3 容量分析法の長所と短所 …………………………………………… 82
　　8.1.4 標定とファクター …………………………………………………… 82
　　8.1.5 標準物質 ……………………………………………………………… 83
　　8.1.6 滴定の終点の検出 …………………………………………………… 84
　　8.1.7 直接滴定と間接滴定（逆滴定）……………………………………… 85
　　8.1.8 本試験と空試験 ……………………………………………………… 86
　　8.1.9 含量の計算 …………………………………………………………… 86
8.2 酸塩基滴定 …………………………………………………………………… 87
練習問題 ……………………………………………………………………………… 93
8.3 非水滴定 ……………………………………………………………………… 96
練習問題 ……………………………………………………………………………… 97
8.4 キレート滴定 ………………………………………………………………… 98
練習問題 ……………………………………………………………………………… 100
8.5 沈殿滴定 ……………………………………………………………………… 101
練習問題 ……………………………………………………………………………… 103
8.6 酸化還元滴定 ………………………………………………………………… 104
　　8.6.1 過マンガン酸塩滴定 ………………………………………………… 105
　　8.6.2 ヨウ素滴定 …………………………………………………………… 105
　　8.6.3 ヨウ素酸塩滴定 ……………………………………………………… 109
練習問題 ……………………………………………………………………………… 110

第9章　物質の分離と濃縮

9.1 溶媒抽出 ……………………………………………………………………… 115
　　9.1.1 分配平衡と分配係数 ………………………………………………… 115

　　　　9.1.2　溶媒抽出 ·· 116
　9.2　その他の分離・濃縮法 ··· 119
練習問題 ·· 120

第10章　クロマトグラフィーと電気泳動法

　10.1　クロマトグラフィーの基礎 ·· 123
　　　　10.1.1　クロマトグラフィーの分類と分離機構 ····················· 123
　　　　10.1.2　クロマトグラフィーの基礎理論と分離パラメーター ···· 124
　　　　10.1.3　クロマトグラフィーによる定性分析と定量分析 ········· 130
　10.2　液体クロマトグラフィー（LC） ····································· 132
　　　　10.2.1　高速液体クロマトグラフィーの装置 ······················· 132
　　　　10.2.2　分離機構と測定法 ·· 135
　10.3　ガスクロマトグラフィー（GC） ···································· 140
　　　　10.3.1　ガスクロマトグラフィーの装置と検出器 ·················· 140
　　　　10.3.2　測 定 法 ··· 143
　10.4　その他のクロマトグラフィー ··· 144
　　　　10.4.1　薄層クロマトグラフィー（TLC） ·························· 144
　　　　10.4.2　ろ紙クロマトグラフィー（PC） ···························· 146
　　　　10.4.3　超臨界流体クロマトグラフィー（SFC） ·················· 146
練習問題 ·· 146
　10.5　電気泳動法 ·· 148
　　　　10.5.1　電気泳動法の分類 ·· 148
　　　　10.5.2　電気泳動法の原理 ·· 149
　　　　10.5.3　ろ紙電気泳動法，セルロースアセテート膜電気泳動法 ··· 151
　　　　10.5.4　ゲル電気泳動法 ··· 152
　　　　10.5.5　キャピラリー電気泳動法 ····································· 156
練習問題 ·· 158

第11章　免疫学的分析法

　11.1　抗原と抗体 ·· 161
　11.2　イムノアッセイの種類と原理 ··· 163
　11.3　B/F分離 ··· 165
　11.4　ヘテロジニアスイムノアッセイとホモジニアスイムノアッセイ ······· 167

| 11.5 ウェスタンブロット法 ································· 168
    練習問題 ··· 170

第12章　画像診断技術

| 12.1 X 線診断法 ·· 173
| 12.1.1 X 線単純撮影法 ································· 173
| 12.1.2 X 線 CT ·· 174
| 12.2 MRI 診断法 ·· 174
| 12.3 超音波診断法 ··· 176
| 12.4 内視鏡検査 ··· 177
| 12.5 核医学診断法 ··· 177
| 12.5.1 SPECT ··· 177
| 12.5.2 PET ··· 178
| 練習問題 ··· 179

索　引 ··· 181

第1章 分析化学序論

1.1 分析化学

1.1.1 分析化学とは

分析化学 analytical chemistry とは，試料 sample 中の**目的成分** analyte について，共存する他成分と区別して認識（**定性分析** qualitative analysis）したり，その量を決定（**定量分析** quantitative analysis）したりするための原理や方法論，さらには実試料への応用について探究する化学の一分野である．分析化学の目的は，物質に関する真実や真値を明らかにすることである．

「分析する」analyze（名詞：analysis）という用語は，試料に対して用いる（例：水道水を分析する）．試料中の目的成分の量を決定する場合は，「定量する」determine, quantify（名詞：determination, quantification）という（例：水道水中のカルシウムイオンを定量する）．

1.1.2 分析操作

一連の分析操作は，試料の**採取** sampling，**保存** preservation，**前処理** pretreatment，**測定** measurement，**データ解析** data analysis などの単位操作 unit operation から成り立つ．前処理とは，測定に先立って行われる処理の総称で，試料の**分解** digestion や**溶解** dissolution，目的成分の**分離** separation，**前濃縮**（予備濃縮）preconcentration，および化学形態の変換などがある．

信頼性の高い分析値を得るためには，これらの単位操作を正しく行うことが必須の要件である．たとえば採取では，均質で，対象物全体を代表するものを採る必要がある．保存では，環境中や容器からの汚染，揮散や容器への吸着による目的成分の散逸，化学反応や微生物による変質を防ぐ必要がある．

1.1.3　分析法の分類

1）原理・方法による分類

分析法は，通常，原理や方法によって分類されている．化学反応に基づく化学的分析法には，点滴分析あるいは斑点試験と呼ばれる spot analysis や，**重量分析法** gravimetric analysis（第6章の Coffee break 参照）および**容量分析法** volumetric analysis（第8章に詳述）がある．Spot analysis では，滴板や沪紙上の試料に試薬を滴下し，呈色や沈殿生成などを観察することで定性分析を行う．重量分析法や容量分析法では，定量分析を行う．

物質の物理的（光学的，電気的，熱的など）性質に基づく物理的分析法は，一般的に分析装置を用いて行われるので**機器分析法** instrumental analysis と呼ばれる．しかし，この言葉は手分析（手操作による分析）と対比させた言葉なので，物理的分析法＝機器分析法ではない．

分析の目的から，定性や定量よりも分離に重点を置く分析法は**分離分析法** separation analysis，化学構造の解明を主目的とする分析法は**構造解析法** structure analysis と呼ばれる．しかし，これらを含め，上に述べた各分析法の境界は，明確に線引きできるものではない．

2）試料の種類や量による分類

試料の種類による分類（薬品分析，バイオメディカル分析，環境分析など），量による分類（常量分析 macroanalysis（0.1 g 程度まで），少量分析 semimicroanalysis（10 mg 程度まで），微量分析 microanalysis（1 mg 程度まで），超微量分析 ultramicroanalysis（1 mg 程度以下））もある．ここで示した数字は目安であり，厳密な定義は存在しない（次節でも同様）．

3）目的成分の量による分類

目的成分の濃度によって主成分分析 major analysis（1 % 程度まで），微量成分分析 minor analysis（1 ppm 程度まで），痕跡分析 trace analysis（1 ppb 程度まで），超痕跡分析 ultratrace analysis（1 ppb 程度以下）に分けることもある．%，ppm，ppb については，1.2.4 項を参照のこと．なお，目的成分が微量で，共存成分が試料の大部分を占めるときは，共存成分を総称して**マトリックス** matrix と呼ぶ．

1.2　単　位

1.2.1　物理量と単位

物理量 physical quantity とは，物質あるいは状態の性質を表す量のことである（例：長さ，質量，電流）．物理量は数値と単位の積，すなわち「物理量＝数値×単位」で表される．ここで**単位** unit とは，その物理量を表すための基準となる量である．物理量を表す記号は斜体（イタリック体）で，単位を表す記号は立体（ローマ体）で書き，数値と単位との間にはスペースを入れる．たとえば，温度 T が 298 K であるとき，$T = 298$ K と書く．

上述の関係より，数値＝物理量/単位となるので，図や表において数値を説明するときには，厳密には「物理量/単位」と記さなければならない（たとえば，温度/K）．しかし本書では，薬剤師国家試験等における表記に従い，「物理量（単位）」と記載する（たとえば，温度（K））．

1.2.2 国際単位系（SI）

国や分野ごとにさまざまなものが用いられてきた単位を統一するため，1960年の第11回国際度量衡総会において**国際単位系**(**SI**：フランス語の Le Système International d'Unités に由来）が制定された．学術の世界では，SI単位を用いることが推奨されている．

SIでは，すべての物理量は7つの基本物理量（長さ，質量，時間，電流，熱力学温度，物質量，光度）によって組み立てられると考える．この7つの基本物理量に対して，表1.1に示す**SI基本単位** SI base unit をそれぞれ定義する．その他の物理量の単位は，基本的にこれらのSI基本単位の組み合わせで表すことができ，**SI組立単位**（**SI誘導単位**）SI derived unit と呼ばれる．表1.2にSI組立単位の一例を示した．SI組立単位の中にはN，Pa，Jのように固有の名称と記号が与えられているものもある．さらに，必要に応じて10の累乗を表す**SI接頭語** SI prefix（表1.3）を用いて，数値がむやみに大きく（あるいは小さく）なることを避ける．

表 1.1　SI 基本単位

基本物理量	SI 基本単位 名称	記号	定義
長　さ	メートル	m	1秒の299 792 458分の1の時間に光が真空中を伝わる行程の長さ
質　量	キログラム	kg	国際キログラム原器の質量 [1]
時　間	秒	s	セシウム133原子の基底状態の2つの超微細構造準位間の遷移に対応する放射の周期の9 192 631 770倍の継続時間
電　流	アンペア	A	真空中に1mの間隔で平行に配置された無限に小さい円形断面積を有する無限に長い2本の直線状導体のそれぞれを流れ，これらの導体の長さ1mにつき2×10^{-7}Nの力を及ぼし合う一定の電流
熱力学温度	ケルビン	K	水の三重点の熱力学温度の1/273.16
物質量 [2]	モル	mol	0.012 kgの炭素12の中に存在する原子数に等しい数の要素粒子 [3] を含む系の物質量
光　度	カンデラ	Cd	周波数540×10^{12}Hzの単色放射を放出し，所定の方向におけるその放射強度が1/683 W sr^{-1}（ワット毎ステラジアン）である光源の，その方向における光度

[1] 普遍的な微視的現象に基づくものではなく，いまだに人工物に基づいて定義されている唯一のSI基本単位．国際キログラム原器は白金（89.69％），イリジウム（10.14％）などからなる合金で，パリ郊外の国際度量衡局に保管されている．
[2] しばしば「モル数」と言われるが，これは正しい言い方ではない．長さを「メートル数」，質量を「キログラム数」とは言わないことと同様である．
[3] 原子，分子，イオン，電子などの粒子，または粒子の特定の集合体．

表1.2 SI組立単位の一例

組立量	SI組立単位[1]		
	名称	記号	他のSI単位による表現[2]
固有の名称と記号を与えられているもの			
力	ニュートン	N	$m\,kg\,s^{-2}$
圧力	パスカル	Pa	$N\,m^{-2} = m^{-1}\,kg\,s^{-2}$
エネルギー,熱量	ジュール	J	$N\,m = m^2\,kg\,s^{-2}$
電気量,電荷	クーロン	C	$A\,s$
電位差,起電力	ボルト	V	$J\,C^{-1} = m^2\,kg\,s^{-3}\,A^{-1}$
コンダクタンス	ジーメンス	S	$\Omega^{-1} = m^{-2}\,kg^{-1}\,s^3\,A^2$
セルシウス温度[3]	セルシウス度	℃	K
固有の名称と記号が与えられていないもの			
面積		m^2	
体積		m^3	
速さ,速度		$m\,s^{-1}$	
質量モル濃度		$mol\,kg^{-1}$	
熱容量,エントロピー		$J\,K^{-1}$	$m^2\,kg\,s^{-2}\,K^{-1}$
表面張力		$N\,m^{-1}$	$kg\,s^{-2}$
電場の強さ[2]		$V\,m^{-1}$	$m\,kg\,s^{-3}\,A^{-1}$
粘度(粘性係数)		$Pa\,s$	$m^{-1}\,kg\,s^{-1}$

1) 単位を乗算する場合は,単位記号の間にスペースまたは中点(·)を入れる(例:Pa s または Pa·s).単位を除算する場合は,たとえば $V\,m^{-1}$ あるいはスラッシュ(/)を用いて V/m のように表す.
2) ある物理量の単位を他のSI単位によって表現することにより,その物理量の意味を異なる観点から理解することができる.たとえば,電場の強さはその単位 $V\,m^{-1}$ より電位勾配の大きさと言えるが,$V\,m^{-1} = (J\,C^{-1})\,m^{-1} = ((N\,m)\,C^{-1})\,m^{-1} = N\,C^{-1}$ より,荷電粒子が単位電荷あたり受ける静電気力の大きさと読み取ることもできる.
3) セルシウス温度 θ と熱力学温度 T との間には,$\theta/℃ = T/K - 273.15$ の関係がある.

表1.3 SI接頭語

分量	接頭語		倍量	接頭語	
	名称	記号		名称	記号
10^{-1}	デシ deci	d	10^1	デカ deca	da
10^{-2}	センチ centi	c	10^2	ヘクト hecto	h
10^{-3}	ミリ milli	m	10^3	キロ kilo	k
10^{-6}	マイクロ micro	μ	10^6	メガ mega	M
10^{-9}	ナノ nano	n	10^9	ギガ giga	G
10^{-12}	ピコ pico	p	10^{12}	テラ tera	T
10^{-15}	フェムト femto	f	10^{15}	ペタ peta	P
10^{-18}	アト atto	a	10^{18}	エクサ exa	E
10^{-21}	ゼプト zepto	z	10^{21}	ゼタ zetta	Z
10^{-24}	ヨクト yocto	y	10^{24}	ヨタ yotta	Y

SI接頭語と単位記号との間にはスペースを入れない.(正)hPa (誤)h Pa
SI接頭語のついた単位記号を累乗するときには,SI接頭語も含めて累乗しているとみなす.たとえば nm^3 は(nm)の3乗という意味で,$10^{-9} \times (m の 3 乗)$ という意味ではない.
SI接頭語を単独で用いてはならない.古くは μm のことをミクロンと呼び μ で表していたが,現在では適切ではない.
SI接頭語は併用してはならない.したがって,接頭語のついた唯一のSI基本単位である kg に対して,μkg と表記するのは誤りであり,mg と書かなければならない.

■ 例題 1　SI 基本単位と SI 組立単位

圧力の SI 組立単位 Pa（パスカル）は，SI 基本単位のみを用いて表すと $m^{-1}\,kg\,s^{-2}$ となる（表 1.2）．その理由について説明せよ．

解答と解説　圧力 p は単位面積に垂直方向から加わる力である．面積を S，垂直方向からの力を F とすると，$p = F/S$ の関係がある．

力 F は，物体の形や運動状態を変化させるものである．質量 m の点状の物体（質点）に加速度 a が発生するときには，$F = ma$（Newton の運動方程式）の力がはたらいている．

加速度 a は，単位時間あたりの質点の速度の変化量である．時間を t，速度を v とすると，$a = dv/dt$ の関係にある．

速度 v は，単位時間あたりの質点の位置 x の変化量で，$v = dx/dt$ の関係にある．なお，速度 velocity は変化の方向も示すベクトル量であり，変化の大きさのみを表す速さ speed とは区別される．

以上の関係を遡って考える．位置の変化量（＝長さ）および時間の SI 基本単位は，それぞれ m および s である．したがって，速度 v および加速度 a（速度と同様，ベクトル量）の SI 単位は，それぞれ $m\,s^{-1}$ および $m\,s^{-2}$ となる．質量 m の SI 基本単位は kg なので，$F = ma$ の関係より，力 F の SI 単位は $m\,kg\,s^{-2}$（SI 組立単位の N（ニュートン）に相当）となる．面積 S の SI 単位は m^2 なので，$p = F/S$ の関係より，圧力 p の単位を SI 基本単位のみで表すと $m^{-1}\,kg\,s^{-2}$ となる．これが SI 組立単位の Pa に相当する．

1.2.3　非 SI 単位

SI には属さないが，適切な文脈中では SI 単位と併用することが認められている単位もある．たとえば，時間については min（分），h（時），d（日）などが，平面角では °（度）などが，体積では L（リットル）がある．分析化学でよく用いられる L を SI で表現すると dm^3 である．

エネルギーの単位である cal（1 cal = 4.184 J）や圧力の単位である atm（1 atm = 101325 Pa）は，現在でもしばしば見かける．しかし，これらは非 SI 単位であり，使用されない方向にある．

1.2.4　濃度の単位

分析化学では，試料の単位体積あるいは単位質量あたりの目的成分の量，すなわち**濃度** concentration が興味の対象となることが多い．そこで本項では，濃度の単位について述べる．

1）モル濃度

モル濃度 molarity は，溶液の単位体積あたりの溶質の物質量である．その SI 単位は $mol\,dm^{-3}$ である．日本薬局方では mol/L が用いられている（mol/L = $mol\,dm^{-3}$）．たとえば，58.44 g の塩化ナトリウム NaCl（式量 58.44）を水に溶かし，体積 1 L の水溶液を調製したとき，その濃度は 1 mol/L である．モル濃度は分析化学で広く用いられるが，体積は温度によって変化するため，

温度依存性があることに留意しなければならない．

2）質量モル濃度

質量モル濃度 molality は，溶媒の単位質量あたりの溶質の物質量である．その SI 単位は mol kg^{-1} である．たとえば，質量 1 kg の水に酢酸（分子量 60.05）が 60.05 g 溶解しているとき，その濃度は 1 mol kg^{-1} である．質量モル濃度は温度に依存しない．

3）分率

試料に対する目的成分の分率（基本的には質量分率）を表す記号もよく用いられる．**百分率** percentage は%，千分率 permil は‰である．百万分率は ppm，十億分率は ppb，一兆分率は ppt である（それぞれ，parts per million/billion/trillion の頭文字）．分率の記号は，厳密には数学記号であるが（たとえば%は 0.01 を表す），しばしば単位記号のように扱われる．日本薬局方では，体積百分率は vol%，質量対容量百分率は w/v%と記すことになっている．他の分率については，誤解を避けるために，たとえば ppm では，質量分率の場合は mg kg^{-1}，質量対容量分率の場合は mg dm^{-3} というように，適切な SI 単位を用いて表す方がよい．

■ 例題 2　モル濃度

96.17%の硫酸（密度 $d = 1.836$ g cm^{-3}）のモル濃度はいくらか．ただし，H_2SO_4 の分子量を 98.08 とする．

解答と解説　1 L = 1000 cm^3 なので，この硫酸 1 L の質量は 1.836 g cm^{-3} × 1000 cm^3 = 1836 g である．したがって，硫酸 1 L には 1836 g × 96.17 % = 1836 g × 96.17 × 0.01 = 1765.68 g の H_2SO_4 が含まれている．H_2SO_4 のモル質量（1 mol あたりの質量）は 98.08 g mol^{-1} なので，H_2SO_4 1765.68 g は 1765.68 g/98.08 g mol^{-1} = 18.0024 mol に対応する．したがって，**答 18.00 mol/L**

▶ 練習問題

1　質量を m，重力加速度を g で表す．地球上では質量 m の物体に $F = mg$ の重力 F がはたらく．重力加速度を $g = 9.807$ m s^{-2} とすると，質量 102 g のリンゴを落下しないように支えるためには，何ニュートンの力が必要か．

2　コンダクタンス G（電気抵抗 R の逆数）の単位 S（ジーメンス）を SI 基本単位のみを用いて表すと m^{-2} kg^{-1} s^3 A^2 となる．その理由について説明せよ．

3　次の（1）および（2）について，それぞれのモル濃度を有効数字 3 桁として求めよ．
（1）0.9 w/v%の NaCl 水溶液（生理食塩液）．ただし，NaCl の式量を 58.45 とする．

(2) 25°C における純水 H_2O. ただし，25°C での純水の密度を 0.997048 $g\,cm^{-3}$，H_2O の分子量を 18.015 とする．

④ 溶質 B のみが溶媒 A に溶解した溶液について，次の (1)〜(3) の関係式をそれぞれ作成せよ．ただし，溶媒 A の質量およびモル質量をそれぞれ W （単位：kg）および M_A （単位：$kg\,mol^{-1}$），溶質のモル質量を M_B （単位：$kg\,mol^{-1}$），溶液の密度を d （単位：$kg\,m^{-3}$）とする．
(1) B のモル分率 x_B と B の質量モル濃度 m_B （単位：$mol\,kg^{-1}$）との関係
(2) m_B と B のモル濃度 C_B （単位は mol/L ではなく，$mol\,m^{-3}$ とする）との関係
(3) x_B と C_B との関係

⑤ 35.00％の塩酸を用いて 0.1 mol/L の塩酸 500 mL を調製するためには，35.00％塩酸を何 mL 量りとり，水で希釈して 500 mL にすればよいか．ただし，35.00％塩酸の密度を 1.1740 $g\,cm^{-3}$，HCl の分子量を 36.46 とする．

▶ 解 答 ◀

① リンゴにはたらく重力は，$F = 0.102\,kg \times 9.807\,m\,s^{-2} \fallingdotseq 1.00\,m\,kg\,s^{-2} = 1.00\,N$．したがって，1 N の力が必要である．

② オームの法則より，電気抵抗 R は，電圧 V，電流 I との間に $R = V/I$ の関係がある．V および I の SI 単位は，それぞれ V （ボルト）および A （アンペア）である．電圧は 2 点間の電位の差であり，電位とは単位電荷を標準点（無限遠点など）からその位置まで運んでくる仕事である．電荷（電気量）および仕事の SI 単位は，それぞれ C （クーロン）および J （ジュール）なので，$V = J\,C^{-1}$ の関係がある．1 A の電流が 1 s 間に運ぶ電気量が 1 C なので，$C = A\,s$．1 N の力で物体を 1 m 移動させるときに要する仕事が 1 J （ジュール）なので，$J = N\,m$．$N = m\,kg\,s^{-2}$ （例題 1 参照）より，$J = m^2\,kg\,s^{-2}$．したがって，$V = J\,C^{-1} = N\,m/(A\,s) = m\,kg\,s^{-2}\,m/(A\,s) = m^2\,kg\,s^{-3}\,A^{-1}$ となる．$R = V/I$ より R の単位は，$m^2\,kg\,s^{-3}\,A^{-2}$ （$= \Omega$）．$G = 1/R$ より，G の単位は $m^{-2}\,kg^{-1}\,s^3\,A^2$ （$= S$）．

③ (1) $\dfrac{0.9\,g/58.45\,g\,mol^{-1}}{0.1\,L} \fallingdotseq 0.154\,mol/L$

(2) 純水 1 L （$= 1000\,cm^3$）の質量は 997.048 g なので，$\dfrac{997.048\,g}{18.015\,g\,mol^{-1}} = 55.345\,mol$．したがって，答 55.3 mol/L

4 (1) $x_B = \dfrac{\text{溶質Bの物質量}}{\text{溶媒Aの物質量}+\text{溶質Bの物質量}} = \dfrac{m_B W}{W/M_A + m_B W} = \dfrac{M_A m_B}{1 + M_A m_B}$

(希薄溶液では分母を1とみなすことで，さらに $\fallingdotseq M_A m_B$ と近似できる）

(2) $C_B = \dfrac{\text{溶質Bの物質量}}{\text{溶液の体積}} = \dfrac{\text{溶質Bの物質量}}{\text{溶液の質量}/\text{溶液の密度}}$

$= \dfrac{\text{溶質Bの物質量}}{(\text{溶媒Aの質量}+\text{溶質Bの質量})/\text{溶液の密度}}$

$= \dfrac{m_B W}{(W + m_B M_B W)/d} = \dfrac{m_B d}{1 + m_B M_B}$

(希薄溶液では分母を1とみなすことで，$\fallingdotseq m_B d$ と近似できる．さらに $d = d_A$ （溶媒の密度）とみなすことで，$\fallingdotseq m_B d_A$ と近似できる）

(3) (2)の答より，$m_B = \dfrac{C_B}{d - M_B C_B}$

これを1)の答に代入して整理すると，

$x_B = \dfrac{M_A C_B}{d + (M_A - M_B) C_B}$

(希薄溶液では分母を d とみなすことで，$\fallingdotseq M_A C_B / d$ と近似できる）

5 V mL 必要だとすると，

$$\dfrac{V\,\text{mL} \times 1.1740\,\text{g mL}^{-1} \times 0.3500}{36.46\,\text{g mol}^{-1}} \times \dfrac{1000\,\text{mL}}{500\,\text{mL}} = 0.1\,\text{mol/L}$$

これを解いて，V mL $\fallingdotseq 4.44$ mL

(田中秀治)

Coffee break — 分析化学の起源

　科学，特に実験科学においては，何かを量る（測る）ことは必須の過程である．したがって分析化学は，人類の科学史とともにあるといえる．分析を意味する英語の analysis は，ギリシア語の ανά (throughout) + λυσις (set free) に由来する．いわば完全に自由にするということで，試料中の目的成分を分離し定量するイメージである．古代エジプトの壁画にも，人の死後，天国に召されるか否かを審判するための手段として，天秤が描かれている（罪で心臓が重くなると，真理の羽根（いわば分銅）と釣り合わない）．これは重量分析法といえるが，天秤の現実的な応用例としては，金などの貴金属の測定が挙げられる．中世になると，錬金術とともに分析化学は発展した．分析者 analyst という言葉は，ボイルの法則で知られる R. Boyle が 1661 年出版の著書で用いたものである．

　本書の多くの部分を占める容量分析法（滴定法）の起源については，Szabadváry "History of Analytical Chemistry"（邦訳「分析化学の歴史」は内田老鶴圃から刊行）によると，以下の通りである．酸塩基滴定：1729 年に C.J. Geoffroy（仏）が K_2CO_3 を用いて食酢を定量．沈殿滴定：1756 年に F. Home（英）が Ca^{2+} や Mg^{2+} を沈殿（炭酸塩）生成反応をもとに定量．酸化還元滴定：18 世紀末頃に H. Descroizilles（仏）が次亜塩素酸 ClO^-（漂白剤）をインジゴカルミン（色素）との反応（脱色）をもとに定量．キレート滴定は比較的新しく，1946 年に G. Schwarzenbach（スイス）が開発した．

第2章
分析データの取り扱い

2.1 系統誤差と偶然誤差

2.1.1 誤 差

　分析の理想は，誰が，いつ，どこで，何回測定しても同じ値が得られ，かつ，それが真値 true value に等しいことである．しかし現実は，測定に誤差は避けられず，理想を完全に実現することは不可能である．誤差は**系統誤差** systematic error（確定誤差）と**偶然誤差** random error（不確定誤差）に大別される．系統誤差は，明確にしうる何らかの原因のため，真値から一定方向へと偏る誤差である．原因を明らかにし適切に対処することによって，回避や補正が可能である．系統誤差は，方法に起因する**方法誤差** method error，器具や機器に原因がある**器差** instrumental error，測定者の癖などによる**個人誤差** personal error などに分類される．一方，偶然誤差は，これらの原因を排しても避けることができない（小さくすることは可能），明確な原因や方向性のない測定値のばらつきをいう．

2.1.2 真度と精度

　真度 trueness（**正確さ** accuracy）は測定値あるいはその平均値の真値からの偏りの程度に関わり，偏りが小さいほど真度は高い．系統誤差は真度に影響を及ぼす．**精度（精密さ）** precision は測定値のばらつきに関わっており，ばらつきが小さいほど精度は高い．偶然誤差は精度に影響を及ぼす．図 2.1 に典型的な 4 組のデータと真度および精度との関係を示す．

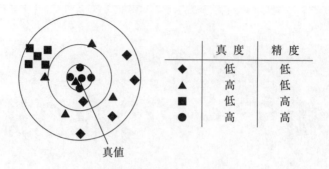

図 2.1 真度と精度の概念

標的の中心が真値である．データの評価を誤りやすいのは■のような場合である．データのばらつきが小さい（精度が高い）ことと，データが正確（真度が高い）かどうかということは別である．

2.1.3 正規分布と各種統計量

統計学では，我々が実行可能な有限回（測定回数：n）の測定値（x_1, x_2, … x_n）は，無限回の測定（現実的には十分多くの測定）によって得られた値から無作為に抽出したものと考える．前者の集合を**標本** sample，後者のそれを**母集団** population という．多くの場合，母集団の分布は図 2.2 に示す**正規分布** normal distribution（**ガウス分布** Gaussian distribution）に従うことが知られている．一般的な統計処理はこの正規分布を前提に行われている．

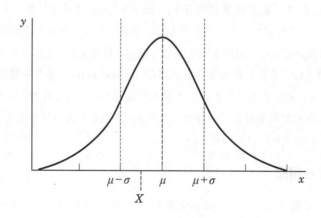

図 2.2 正規分布曲線

頻度 y は $y = \dfrac{1}{\sigma\sqrt{2\pi}} \exp\left[-\dfrac{(x-\mu)^2}{2\sigma^2}\right]$ で表される．ここで μ は平均値（母平均），σ は標準偏差（母標準偏差）である（標本の平均値 $\bar{x}$ や標準偏差 s と区別するため，それぞれ μ と σ という記号を用いた）．X は真値であり，系統誤差がない場合は $X = \mu$ となる．$\mu - \sigma$ と $\mu + \sigma$ との間には全データのうち約 68% のデータが含まれる．

標本に属する測定値を取り扱うためには，次のような統計量を求める必要がある．

平均値（または平均）mean (value) $\quad \bar{x} = \dfrac{\sum x_i}{n}$ (2.1)

不偏分散 unbiased variance $\quad V = \dfrac{\sum(x_i - \bar{x})^2}{n-1}$ (2.2)

標準偏差 standard deviation $\quad s = \sqrt{V} = \sqrt{\dfrac{\sum(x_i - \bar{x})^2}{n-1}}$ (2.3)

一般的に，測定データは $\bar{x} \pm s$ (n = 測定回数) の形式で表される．ここでは，$\bar{x}$ は測定値の代表として，s は偶然誤差（データのばらつき）の指標とみなされている．偶然誤差を表すために s がよく用いられる理由は，データの分布が正規分布に従う場合，全データの約 68%（68.26%）が $\bar{x} \pm s$ の範囲に含まれるからである．平均値 $\bar{x}$ が大きければ標準偏差 s も大きいことが普通なので，分析値あるいは分析方法を評価する際には，式(2.4)に示す**相対標準偏差** relative standard deviation（RSD）もよく用いられる．

$$\text{RSD}, \% = \dfrac{s}{\bar{x}} \times 100\%$$ (2.4)

2.1.4 母平均の信頼区間の推定

標本の平均値 $\bar{x}$ から母集団の平均値（母平均）μ の**信頼区間** confidence interval を推定するときには，次の式(2.5)が用いられる．

$$\bar{x} - t\dfrac{s}{\sqrt{n}} < \mu < \bar{x} + t\dfrac{s}{\sqrt{n}}$$ (2.5)

ここで t は表 2.1 に示す t 分布表から得られる値であり，自由度 $\nu(= n-1)$ に依存する．95% 信頼区間を求めるときは $\alpha = 0.05$ の列の数値を用いる．α については 2.2.1 項を参照のこと．

Coffee break　　　　　　　　　偏　差　値

偏差値という言葉を聞くと，受験勉強の記憶がよみがえり，複雑な感情を抱く読者もいるだろう．偏差値は正規分布や標準偏差に関連した概念である．偏差値を D で表すと，D は各データ（試験なら各人の得点）x_i，母平均 μ，母標準偏差 σ を用いて次のように表される．

$$D = 50 + \left(\dfrac{x_i - \mu}{\sigma}\right) \times 10$$

たとえば，平均点が 68 点，その標準偏差が 12 点の試験で 80 点の得点を取ったとき，偏差値は $D = 50 + [(80 - 68)/12] \times 10 = 60$ となる．一方，得点が平均点に等しい 68 点であったときは，同様に計算して $D = 50$ となる．母集団の分布が正規分布に従う場合には，$(\mu - \sigma) \sim (\mu + \sigma)$ の範囲（上の例では 56 ～ 80 点の範囲），すなわち $D = 40 \sim 60$ の範囲には全体の約 68% のデータが入る．正規分布曲線は左右対称なので，もし偏差値が 60 であったなら，上位から $(100 - 68)\%/2 = 16\%$ の位置にあると判断できる．

表 2.1　t 分布表（両側検定用）

ν \ α	0.10	0.05	0.02	0.01
1	6.314	12.706	31.821	63.657
2	2.920	4.303	6.965	9.925
3	2.353	3.182	4.541	5.841
4	2.132	2.776	3.747	4.604
5	2.015	2.571	3.365	4.032
6	1.943	2.447	3.143	3.707
7	1.895	2.365	2.998	3.499
8	1.860	2.306	2.896	3.355
9	1.833	2.262	2.821	3.250
10	1.812	2.228	2.764	3.169
11	1.796	2.201	2.718	3.106
12	1.782	2.179	2.681	3.055
13	1.771	2.160	2.650	3.012
14	1.761	2.145	2.624	2.977
15	1.753	2.131	2.602	2.947
16	1.746	2.120	2.583	2.921
17	1.740	2.110	2.567	2.898
18	1.734	2.101	2.552	2.878
19	1.729	2.093	2.539	2.861
20	1.725	2.086	2.528	2.845
30	1.697	2.042	2.457	2.750
40	1.684	2.021	2.423	2.704
60	1.671	2.000	2.390	2.660
120	1.658	1.980	2.358	2.617
∞	1.645	1.960	2.326	2.576

α は有意水準（危険率），ν は自由度である．標本 A と B のそれぞれの平均値に差があるかどうか（平均値の差異）を $\alpha=0.05$ で検定するとき（両側検定）には，この表をそのまま用いる．標本 A の平均値が標本 B のそれより大きいか，あるいは小さいかのいずれか（平均値の大小関係）を $\alpha=0.05$ で検定するとき（片側検定）には，この表の $\alpha=0.10$ の列の数値を用いる．

■ **例題 1　各種統計量**

ある試料中のリン酸イオンの濃度をモリブデンブルー吸光光度法によって求めた．測定を 7 回繰り返した結果，リン酸イオンの濃度として 2.56, 2.53, 2.58, 2.55, 2.51, 2.59, 2.48 mmol/L の値が得られた．この分析値の平均値および標準偏差を求めよ．

解答と解説　式 (2.1) および式 (2.3) に数値を当てはめる．それぞれ何桁目まで表示するかについては，実用上の目的あるいは統計学的な解釈（2.3.2 項参照）など，さまざまな要件のため，一律に定めることは難しい．ここでは $\bar{x}$ を測定値より 1 桁多く（JIS 法：Z 9041），標準偏差は $\bar{x}$ と同じ桁まで表示することとした．なお，$\bar{x}$ の値として小数点以下 3 桁目に丸めた 2.543 と

いう値を用いると丸め誤差が生じるので（2.3.1項参照），$\bar{x} = 2.5428$ を用いて s を計算した．

平均値　　$\bar{x} = \dfrac{\sum x_i}{n} = \dfrac{2.56 + 2.53 + 2.58 + 2.55 + 2.51 + 2.59 + 2.48}{7}$ mmol/L

$= 2.54285\cdots$ mmol/L $\fallingdotseq$ **2.543 mmol/L**

標準偏差　$s = \sqrt{\dfrac{\sum(x_i - \bar{x})^2}{n-1}}$

$= \sqrt{\dfrac{(2.56 - 2.5428)^2 + (2.53 - 2.5428)^2 + \cdots + (2.48 - 2.5428)^2}{7 - 1}}$ mmol/L

$= 0.03904\cdots$ mmol/L $\fallingdotseq$ **0.039 mmol/L**

■例題2　母平均の信頼区間の推定

例題1に記した測定値に関して，その母平均の95%信頼区間を求めよ．

解答と解説　式(2.5)を用いる．ここで自由度 ν は $n-1$ である．表2.1の t 分布表より $\alpha = 0.05$，$\nu = 6$ における t は 2.447 である．したがって，母平均 μ の95%信頼区間は，

$$\left(2.5428 - 2.447\dfrac{0.03904}{\sqrt{7}}\right) \text{mmol/L} < \mu < \left(2.5428 + 2.447\dfrac{0.03904}{\sqrt{7}}\right) \text{mmol/L}$$

$\therefore\quad 2.50669\cdots$ mmol/L $< \mu <$ 2.57890$\cdots$ mmol/L

したがって，求める信頼区間は **2.507 ～ 2.579 mmol/L** である．

式(2.5)および表2.1より，測定回数 n が多くなるほど，あるいは標本の標準偏差 s が小さくなるほど，推定される母平均 μ の信頼区間はより狭くなることがわかる．

2.2　検　定

2.2.1　有意差検定

ある条件（方法，測定者，測定日など）で得られた測定値を，基準値（真値，保証値など）や他の条件で得られた測定値と比べ，両者の間に差があるかどうかを統計的に検定する方法を **有意差検定** significance test という．ここでは両者の間に偶然誤差による変動以外の差はないと仮定する．この仮定を **帰無仮説** null hypothesis という．ある **有意水準** significance level（**危険率**）α のもとで帰無仮説の真偽を検証する．ここで α は，帰無仮説が真であるのに棄却されてしまう誤り（第1種の誤り：例題3参照）が生じる確率の許容限度と考えることができる．分析値の統計処理では，$\alpha = 0.05$ がよく用いられる．仮説が棄却されたときは両者に有意な差がある，採択されたときは有意な差があるとはいえない，という結論に達する．

以下では一例として平均値の差を検定する方法を紹介する．2つの標本AおよびBのデータをそれぞれ $\bar{x}_A \pm s_A$（データ数：n_A）および $\bar{x}_B \pm s_B$（データ数：n_B）とする．それぞれの平均値 $\bar{x}_A$ および $\bar{x}_B$ との間に有意な差があるかどうかを検定したい．まず，標本AおよびBそれぞれの母集団の分散が等しいかどうかを検定する（F 検定）．両者の不偏分散 $V_A(=s_A^2)$，$V_B(=s_B^2)$ のうち大きい方を V_1，小さい方を V_2 として，次の式(2.6) で得られる F_0 を求め，これが表2.2に示す F の臨界値（$\alpha=0.05$，両側検定）以上かどうかを検定する．

$$F_0 = \frac{V_1}{V_2} \tag{2.6}$$

F_0 が F の臨界値に満たないとき，両母分散は等分散とみなされ，次の平均値の差の検定（t 検定）が行える．なお，F_0 が F の臨界値以上の場合の取り扱いは本書の範疇を越えるので省略する（JIS Z 9049 などを参照のこと）．

まず，両者の標準偏差 s_A および s_B から標準偏差の合併推定値 s_{AB} を求める．

$$s_{AB} = \sqrt{\frac{(n_A-1)s_A^2 + (n_B-1)s_B^2}{n_A + n_B - 2}} \tag{2.7}$$

この s_{AB} を用いて次の統計量 t_0 を計算する．

$$t_0 = \frac{|\bar{x}_A - \bar{x}_B|}{s_{AB} \cdot \sqrt{\dfrac{n_A + n_B}{n_A n_B}}} \tag{2.8}$$

この t_0 が t 分布表の t（自由度 $\nu = n_A + n_B - 2$）に満たないとき，帰無仮説は採択され両標本の平均値には有意な差があるとはいえない，t 以上のときは棄却され両標本の平均値には有意な差がある，という結論に達する．

2.2.2 棄却検定

疑わしい測定値が得られたとき，明らかなまちがいがあった場合を除き，主観でその測定値を棄ててはならない．測定回数が多いほど統計的な検出力が高まるので，可能ならばさらに測定を繰り返し，その上で疑わしい測定値を棄ててよいかどうかを検定する．この棄却検定法としてよく用いられている Q 検定と Dixon 法（JIS で採用：Z 8402）の統計表をそれぞれ表2.4および表2.5に示す．たとえば Q 検定では，

$$Q_0 = |疑わしい値 - 最近接値| / (最大値 - 最小値) \tag{2.9}$$

により Q_0 を求め，これが表中の Q の臨界値より大きいとき，疑わしい値を棄却できる．Dixon 法も似たような手順であるが，データ数によって適用する式が異なる．Q 検定（例題4参照）および Dixon 法も基本的には疑わしい値が1つだけのときに適用される．これ以外のケースに対しても，さまざまな検定法が提案されている．

2.2 検　定

表 2.2　F 分布表（$\alpha=0.05$，両側検定）

v_1 \ v_2	1	2	3	4	5	6	7	8	9	10
1	647.8	799.5	864.2	899.6	921.8	937.1	948.2	956.7	963.3	968.6
2	38.51	39.00	39.17	39.25	39.30	39.33	39.36	39.37	39.39	39.40
3	17.44	16.04	15.44	15.10	14.88	14.73	14.62	14.54	14.47	14.42
4	12.22	10.65	9.979	9.605	9.364	9.197	9.074	8.980	8.905	8.844
5	10.01	8.434	7.764	7.388	7.146	6.978	6.853	6.757	6.681	6.619
6	8.813	7.260	6.599	6.227	5.988	5.820	5.695	5.600	5.523	5.461
7	8.073	6.542	5.890	5.523	5.285	5.119	4.995	4.899	4.823	4.761
8	7.571	6.059	5.416	5.053	4.817	4.652	4.529	4.433	4.357	4.295
9	7.209	5.715	5.078	4.718	4.484	4.320	4.197	4.102	4.026	3.964
10	6.937	5.456	4.826	4.468	4.236	4.072	3.950	3.855	3.779	3.717

$v_1=$ 分子の自由度，$v_2=$ 分母の自由度

標本 A と B のそれぞれの不偏分散に差があるかどうかを $\alpha=0.05$ で検定するとき（両側検定）には，この表をそのまま用いる．標本 A の不偏分散が標本 B のそれより大きいか，あるいは小さいかのいずれかを $\alpha=0.05$ で検定するとき（片側検定）には，表 2.3 の片側検定用の値を使用する．なお本表に示す数値は，$\alpha=0.025$ の片側検定用の数値と同じである．

表 2.3　F 分布表（$\alpha=0.05$，片側検定）

v_1 \ v_2	1	2	3	4	5	6	7	8	9	10
1	161.4	199.5	215.7	224.6	230.2	234.0	236.8	238.9	240.5	241.9
2	18.51	19.00	19.16	19.25	19.30	19.33	19.35	19.37	19.38	19.40
3	10.13	9.552	9.277	9.117	9.013	8.941	8.887	8.845	8.812	8.786
4	7.709	6.944	6.591	6.388	6.256	6.163	6.094	6.041	5.999	5.964
5	6.608	5.786	5.409	5.192	5.050	4.950	4.876	4.818	4.772	4.735
6	5.987	5.143	4.757	4.534	4.387	4.284	4.207	4.147	4.099	4.060
7	5.591	4.737	4.347	4.120	3.972	3.866	3.787	3.726	3.677	3.637
8	5.318	4.459	4.066	3.838	3.687	3.581	3.500	3.438	3.388	3.347
9	5.117	4.256	3.863	3.633	3.482	3.374	3.293	3.230	3.179	3.137
10	4.965	4.103	3.708	3.478	3.326	3.217	3.135	3.072	3.020	2.978

$v_1=$ 分子の自由度，$v_2=$ 分母の自由度

標本 A と B のそれぞれの分散に差があるか（両側検定），標本 A の分散が標本 B のそれより大きいかあるいは小さいか（片側検定）によって検定に用いる数値が異なる．詳しくは表 2.2 の脚注を参照のこと．

表2.4 Q検定

データ数 n	Q の臨界値		
	$\alpha = 0.10$	$\alpha = 0.05$	$\alpha = 0.01$
3	0.941	0.970	0.994
4	0.765	0.829	0.926
5	0.642	0.710	0.821
6	0.560	0.625	0.740
7	0.507	0.568	0.680
8	0.468	0.526	0.634
9	0.437	0.493	0.598
10	0.412	0.466	0.568

$Q_0 = |$疑わしい値 − 最近接値$| \ / \ ($最大値 − 最小値$)$
$Q_0 > Q$ の臨界値のとき，疑わしい値は棄却される．
表中の α は有意水準（危険率）である．

表2.5 Dixon法

データ数 n	計算式	有意水準 α		
		0.10	0.05	0.01
3	$r_{10} = (x_2 - x_1)/(x_n - x_1)$：最小値が疑わしいとき	0.886	0.941	0.988
4	$r_{10} = (x_n - x_{n-1})/(x_n - x_1)$：最大値が疑わしいとき	0.679	0.765	0.889
5		0.557	0.642	0.780
6		0.482	0.560	0.698
7		0.434	0.507	0.637
8	$r_{11} = (x_2 - x_1)/(x_{n-1} - x_1)$：最小値が疑わしいとき	0.479	0.554	0.683
9	$r_{11} = (x_n - x_{n-1})/(x_n - x_2)$：最大値が疑わしいとき	0.441	0.512	0.635
10		0.409	0.477	0.597
11	$r_{21} = (x_3 - x_1)/(x_{n-1} - x_1)$：最小値が疑わしいとき	0.517	0.576	0.679
12	$r_{21} = (x_n - x_{n-2})/(x_n - x_2)$：最大値が疑わしいとき	0.490	0.546	0.642
13		0.467	0.521	0.615
14	$r_{22} = (x_3 - x_1)/(x_{n-2} - x_1)$：最小値が疑わしいとき	0.492	0.546	0.641
15	$r_{22} = (x_n - x_{n-2})/(x_n - x_3)$：最大値が疑わしいとき	0.472	0.525	0.616
16		0.454	0.507	0.595
17		0.438	0.490	0.577
18		0.424	0.475	0.561
19		0.412	0.462	0.547
20		0.401	0.450	0.535

データ数を小さいものから大きいものへと順に並べて $x_1, x_2, \cdots x_n$ とする．計算式の上段は最小値が疑わしい場合，下段は最大値が疑わしい場合にそれぞれ適用する式である．r が表中の臨界値を越えるとき，疑わしい値を異常値として棄却することができる．

■ 例題 3　平均値の差の検定

ある試料中の Ca^{2+} 濃度を，A 法（キレート滴定）および B 法（原子吸光分析法）によって測定した結果，次のような分析値が得られた．それぞれの平均値の間には有意な差があるか．

　A 法：　4.02，3.98，4.05，4.03，4.08，3.97，4.04 mmol/L
　B 法：　4.03，4.11，4.08，4.09，4.13，4.01，4.05，4.10，4.09 mmol/L

解答と解説　まず，式（2.1）および（2.3）に従い，それぞれの平均値および標準偏差を計算する．桁数を余分に示してあるのは丸め誤差を防止するためである．

　A 法：　$\bar{x}_A$ = 4.02428 mmol/L，s_A = 0.038668 mmol/L
　B 法：　$\bar{x}_B$ = 4.07666 mmol/L，s_B = 0.039051 mmol/L

最初に，両者の不偏分散に有意な差があるかどうかを式（2.6）に基づいて検定する．

$$F_0 = V_B / V_A = s_B^2 / s_A^2 = 1.0199\cdots$$

表 2.2 より分子および分母の自由度（v_1, v_2）がそれぞれ 8 および 6 のときの F の臨界値（α = 0.05，両側検定）は 5.600 である．したがって F_0 は F の臨界値より小さく，標本 A および B の母分散は等しいとみなされる．次に，式（2.7）および（2.8）を用いて s_{AB} および t_0 を計算する．

$$s_{AB} = \sqrt{\frac{(7-1)\times 0.038668^2 + (9-1)\times 0.039051^2}{7+9-2}} \text{ mmol/L} \fallingdotseq 0.038887 \text{ mmol/L}$$

$$t_0 = \frac{|4.0242 - 4.0766| \text{ mmol/L}}{0.038887 \text{ mmol/L} \times \sqrt{\frac{7+9}{7\times 9}}} = 2.67385\cdots$$

この t_0 は t 分布表（表 2.1）の α = 0.05，$v = n_A + n_B - 2 = 14$ における t 値 2.145 より大きい．したがって両者の平均値の差には **0.05 の水準で有意な差がある** といえる．いい換えれば 95％ の確率で何らかの系統誤差が存在するともいえる．

2 つの標本平均の差が本例題と同じ場合でも，標準偏差がより大きいならば，あるいはデータ数がより少ないならば，有意な差は検出できなくなるであろう．なお，α = 0.05 で検定するのが一般的であるが，仮に α = 0.01 で検定を行ったなら，本当は差がないのにもかかわらず「有意な差がある」と結論する（第 1 種の誤り）確率は減るものの，本当は差があるのにもかかわらず「有意な差はない」と結論する（第 2 種の誤り）確率が増加する．

■ 例題 4　棄却検定

ある滴定操作を繰り返し 6 回行ったところ，次のような滴定値が得られた．25.25 mL が疑わしいと思われるが，この値を棄ててよいか．Q 検定により検定せよ．

　25.17，25.13，25.25，25.15，25.16，25.15 mL

解答と解説 疑わしい値＝25.25，最近接値＝25.17，最大値＝25.25，最小値＝25.13 より，式 (2.9) に従って Q_0 を計算する．

$$Q_0 = |25.25 - 25.17|/(25.25 - 25.13) = 0.6666\cdots$$

表 2.4 より，$n=6$ における Q の臨界値（$\alpha=0.05$）は 0.625 である．得られた Q_0 はこの臨界値より大きい．ゆえに 測定値 25.25 は棄却できる．

Coffee break　　　　ノンパラメトリック法と中央値

現在，広く用いられている統計法は，母集団がある分布（一般的には正規分布）をとることを前提としている．これらの方法では標本を代表する値として**平均値** mean が用いられている．一方，母集団の分布の形について何ら仮定を設けない統計法も存在する．これを**ノンパラメトリック法** non-parametric method といい，数々の方法が提案されている．ノンパラメトリック法では標本を代表する値として，**中央値** median がよく用いられる．中央値は各データを大きさの順に並べたとき，順番が真ん中にくる値（データ数が偶数個のときは，真ん中の2つの値の平均値）である．中央値には「かけ離れた値に影響されない」という重要な性質がある．たとえば，ある鉱石中の金 Au の含量の測定値が，1.01，1.03，0.98，1.23，1.06 % であったとしよう．1.23 が異常値と疑われるが，Q 検定では，$Q_0 = |1.23 - 1.07|/(1.23 - 0.98) = 0.68 < Q$ の臨界値（0.710：表 2.4 より）となり，この値は棄却できない．1.23 も含めて平均値を求めると 1.07 となり，明らかに 1.23 という値に引っぱられた感じである．一方，中央値は 1.03 であり，全体を代表する値として平均値より適切であるように思える（目的成分が Au ともなると，1.07 % と 1.03 % の違いは重大である）．

検量線の作成のように，測定値を直線に当てはめる場合にもノンパラメトリック法が適用できる．たとえば 5 点の測定点を通る $y = ax + b$ の直線を求めるとき，最も単純な方法では，まず各 2 点間の傾きを求めて（全部で 10 通りの傾きが得られる），その中央値を傾き a として採用する．次に，この a を用いた $y = ax + b$ に各測定値 (x_i, y_i) を代入し，測定値ごとに切片を求め（全部で 5 個），その中央値を b として決定する．最小二乗法では直線からへだたる点の影響を受けるのに対し，ノンパラメトリック法ではその影響を受けることなく検量線が作成できる．

2.3　有効数字と誤差の伝播

2.3.1　有効数字

測容器具などの目盛りを読むときは，最小目盛りの 1/10 の桁まで目分量で読むのが基本である．この場合，末尾の桁以外は確実であるのに対し，末尾の数字には不確かさ（誤差）が含まれる．確実な桁の数字全部に不確実な桁の数字1つを含めて**有効数字** significant figures という．基本的に測定値は（少なくとも）有効数字の桁まで表示する．測定値を用いた計算によって多くの桁数を有する数が得られた場合，統計学的には次項の方法をもとに有効数字の桁へと数値を丸

める．丸め方は，日本薬局方の通則には「医薬品の試験において，n けたの数値を得るには，通例，$(n+1)$ けたまで数値を求めた後，$(n+1)$ けた目の数値を四捨五入する」と規定されている．一方，JIS の規定（Z 8401）では四捨五入ではなく，有効数字の 1 つ下の桁が 1～4 のときは切り捨て，6～9 は切り上げ，5 のときは近い偶数へと丸める．この理由は，四捨五入だと切り捨て対象の数字が 4 つに対し，切り上げ対象の数字が 5 つのため，両者の確率が異なって誤差が生じるからである．数を丸める操作は一連の計算の最後に 1 回のみ行うのが原則である．これは丸め誤差と呼ばれる誤差を防止するためである．計算の各過程では有効数字より少なくとも 1 桁以上多くとって計算していく．なお，実際には，最終的に得られた数値も，有効数字より 1 桁多く表示した方が好ましいことが多い（さらに下の位は切り捨てる）．これは，そのデータを後に何らかの計算に供する場合を考慮してのことである．たとえば有効数字のみで 1.54 と表した場合，丸める前のデータが 1.535～1.545 の範囲（1.54 の約 0.65% にも達する）のどのような値であったか不明であり，以降の計算において丸め誤差が生じるおそれがある．

2.3.2 偶然誤差の伝播

系統誤差を排しても測定値のばらつき（偶然誤差）は避けられない．したがって測定値を用いて加減乗除などの計算を行った場合，誤差は決して小さくなることなく計算結果に伝播されていく．いま，測定値を a, b, c，それぞれの偶然誤差（標準偏差）を s_a, s_b, s_c，定数を k, k_a, k_b, k_c とし，これらを用いた計算によって次に示す y を求めるとする．y の誤差を s_y とすると，s_y は加減算および乗除算について，それぞれ次のように表される．

① 加減算　$y = k + k_a a + k_b b + k_c c$ のとき

$$s_y = \sqrt{(k_a s_a)^2 + (k_b s_b)^2 + (k_c s_c)^2} \tag{2.10}$$

② 乗除算　$y = kab/c$ のとき

$$\frac{s_y}{y} = \sqrt{\left(\frac{s_a}{a}\right)^2 + \left(\frac{s_b}{b}\right)^2 + \left(\frac{s_c}{c}\right)^2} \tag{2.11}$$

一例として，$a = 6.23$（±0.03），$b = 1.0089$（±0.0008），$c = 3.966$（±0.004）という 3 つの測定値（括弧内の数値はそれぞれの標準偏差）を用いて $y = a + b - c$ で表される y を求める場合を考えよう．単純に計算すると $y = 3.2729$ となり，一方，s_y は式（2.10）より $s_y = 0.03027\cdots$ と求められる．後者は，y の小数点以下 2 桁目の数字 7 に ±3 の不確かさがあることを意味している．したがって有効数字の定義より，y は小数点以下 2 桁目まで丸めて $y = 3.27$（±0.03）となる．

一般的に，y の有効数字の桁数は，加減算では最も高い位に誤差を含む測定値に，乗除算では最も有効数字の桁数の小さな測定値に影響されやすい（例題 7 を参照）．

■ 例題 5　有効数字の桁数

次の分析値はいずれも末尾の数字に不確かさを含んでいる．それぞれの有効数字の桁は何桁か．
(1) 12.6，(2) 12.60，(3) 0.00126，(4) 0.001260，(5) 1.26×10^5

解答と解説　(3) と (4) の小数点以下 2 桁目までの 0 および (5) の 10^5 は単に位取りのために記された数字なので有効数字には含めない．一方，位取りのためには必要がない (2) の小数点以下 2 桁目の 0 と (4) の小数点以下 6 桁目の 0 は，0 という数字自体に意味があることを示している．したがって有効数字の桁数は，(1) 3桁，(2) 4桁，(3) 3桁，(4) 4桁，(5) 3桁 である．このように 0 の取り扱いについては注意が必要である．たとえば 6500℃ と書くと，十と一の位の 0 が有効数字なのか位取りのための数字なのか区別できない．このような場合には，もし有効数字が 3 桁なら 6.50×10^3 ℃のように書くのが適切である．

■ 例題 6　数字の丸め方

次の数字を小数点以下 2 桁目まで丸めよ．
(1) 5.862，(2) 5.868，(3) 5.865，(4) 5.855，(5) 5.865013451

解答と解説　(1)～(4) は 2.3.1 項で述べた規則を適用して，(1) 5.86，(2) 5.87，(3) 5.87（日本薬局方の規定による），(4) 5.86 となる．なお，JIS の規則に従うと，対象となる数字が 5 のときは四捨五入とは異なり近い偶数へと丸めるので，(3) の答は 5.86 となる．ただし，(5) のように明らかに 5.865 を上回っているときは JIS の規則でも 5.87 となる．

■ 例題 7　誤差の伝播と有効数字

次の数値（それぞれの標準偏差を括弧内に示した）を用いる計算の結果求められる y の値を，有効数字のみを含むようにして表せ．
(1)　$y = 63.5 (\pm 0.3) + 42.18 (\pm 0.05) - 13.001 (\pm 0.008)$
(2)　$y = 1.0003 (\pm 0.0004) \times 25.21 (\pm 0.03)/25.3 (\pm 0.1)$
(3)　$y = 1.0003 (\pm 0.0004) \times 25.41 (\pm 0.03)/25.3 (\pm 0.1)$

解答と解説　加減算の場合は式 (2.10) を，乗除算の場合は式 (2.11) をそれぞれ用いて y の標準偏差 s_y を計算し，y のどの桁でばらつきが現れるかを考える．
(1)　$y = 63.5 + 42.18 - 13.001 = 92.679$，
$$s_y = \sqrt{(1 \times 0.3)^2 + (1 \times 0.05)^2 + (-1 \times 0.008)^2} = 0.304\cdots$$
したがって小数点以下 1 桁目にばらつきが生じているので，$y = 92.7 \pm 0.3$
(2)　$y = 1.0003 \times 25.21/25.3 = 0.99674162\cdots$

$$s_y = 0.99674162 \times \sqrt{\left(\frac{0.0004}{1.0003}\right)^2 + \left(\frac{0.03}{25.21}\right)^2 + \left(\frac{0.1}{25.3}\right)^2} = 0.004133\cdots$$

したがって小数点以下 3 桁目にばらつきがあるので，**y = 0.997 ± 0.004**

(3)　$y = 1.0003 \times 25.41/25.3 = 1.00464913\cdots$

$$s_y = 1.00464913 \times \sqrt{\left(\frac{0.0004}{1.0003}\right)^2 + \left(\frac{0.03}{25.41}\right)^2 + \left(\frac{0.1}{25.3}\right)^2} = 0.004163\cdots$$

したがって小数点以下 3 桁目にばらつきがあるので，**y = 1.005 ± 0.004**．計算に用いる測定値のうち最も少ない有効数字桁数は 25.3 の 3 桁であるが，y の有効数字桁数は 4 桁となる．これは，s_y の値の小数点以下 3 桁目にようやく数値 4 が現れるためである．「乗除算における計算結果の有効数字の桁数は，計算に用いた値のうち最も有効数字桁数の少ないものに合わせる」と記した専門書もあるが，これは目安にすぎない．

▶ 練習問題

1　ヨウ素法によりアスコルビン酸の含量を測定した結果，99.6, 99.9, 99.4, 100.2, 99.2, 100.3, 99.5 ％ という値が得られた．この結果について，平均値 $\bar{x}$ および標準偏差 s を求めよ．また，母平均の 95 ％信頼区間を推定せよ．

2　25 ℃において臨界ミセル濃度 cmc が 8.2 mmol/L であることが知られている界面活性剤の cmc を，cmc 前後での共存色素の吸収スペクトルの変化によって求めた結果，測定値として 8.17, 8.11, 8.15, 8.20, 8.08 mmol/L を得た．この方法では，共存する色素が cmc を低下させるおそれがある．このような予想された偏りがあるかを検定（t 検定，片側）せよ．なお，本問のように測定値の平均値を既知の値と比較する場合は，2.2.1 項および例題 3 とは異なり，t_0 の算出には式（2.8）の代わりに式（2.5）を変形した次の式を用いる．

$$t_0 = \frac{|\bar{x} - \mu| \cdot \sqrt{n}}{s}$$

3　次の数値（それぞれの標準偏差を括弧内に示した）を用いる計算によって得られる y の値を，有効数字のみを含むようにして表せ．
　　(1)　$y = k \times 6.23$（± 0.3），ただし $k = 4$（定数）
　　(2)　$y = 73.1$（± 0.2）$\times 2.245$（± 0.008）
　　(3)　$y = 73.1$（± 0.9）$\times 2.245$（± 0.008）

4　y（従属変数）が a, b, c（独立変数）の関数 $y = f(a, b, c)$ として表されるとき，y の誤差 s_y は a, b, c それぞれの誤差 s_a, s_b, s_c を用いて次のように表される．

$$s_y{}^2 = \left(\frac{\partial y}{\partial a}\right)^2 s_a{}^2 + \left(\frac{\partial y}{\partial b}\right)^2 s_b{}^2 + \left(\frac{\partial y}{\partial c}\right)^2 s_c{}^2$$

この式より,式 (2.10) および式 (2.11) を導け.

⑤ $y=f(a)$,すなわち独立変数が a だけのとき,y の誤差 s_y は a の誤差 s_a を用いて $s_y = \left|\dfrac{dy}{da} s_a\right|$ と表される.たとえば $pH = -\log [H^+]$ の関係では,$[H^+] = 10^{-pH} = e^{-pH \ln 10}$ なので,$d[H^+]/dpH = -\ln 10 \cdot e^{-pH \ln 10} = -2.303 \cdot 10^{-pH}$ の関係がある(簡単にするため単位の記載は省略した).ここで e は自然対数の底である.このことより,

(1) pH の測定値が 3.28(±0.04)のとき,H^+ の濃度を有効数字を考慮して求めよ.

(2) pH の測定値が 3.3(±0.1)のとき,H^+ の濃度を有効数字を考慮して求めよ.

▶ **解 答** ◀

① それぞれ式 (2.1),式 (2.3),式 (2.5) を用いて,$\bar{x} = 99.72\%$,$s = 0.41\%$,母平均の 95% 信頼区間 = 99.34 〜 100.10%.

② $\bar{x} = 8.142$ mmol/L,$s = 0.04764$ mmol/L,$n = 5$ より $t_0 = 2.722$.これは $\alpha = 0.05$(片側),自由度 $\nu = 4$ の t の値 2.13 より大きい.したがって本問の色素法による cmc 決定法には 0.05 の水準でマイナス方向に偏りがあるといえる.なお,本問では片側検定を用いるので,t の値は表 2.1 の t 分布表(両側検定用)の $\alpha = 0.10$ の列の数値を用いる.

③ 式 (2.10) または式 (2.11) を用いる.(1) 24.9(±0.1),(2) 164.1(±0.7),(3) 164(±2)

④ 問題文中の一般式に代入して,$s_y{}^2 = (k_a s_a)^2 + (k_b s_b)^2 + (k_c s_c)^2$.両辺の平方根をとると式 (2.10) が得られる.

$y = kab/c$ のときは,$\left(\dfrac{\partial y}{\partial a}\right) = \dfrac{kb}{c} = \dfrac{y}{a}$,$\left(\dfrac{\partial y}{\partial b}\right) = \dfrac{ka}{c} = \dfrac{y}{b}$,$\left(\dfrac{\partial y}{\partial c}\right) = -\dfrac{kab}{c^2} = -\dfrac{y}{c}$.

これらを問題文中の一般式に代入して,$s_y{}^2 = \dfrac{y^2}{a^2} s_a{}^2 + \dfrac{y^2}{b^2} s_b{}^2 + \dfrac{y^2}{c^2} s_c{}^2$.

両辺を y^2 で割り,平方根をとると式 (2.11) が得られる.

⑤ (1) 5.2(±0.5)×10^{-4} mol/L,(2) 5(±1)×10^{-4} mol/L

このように pH を小数点以下 2 桁目あるいは 1 桁目まで測定した場合,$[H^+]$ の有効数字はそれぞれ 2 桁および 1 桁となる.

(田中秀治)

第3章
電解質水溶液と化学平衡

3.1 電解質水溶液

3.1.1 電解質

電解質 electrolyte とは，水などの**極性溶媒** polar solvent に溶解させたとき，**電離** electrolytic dissociation して**イオン** ion を生じる物質である．溶解させた電解質のうち，電離（解離）している割合を**電離度** degree of electrolytic dissociation（記号：α）という．電解質は α の大小によって，塩化ナトリウムのような**強電解質** strong electrolyte（$\alpha \fallingdotseq 1$）と，酢酸のような**弱電解質** weak electrolyte（$\alpha < 1$）とに分けられる．弱電解質の α の大きさはその濃度に依存し，無限に希釈してゆくほど1に近づく．

3.1.2 活量と活量係数

気体における理想気体と同様に，溶液については理想溶液 ideal solution や理想希薄溶液 ideal dilute solution が定義されている．理想溶液は，溶媒および溶質とも，すべての組成においてラウールの法則が成立する溶液である．理想希薄溶液は，溶媒の挙動はラウールの法則に，溶質の挙動はヘンリーの法則にそれぞれ従う溶液である．これらの熱力学的性質は溶媒や溶質のモル分率やモル濃度の関数として表すことができる（理想性）．（詳細については，物理化学や熱力学の専門書を参照のこと）

実在溶液では，溶媒や溶質の分子（あるいはイオン）の大きさや，それぞれの間の相互作用の相違から，理想性からずれた挙動をとる．そこで実在溶液では，モル分率やモル濃度のかわりに**活量** activity という概念を用いて，実際の挙動を説明する．すなわち活量とは，化学平衡などの熱力学的現象を説明する実効濃度といえる．その記号は，たとえばカルシウムイオンでは，$a_{Ca^{2+}}$

あるいは（Ca^{2+}）と表す．

活量aの濃度Cに対する比γを**活量係数** activity coefficient という．

$$a = \gamma C/C°\tag{3.1}$$

ここで$C°$は標準濃度で，Cがモル濃度のときは$C° = 1$ mol/L である．しかし，$C°$は通常省略され，単に$a = \gamma C$と書くことが多い．活量係数γは，実在溶液の非理想性を表す尺度と考えることができる．溶質の活量係数γは，希薄溶液では$0 < \gamma < 1$であり，濃度Cが0に近づくほど1に近づく（理想希薄溶液の状態に近づく）．

3.1.3 電解質水溶液とデバイ‐ヒュッケルの理論

電解質水溶液中では，イオンは**水和** hydration した状態で熱運動している．しかし，イオン間には**クーロン相互作用** Coulomb interaction（**静電的相互作用** electrostatic interaction）がはたらくため，あるイオン（**中心イオン** central ion）に着目すると，その周囲には同符号の電荷を有するイオンが存在する確率よりも，反対電荷を有するイオン（**対イオン** counter ion）が存在する確率の方が高い．この結果生じる反対電荷の分布を**イオン雰囲気** ionic atmosphere という．イオン雰囲気に取り囲まれることによって中心イオンは安定化され（化学ポテンシャルが低下），その活量は低下する．

いま，電解質$B_{\nu_+}A_{\nu_-}$が電離し，ν_+個のB^{z_+}とν_-個のA^{z_-}が生成したとする．

$$B_{\nu_+}A_{\nu_-} \longrightarrow \nu_+ B^{z_+} + \nu_- A^{z_-}\tag{3.2}$$

ここでν_+およびν_-は，それぞれ電解質の化学式あたりの陽イオンおよび陰イオンの数で，z_+およびz_-は各イオンの電荷である（たとえば$Al_2(SO_4)_3$では，$\nu_+ = 2$，$\nu_- = 3$，$z_+ = +3$，$z_- = -2$）．

デバイ Debye とヒュッケル Hückel は，強電解質の希薄水溶液における**平均活量係数** mean activity coefficient（$\gamma_\pm$）を表す**デバイ‐ヒュッケルの極限法則** Debye-Hückel limiting law を理論的に導いた（式(3.3)）．平均活量係数とは，電解質の電離によって生じる陽イオンおよび陰イオンの活量係数（それぞれγ_+，γ_-）を幾何平均したもので（$M_{\nu_+}X_{\nu_-} \longrightarrow \nu_+ M^{z_+} + \nu_- X^{z_-}$では$\gamma_\pm = (\gamma_+^{\nu_+}\gamma_-^{\nu_-})^{1/(\nu_++\nu_-)}$），実測可能である．

$$\log \gamma_\pm = -|z_+ z_-| A\sqrt{I}\tag{3.3}$$

ここで，Aは媒質の誘電率と温度に依存した定数で，25℃では0.5110である．Iを**イオン強度** ionic strength といい，静電的な効果の重みを掛けたイオンの総濃度である．

$$I = \frac{1}{2}\sum z_i^2 C_i\tag{3.4}$$

式(3.3)は，概ね$I = 0.001$ mol/L 以下の希薄溶液において，実測値と一致する結果を与える．そこで，より高濃度での$\gamma_\pm$を説明するために，イオンの大きさを考慮した**拡張デバイ‐ヒュッケル則** extended Debye-Hückel law が提案された．

$$\log \gamma_\pm = -\frac{A|z_+ z_-|\sqrt{I}}{1+Ba\sqrt{I}} \tag{3.5}$$

ここで a は平均イオン直径（単位：m）を想定したもので，イオンサイズパラメーター ion size parameter という．実際には，測定データに合うように決められる実験パラメーターである．B は媒質の誘電率と温度に依存した定数で，25 ℃ では 3.290×10^9 である．式 (3.5) は，概ね $I = 0.1$ mol/L まで実測値に一致する結果を与える．

3.1.4 イオンの個別活量係数

分析化学では，しばしば各イオンの個別の活量係数（実測不能）を推測する必要性が生じる．キーランド Kielland は，イオンの活量係数 (γ_i) を個別に見積もるため，各イオンにイオンサイズパラメーター a_i を割り当てる試みを行った．表 3.1 にその値を示す．a_i を用いてイオンの個別の活量係数を推測する場合には，式 (3.5) の代わりに次の式 (3.6) を用いる．

$$\log \gamma_i = -\frac{A z_i^2 \sqrt{I}}{1+Ba_i\sqrt{I}} \tag{3.6}$$

表 3.1　イオンサイズパラメーター a_i

$a_i \times 10^{10}$ (m)	イオン
2.5	NH_4^+, Ag^+
3	K^+, Cl^-, Br^-, I^-, CN^-, NO_2^-, NO_3^-
3.5	OH^-, F^-, SCN^-, ClO_4^-, BrO_3^-, IO_4^-, MnO_4^-, $HCOO^-$
4	Hg_2^{2+}, SO_4^{2-}, $S_2O_3^{2-}$, CrO_4^{2-}, HPO_4^{2-}, PO_4^{3-}
4〜4.5	Na^+, IO_3^-, HCO_3^-, $H_2PO_4^-$, HSO_3^-, CH_3COO^-, $(CH_3)_4N^+$, $(COO)_2^{2-}$
4.5	Pb^{2+}, CO_3^{2-}, SO_3^{2-}
6	Li^+, Ca^{2+}, Mn^{2+}, Ni^{2+}, Cu^{2+}, Zn^{2+}, Fe^{2+}, Co^{2+}, $C_6H_5COO^-$
8	Mg^{2+}, Be^{2+}
9	H^+, Al^{3+}, Fe^{3+}, Ce^{3+}, Sc^{3+}, Y^{3+}, La^{3+}, In^{3+}

(J. Kielland, *J. Am. Chem. Soc.*, **59**, 1675 (1937) より抜粋)

■ **例題 1　活量係数**

0.1 mol/L K_2SO_4 水溶液中のカリウムイオンの活量係数（25 ℃）を求めよ．

解答と解説　K_2SO_4 の電離によって，カリウムイオンは 0.2 mol/L，硫酸イオンは 0.1 mol/L 生成する．したがって，式 (3.4) より，この溶液のイオン強度 I は，$I = \frac{1}{2}\{1^2 \times 0.2 \text{ mol/L} + (-2)^2 \times 0.1 \text{ mol/L}\} = 0.3$ mol/L．式 (3.6) において，$A = 0.5110$，$B = 3.290 \times 10^9$，$z_{K^+} = +1$，$a_{K^+} = 3 \times 10^{-10}$ m（表 3.1）なので，

$$\log \gamma_{K^+} = -\frac{0.5110 \times 1^2 \times \sqrt{0.3}}{1 + 3.290 \times 10^9 \times 3 \times 10^{-10} \times \sqrt{0.3}} = -0.18167$$

$$\therefore \log \gamma_{K^+} = 10^{-0.18167} = \boxed{0.658}$$

3.2 化学平衡

3.2.1 化学平衡と平衡定数

物質 A と B が反応して，C と D が生成する可逆反応について考える．

$$aA + bB \rightleftarrows cC + dD \tag{3.7}$$

反応開始時は右向きの反応（正反応）の速度 v_f の方が，左向きの反応（逆反応）の速度 v_r より大きい．時間とともに前者は減少し，後者は増加する．やがて $v_f = v_r$ となったとき，この反応は**化学平衡** chemical equilibrium に達する．化学平衡は，反応が停止した状態ではなく，正反応の速度と逆反応の速度が等しい動的平衡の状態である．

式（3.7）の反応が化学平衡に達したとき，次の式（3.8）で表される K は温度に依存した定数となる．この K を**熱力学的平衡定数** thermodynamic equilibrium constant という．

$$K = \frac{(C)^c (D)^d}{(A)^a (B)^b} \tag{3.8}$$

ここで丸括弧（ ）は，それぞれの物質の活量を表す．熱力学的には，化学ポテンシャルを μ で表したとき，反応ギブズ自由エネルギー $\Delta_r G = c\mu_C + d\mu_D - a\mu_A - b\mu_B$ が 0 になるときが化学平衡である．このとき，標準反応ギブズ自由エネルギー $\Delta_r G°$ と K との間には，$\Delta_r G° = -RT \ln K$ の関係がある．

実際の取り扱いでは，活量の代わりに濃度（C またはカギ括弧 [ ] で表す）を用いて，平衡定数を近似的に表すことが多い．

$$K_c = \frac{[C]^c [D]^d}{[A]^a [B]^b} \tag{3.9}$$

この K_c を濃度平衡定数と呼ぶ（厳密には平衡定数ではない）．式（3.9）で表される関係は**質量作用の法則** law of mass action と呼ばれる．この場合の mass は，量 amount や濃度 concentration に近い概念であり，mass = 質量としたのは誤訳である．

■ **例題 2　化学平衡**

物質 A と物質 B から物質 C と物質 D が生成する反応について考える．

$$A + B \rightleftarrows C + D, \quad K_c = \frac{[C][D]}{[A][B]}$$

0.2 mol の A と 0.4 mol の B を 0.5 L の水に溶解した．$K_c = 0.40$ とすると，化学平衡に達したときの各物質の濃度はいくらになるか．

解答と解説　x mol の A が B と反応したとする．化学平衡において，A は $(0.2-x)$ mol，B は $(0.4-x)$ mol，C は x mol，D は x mol 存在することになる．したがって，

$$0.40 = \frac{(x\,\mathrm{mol}/0.5\,\mathrm{L})(x\,\mathrm{mol}/0.5\,\mathrm{L})}{(0.2-x)\,\mathrm{mol}/0.5\,\mathrm{L} \times (0.4-x)\,\mathrm{mol}/0.5\,\mathrm{L}}$$

$$= \frac{x^2}{(0.2-x)(0.4-x)}$$

$$\therefore\ 0.6\,x^2 + 0.24\,x - 0.032 = 0$$

$$\therefore\ x = 0.1055$$

したがって，[A] = (0.2 − 0.1055) mol/0.5 L = **0.189 mol/L**，[B] = (0.4 − 0.1055) mol/0.5 L = **0.589 mol/L**，[C] = [D] = 0.1055 mol/0.5 L = **0.211 mol/L**．

3.2.2 ル・シャトリエの原理

化学平衡の状態にある系に，ある種の乱れ（温度 T，圧力 p，濃度 C など，その状態を規定している変数の攪乱）を与えたとき，系はその乱れによる効果を抑える方向に平衡を移動する．これを**ル・シャトリエの原理** Le Chatelier's principle という．たとえば式 (3.7) の正反応が発熱反応であるとき，温度を下げると，系は発熱の方向，すなわち正反応の方向へと平衡を移動する．外部から物質 C を添加したときには，C の濃度の増加を抑制する方向，すなわち逆反応の方向へと平衡を移動する．

3.2.3 化学量論

化学反応に関与する物質の数量的関係を扱う化学の一分野を**化学量論** stoichiometry という（現在では化学組成と物理的性質との関係も含めた，より広い意味で用いられる）．化学反応や化学平衡を化学量論的に考察するとき，次の3つの基本則が重要である．

1) ル・シャトリエの原理（3.2.2 項）
2) **質量保存の法則** law of conservation of mass：化学反応の前後において物質全体の質量は変化しない．したがって，化学反応式の左右両辺において**物質収支** mass balance（各元素の原子の数は両辺において等しい）が成立する．
3) **電気的中性の原理** electroneutrality principle：溶液中において，陽イオンがもつ電荷の総和と陰イオンがもつ電荷の総和は等しい．したがって，化学反応式の左右両辺で**電荷均衡** charge balance が成立する．

■ **例題 3** 電気的中性の原理

ハイドロキシアパタイト $Ca_{10}(PO_4)_6(OH)_2$（歯のエナメル質の主成分）が水に溶解した系を考える．水溶液中では，$CaHPO_4$ や $CaH_2PO_4^+$ も生成する．空気中からの CO_2 の混入は無視できるものとし，次の (1) および (2) に答えよ．

(1) 溶液中のリンの総濃度を $[P]_t$ として，リンに関する物質収支を表せ．
(2) 陽イオンの濃度と陰イオンの濃度との関係（電荷均衡式）を表せ．

解答と解説 この溶液中では，次のような反応が起こっている．

ハイドロキシアパタイトの溶解： $Ca_{10}(PO_4)_6(OH)_2 \rightleftarrows 10\,Ca^{2+} + 6\,PO_4^{3-} + 2\,OH^-$

リン酸イオンのプロトン化： $PO_4^{3-} + H^+ \rightleftarrows HPO_4^{2-}$

$HPO_4^{2-} + H^+ \rightleftarrows H_2PO_4^-$

$H_2PO_4^- + H^+ \rightleftarrows H_3PO_4$

水酸化物イオンの中和： $OH^- + H^+ \rightleftarrows H_2O$

リン・カルシウム錯体の生成： $Ca^{2+} + HPO_4^{2-} \rightleftarrows CaHPO_4$

$Ca^{2+} + H_2PO_4^- \rightleftarrows CaH_2PO_4^+$

水の電離　　　　　　　　　 $H_2O \rightleftarrows H^+ + OH^-$

これらのうち，陽イオンは H^+，Ca^{2+}，$CaH_2PO_4^+$ である．陰イオンは PO_4^{3-}，HPO_4^{2-}，$H_2PO_4^-$，OH^- である．

(1) $[P]_t = [H_3PO_4] + [H_2PO_4^-] + [HPO_4^{2-}] + [PO_4^{3-}] + [CaHPO_4] + [CaH_2PO_4^+]$

(2) 溶液全体では電気的中性が成立しなければならない．陽イオンがもつ電荷の総和と陰イオンがもつ電荷の総和は等しいので，

$[H^+] + 2[Ca^{2+}] + [CaH_2PO_4^+] = 3[PO_4^{3-}] + 2[HPO_4^{2-}] + [H_2PO_4^-] + [OH^-]$

▶練習問題

① 次の（1）および（2）の水溶液のイオン強度を求めよ．
 (1) 0.154 mol/L NaCl（生理食塩液）　(2) 0.154 mol/L Na_2SO_4

② 0.154 mol/L NaCl 水溶液における Na^+ および Cl^- の活量を求めよ．Na^+ および Cl^- のイオンサイズパラメーターは，それぞれ 4.25 および 3 とする．

③ 次の可逆反応（1）および（2）が化学平衡に達したときの各化学種の濃度を求めよ．
 (1) $A \rightleftarrows B + C$
　平衡定数 $K_c = [B][C]/[A] = 0.01$ mol/L
　A, B および C の初濃度：それぞれ，0.1，0 および 0 mol/L

 (2) $A + B \rightleftarrows C$
　平衡定数 $K_c = [C]/[A][B] = 100$ mol^{-1} L
　A, B および C の初濃度：それぞれ，0.1，0.2 および 0 mol/L

④ $MgCl_2$ および $CaCl_2$ の混合水溶液における電荷均衡式を，空気中からの二酸化炭素の混入も考慮して作成せよ．

▶ 解 答 ◀

1 (1) $I = \dfrac{1}{2}\left\{(+1)^2 \times 0.154 \text{ mol/L} + (-1)^2 \times 0.154 \text{ mol/L}\right\} = 0.154 \text{ mol/L}$

(2) $I = \dfrac{1}{2}\left\{(+1)^2 \times 0.308 \text{ mol/L} + (-2)^2 \times 0.154 \text{ mol/L}\right\} = 0.462 \text{ mol/L}$

2 この水溶液のイオン強度 I は,練習問題 1 より $I = 0.154$ mol/L なので,

$$\log \gamma_{Na^+} = \dfrac{-0.5110 \times 1^2 \times \sqrt{0.154}}{1 + 3.290 \times 10^9 \times 4.25 \times 10^{-10} \times \sqrt{0.154}} = -0.12948$$

∴ $\gamma_{Na^+} = 10^{-0.12948} = 0.742$

$$\log \gamma_{Cl^-} = \dfrac{-0.5110 \times (-1)^2 \times \sqrt{0.154}}{1 + 3.290 \times 10^9 \times 3 \times 10^{-10} \times \sqrt{0.154}} = -0.14454$$

∴ $\gamma_{Cl^-} = 10^{-0.14454} = 0.717$

したがって,それぞれの活量は

$a_{Na^+} = \gamma_{Na^+} C_{Na^+} = 0.742 \times 0.154 = 0.114$

$a_{Cl^-} = \gamma_{Cl^-} C_{Cl^-} = 0.717 \times 0.154 = 0.110$

3 化学平衡に達するまでに A の濃度が x mol/L 減少したとする.

(1) B と C の濃度は x mol/L 増加するので,$K_c = x^2/(0.1 - x) = 0.01$ より,

$x^2 + 0.01x - 0.001 = 0$. これを解いて,$x = 0.0270$.

∴ [A] = 0.073 mol/L, [B] = [C] = 0.027 mol/L

(2) A と B の濃度は x mol/L 減少し,C の濃度は x mol/L 増加するので,$K_c = \dfrac{x}{(0.1-x)(0.2-x)}$

$= 100$ より,$100x^2 - 31x + 2 = 0$. これを解いて,$x = 0.0916$

∴ [A] = 0.008 mol/L, [B] = 0.108 mol/L, [C] = 0.092 mol/L

4 塩の溶解: $MgCl_2 \rightleftarrows Mg^{2+} + 2Cl^-$, $CaCl_2 \rightleftarrows Ca^{2+} + 2Cl^-$

水の電離: $H_2O \rightleftarrows H^+ + OH^-$

二酸化炭素の溶解: $CO_2 + H_2O \rightleftarrows H_2CO_3$

炭酸の電離:$H_2CO_3 \rightleftarrows H^+ + HCO_3^-$, $HCO_3^- \rightleftarrows H^+ + CO_3^{2-}$

陽イオンは Mg^{2+}, Ca^{2+}, H^+,陰イオンは Cl^-, OH^-, HCO_3^-, CO_3^{2-} である.

したがって電荷均衡式は,

$2[Mg^{2+}] + 2[Ca^{2+}] + [H^+] = [Cl^-] + [OH^-] + [HCO_3^-] + 2[CO_3^{2-}]$

(田中秀治)

第4章

酸塩基平衡

4.1 酸と塩基

4.1.1 アレニウスの定義

アレニウス Arrhenius は，水中で電離して水素イオン H^+ を生じる物質を**酸** acid，水酸化物イオン OH^- を生じる物質を**塩基** base と定義した（1887年）．この定義に基づくと，HCl は酸，NaOH は塩基である．しかし，分子内に OH^- を有さない NH_3 は，塩基とは説明できない．

4.1.2 ブレンステッド-ローリーの定義

ブレンステッド Brønsted とローリー Lowry は，**プロトン供与体** proton donor を酸，**プロトン受容体** proton acceptor を塩基と定義した（1923年）．この定義は，水以外の溶媒（非水溶媒）にも適用可能であり，最も広く用いられている．本章でも，基本的にこの定義に基づいて解説する．HCl は**プロトン** proton（H^+）を与えることができるので酸，NH_3 は H^+ を受け取って NH_4^+ になることができるので塩基である．NaOH は，厳密にいうと，その電離によって生じる OH^- が塩基である．

プロトンは水素イオン，すなわち水素原子の原子核，陽子である．非常に小さい（半径：約 0.9×10^{-15} m）ため，同じ1価であってもナトリウムイオン（結晶イオン半径：約 1×10^{-10} m）などの普通のイオンとは異なり，表面電荷密度が極めて高い．この結果，プロトンは反応性が高く，単独のまま安定に存在することができない．水中では，**ヒドロニウムイオン** hydronium ion $[H(H_2O)_n]^+$ の形で存在している．しかし，簡略化のため，$[H(H_2O)_n]^+$ は通常，H_3O^+ あるいは単に H^+ と書かれる．

4.1.3 ルイスの定義

ルイス Lewis は，**電子対受容体** electron pair acceptor を酸，**電子対供与体** electron pair donor を塩基と定義した（1923 年）．ブレンステッド-ローリーの定義よりもさらに広義である．第 5 章で述べる錯体生成平衡では，金属イオンが酸，配位子が塩基である．

4.2 水中での酸と塩基の電離

4.2.1 酸の電離

プロトンは反応性が高いので，プロトンを放出する物質（酸）があれば，それを受け取る物質（塩基）が必要である．水中での酸 HA の電離では，溶媒である水分子が塩基の役割を果たしている．

$$HA + H_2O \rightleftarrows H_3O^+ + A^- \tag{4.1}$$

左向きの反応（逆反応）では，H_3O^+ がプロトン供与体，A^- がプロトン受容体としてはたらく．したがって式（4.1）では，HA と H_3O^+ が酸，H_2O と A^- が塩基である．HA と A^-，H_2O と H_3O^+ の関係のように，プロトンの授受を介して相互に変化しうる酸と塩基の対をそれぞれ**共役酸塩基対** conjugate acid-base pair という．酸塩基反応では必ず 2 組の共役酸塩基対が存在する．

式（4.1）の熱力学的平衡定数 K は，各化学種の活量を用いて式（4.2）のように表される．

$$K = \frac{(H_3O^+)(A^-)}{(HA)(H_2O)} \tag{4.2}$$

ここで，活量のかわりに各化学種の平衡濃度（単位 mol/L）を用い，H_3O^+ を H^+ で略記し，溶媒である水の濃度は一定（55.3 mol/L）とみなせるので左辺へと移して $K[H_2O] = K_a$ とすると，式（4.3）が得られる．

$$K_a = \frac{[H^+][A^-]}{[HA]} \tag{4.3}$$

この K_a を酸の**電離定数**（**解離定数**）electrolytic dissociation constant という．表 4.1 に主な酸の電離定数を示す．K_a の値が大きいほどプロトン供与能力が高く，より強い酸である．強酸（過塩素酸 $HClO_4$，塩化水素 HCl，硝酸 HNO_3 など）の K_a が表にないのは，K_a が極めて大きく，事実上，無限大であるためである．

4.2.2 塩基の電離

水中での塩基 B の電離では，溶媒である水が酸の役割を果たしている．

$$B + H_2O \rightleftarrows BH^+ + OH^- \tag{4.4}$$

この反応式では，B と OH^- が塩基，H_2O と BH^+ が酸である．BH^+ と B，H_2O と OH^- がそれぞれ共役酸塩基対である．

4.2 水中での酸と塩基の電離

表 4.1 酸の電離定数 (25 °C)

化合物名	化学式	K_{a1} (mol/L)	K_{a2} (mol/L)	K_{a3} (mol/L)
酢酸	CH_3COOH	1.75×10^{-5}		
ヒ酸	H_3AsO_4	5.8×10^{-3}	1.1×10^{-7}	3.2×10^{-12}
亜ヒ酸	H_3AsO_3	5.1×10^{-10}		
安息香酸	C_6H_5COOH	6.28×10^{-5}		
ホウ酸	H_3BO_3	5.81×10^{-10}		
炭酸	H_2CO_3	4.45×10^{-7}	4.69×10^{-11}	
クエン酸	$HOOC(OH)C(CH_2COOH)_2$	4.75×10^{-4}	1.73×10^{-5}	4.02×10^{-7}
ギ酸	$HCOOH$	1.80×10^{-4}		
シアン化水素酸(青酸)	HCN	6.2×10^{-10}		
フッ化水素酸	HF	6.8×10^{-4}		
硫化水素	H_2S	9.6×10^{-8}	1.3×10^{-14}	
次亜塩素酸	$HOCl$	3.0×10^{-8}		
ヨウ素酸	HIO_3	1.7×10^{-11}		
シュウ酸	$HOOCCOOH$	5.60×10^{-2}	5.42×10^{-5}	
フェノール	C_6H_5OH	1.00×10^{-10}		
リン酸	H_3PO_4	7.11×10^{-3}	6.32×10^{-8}	4.5×10^{-13}
亜リン酸	H_3PO_3	3×10^{-2}	1.62×10^{-7}	
プロピオン酸	CH_3CH_2COOH	1.34×10^{-5}		
サリチル酸	$C_6H_4(OH)COOH$	1.06×10^{-3}		
アミド硫酸(スルファミン酸)	H_2NSO_3H	1.03×10^{-1}		
硫酸	H_2SO_4	(強酸)	1.02×10^{-2}	
亜硫酸	H_2SO_3	1.23×10^{-2}	6.6×10^{-8}	
酒石酸	$HOOC(CHOH)_2COOH$	9.20×10^{-4}	4.31×10^{-5}	

(D.A. Skoog, D.M. West, F.J. Hollar, S.R. Crouch, Fundamentals of Analytical Chemistry, 9th. ed., Brooks/Cole, 2014, pp. A8-9 より抜粋)

表 4.2 塩基の電離定数 (25 °C)

化合物名	化学式	K_{b1} (mol/L)	K_{b2} (mol/L)
アンモニア	NH_3	1.77×10^{-5}	
アニリン	$C_6H_5NH_2$	4.03×10^{-10}	
ジメチルアミン	$(CH_3)_2NH$	6.02×10^{-4}	
エチレンジアミン	$H_2NCH_2CH_2NH_2$	8.57×10^{-5}	7.12×10^{-8}
ヒドラジン	H_2NNH_2	9.63×10^{-7}	
ヒドロキシルアミン	NH_2OH	9.19×10^{-9}	
ピリジン	C_5H_5N	1.71×10^{-9}	
トリスヒドロキシメチルアミノメタン	$(HOCH_2)_3CNH_2$	1.23×10^{-6}	

(主として D.A. Skoog, D.M. West, F.J. Hollar, S.R. Crouch, Fundamentals of Analytical Chemistry, 9th. ed., Brooks/Cole, 2014, pp. A8-9 のデータを用いて算出)

塩基の電離定数 K_b は次の式 (4.5) で表される．

$$K_b = \frac{[BH^+][OH^-]}{[B]} \tag{4.5}$$

表 4.2 に主な塩基の電離定数を示す．K_b の値が大きいほどプロトン受容能力が高く，より強い塩基である．

4.2.3 水の電離

溶媒である水分子も，一方が酸，他方が塩基としてはたらくことにより，わずかに電離している．これを水の**自己プロトリシス** autoprotolysis という．

$$H_2O + H_2O \rightleftarrows H_3O^+ + OH^- \tag{4.6}$$

式 (4.2) から式 (4.3) を導いたときと同様に，この反応の熱力学的平衡定数 $K = \frac{(H_3O^+)(OH^-)}{(H_2O)^2}$ において，活量のかわりに平衡濃度を用い，さらに H_2O の濃度は一定とみなして左辺に移し，定数項の中に含めると，次の式 (4.7) が得られる．

$$K_w = [H_3O^+][OH^-] \tag{4.7}$$

この K_w ($= K[H_2O]^2$) を水の**イオン積** ion product（または**自己プロトリシス定数** autoprotolysis constant）という．25 ℃ における K_w の値は 1.01×10^{-14} mol^2/L^2 である．

■ **例題 1 共役酸塩基の強さの関係**

弱酸 HA とその共役塩基 A$^-$ の電離定数をそれぞれ K_a, K_b とする．K_a と K_b の積は，水のイオン積 K_w とどのような関係にあるか．

解答と解説

$$HA + H_2O \rightleftarrows H_3O^+ + A^-, \quad K_a = \frac{[H_3O^+][A^-]}{[HA]}$$

$$A^- + H_2O \rightleftarrows HA + OH^-, \quad K_b = \frac{[HA][OH^-]}{[A^-]}$$

$$\therefore \ K_a K_b = \frac{[H_3O^+][A^-]}{[HA]} \frac{[HA][OH^-]}{[A^-]} = [H_3O^+][OH^-] = \boxed{K_w}$$

K_a と K_b の積は定数 (K_w) となるので，共役酸塩基対の一方が強い酸（あるいは塩基）なら，他方は弱い塩基（あるいは酸）である．

4.3 　酸塩基水溶液の pH

4.3.1 　pH

pH（水素イオン指数）はラテン語の potentia Hydrogenii の頭文字をとったもので，その熱力学定義は水素イオンの活量（H^+）を用いて式（4.8）で表される．

$$\mathrm{pH} = -\log(H^+) \tag{4.8}$$

実用的には，水素イオンの濃度 $[H^+]$（の単位 mol/L を除いた数値部分）に基づく以下の定義が用いられている．式（4.8）による pH との差は，概ね 0.1 未満である．

$$\mathrm{pH} = -\log[H^+] \tag{4.9}$$

記号 p は $-\log$ を意味する（pH と同様に，$\mathrm{pOH} = -\log[OH^-]$，$pK_a = -\log K_a$，$pK_b = -\log K_b$，$pK_w = -\log K_w$ のように用いる）．式（4.7）（4.2.3 項）より，次のような関係が導かれる．

$$pK_w = \mathrm{pH} + \mathrm{pOH} \tag{4.10}$$

25 ℃において，$K_w = 1.01 \times 10^{-14}\,\mathrm{mol^2/L^2}$ なので，その数値の常用対数をとり，負号をつけると，$pK_w = 13.995 \fallingdotseq 14$ となる．したがって 25 ℃では，pH < 7 で $[H^+] > [OH^-]$（酸性 acidic），pH = 7 で $[H^+] = [OH^-]$（中性 neutral），pH > 7 で $[H^+] < [OH^-]$（アルカリ性 alkaline）となる．なお，我々の体温に近い 37 ℃では $pK_w = 13.6$ なので，中性の pH は 6.8 である．

4.3.2 　1 価の強酸の水溶液の pH

1 価の強酸 HA（$HClO_4$，HCl，HNO_3 など）の濃度を C_a とする．強酸は水中で完全に電離するので，その水溶液の pH は C_a を用いて容易に計算できる．

$$\mathrm{pH} = -\log[H^+] = -\log C_a \tag{4.11}$$

たとえば，0.1 mol/L 塩酸（HCl の水溶液）の pH は，$\mathrm{pH} = -\log 0.1 = 1$ となる．

　強酸は本来それぞれ固有の酸性度（プロトン供与能力）をもっているが，水中では完全に電離する結果，その酸性度を失い，酸性度は H_3O^+ のレベルにまで低下する．この結果，水中では H^+（$= H_3O^+$）が最も強い酸になる．これを水の**水平化効果** leveling effect という．

4.3.3 　1 価の弱酸の水溶液の pH

1 価の弱酸 HA（例：酢酸 CH_3COOH）の濃度（総濃度）を C_a，電離定数を K_a とする．この水溶液における 2 つの平衡，すなわち HA の電離平衡（$HA \rightleftarrows H^+ + A^-$）と水の電離平衡（$H_2O \rightleftarrows H^+ + OH^-$）をもとに考えると，次のような関係が成り立つ．

HA の物質収支 　　$C_a = [HA] + [A^-]$ 　　　　　　　　　　　　　　　(4.12)

電荷均衡 　　　　　$[H^+] = [A^-] + [OH^-]$ 　　　　　　　　　　　　　(4.13)

したがって，$[HA] = C_a - [A^-] = C_a - ([H^+] - [OH^-])$，$[A^-] = [H^+] - [OH^-]$ となる．これらを $K_a = [H^+][A^-]/[HA]$ に代入し，さらに $[OH^-] = K_w/[H^+]$ の関係を用いて整理すると，式 (4.14) が得られる．

$$[H^+]^3 + K_a[H^+]^2 - (K_w + K_a C_a)[H^+] - K_a K_w = 0 \tag{4.14}$$

式 (4.14) は $[H^+]$ についての 3 次方程式であり，$[H^+]$ を求める計算は容易ではない．しかし，酸の水溶液では大抵の場合，OH^- の濃度は非常に小さい．$[OH^-] < 0.05[H^+]$ ならば（25 ℃では pH < 6.34 に相当），$[HA] = C_a - [A^-] = C_a - ([H^+] - [OH^-]) ≒ C_a - [H^+]$，$[A^-] = [H^+] - [OH^-] ≒ [H^+]$ と近似することができる．これらの関係を $K_a = [H^+][A^-]/[HA]$ に代入すると，$[H^+]$ についての 2 次方程式が得られる．

$$[H^+]^2 + K_a[H^+] - K_a C_a = 0 \tag{4.15}$$

さらに，もし $[H^+] < 0.05 C_a$ ならば（電離度（3.1.1 項参照）$\alpha < 0.05$ に相当），上述の $[HA] ≒ C_a - [H^+]$ の関係は，$[HA] ≒ C_a - [H^+] ≒ C_a$ に近似される．したがって，$[A^-]$ を $[H^+]$ に，$[HA]$ を C_a にそれぞれ近似することで，HA の電離定数 K_a と C_a を用いて $[H^+]$，さらには pH を求めることができる．

$$K_a = \frac{[H^+][A^-]}{[HA]} ≒ \frac{[H^+]^2}{C_a} \tag{4.16}$$

$$\therefore \quad [H^+] = \sqrt{K_a C_a} \tag{4.17}$$

$$\therefore \quad pH = \frac{1}{2}(pK_a - \log C_a) \tag{4.18}$$

式 (4.18) は弱酸水溶液の pH を見積もるために便利な近似式である．しかし，弱酸の濃度が低くなると，あるいはその電離定数が大きくなると，上述の 2 つの近似が成立しなくなり，式 (4.18) で得られた値と実測値との隔たりが大きくなる．式 (4.18) が適用可能な目安は，上で述べたように，$[H^+] < 0.05 C_a$，$[OH^-] < 0.05[H^+]$ である．

■**例題 2　弱酸水溶液の pH**

0.1 mol/L 酢酸水溶液の電離度 α と pH を求めよ．ただし，酢酸の電離定数は $K_a = 1.75 \times 10^{-5}$ mol/L とする．

解答と解説　酢酸の総濃度を C_a とすると，$[CH_3COOH] = (1-\alpha)C_a$，$[CH_3COO^-] = \alpha C_a$，$[H^+] = \alpha C_a + [OH^-]$ である．したがって酢酸の K_a は

$$K_\mathrm{a} = \frac{[\mathrm{CH_3COO^-}][\mathrm{H^+}]}{[\mathrm{CH_3COOH}]} = \frac{\alpha C_\mathrm{a}(\alpha C_\mathrm{a} + [\mathrm{OH^-}])}{(1-\alpha) C_\mathrm{a}}$$

ここで，$1-\alpha \fallingdotseq 1$，$[\mathrm{OH^-}] \fallingdotseq 0$ と近似すると，$K_\mathrm{a} \fallingdotseq \alpha^2 C_\mathrm{a}$ となる．したがって，

$$\alpha = \sqrt{\frac{K_\mathrm{a}}{C_\mathrm{a}}} = \sqrt{\frac{1.75 \times 10^{-5}\ \mathrm{mol/L}}{0.1\ \mathrm{mol/L}}} = 1.32 \times 10^{-2}$$

また，$[\mathrm{H_3O^+}] = \alpha C_\mathrm{a} = \sqrt{\dfrac{K_\mathrm{a}}{C_\mathrm{a}}} \cdot C_\mathrm{a} = \sqrt{K_\mathrm{a} C_\mathrm{a}}$ （＝式（4.17））なので，

$$\mathrm{pH} = -\log [\mathrm{H_3O^+}] = \frac{1}{2}(\mathrm{p}K_\mathrm{a} - \log C_\mathrm{a})\ (=式（4.18）) = 2.88$$

（明らかに $[\mathrm{OH^-}] < 0.05\,[\mathrm{H^+}]$ であり，また，$\alpha < 0.05\,[\mathrm{H^+}]$ なので，式（4.18）による近似は妥当である）

4.3.4 多価の酸の水溶液の pH

多価の酸（ポリプロトン酸，多塩基酸ともいう）$\mathrm{H}_n\mathrm{A}$（濃度 C_a）では，その第1電離定数を $K_{\mathrm{a}1}$，第2電離定数を $K_{\mathrm{a}2}\cdots$ とすると，一般的に $K_{\mathrm{a}1} \gg K_{\mathrm{a}2} \gg \cdots$ の関係がある．これは，電離のたびにイオンの負電荷が増し，そこから正電荷をもつ $\mathrm{H^+}$ を引き離すことがより困難になるためである．このような多価の酸の水溶液では，1段目の電離のみを考慮に入れることで，その pH を見積もることができる．$K_{\mathrm{a}1}$ が小さいときには，1価の弱酸に対する式（4.18）と同様に pH $= 1/2(\mathrm{p}K_{\mathrm{a}1} - \log C_\mathrm{a})$ となる．$K_{\mathrm{a}1}$ が大きく，$[\mathrm{H^+}] \geqq 0.05\,C_\mathrm{a}$ となると，$[\mathrm{H}_n\mathrm{A}] = C_\mathrm{a}$ の近似は成立しない．この場合には，式（4.15）のような2次方程式 $[\mathrm{H^+}]^2 + K_{\mathrm{a}1}[\mathrm{H^+}] - K_{\mathrm{a}1} C_\mathrm{a} = 0$ を解く必要がある．

4.3.5 塩基水溶液の pH

1価の強塩基（例：テトラメチルアンモニウムヒドロキシド $(\mathrm{H_3C})_4\mathrm{NOH}$），1価の弱塩基（例：アンモニア $\mathrm{NH_3}$），多価の塩基（多酸塩基ともいう．例：炭酸イオン $\mathrm{CO_3^{2-}}$）の水溶液についても，4.3.2〜4.3.4項と同様の議論が成立する．式を逐一覚える必要はなく，酸に対して得られた式の $[\mathrm{H^+}]$ を水酸化物イオン濃度 $[\mathrm{OH^-}]$ に，pH を pOH に，K_a を塩基の電離定数 K_b にそれぞれ置き換えて考えればよい．すなわち，塩基の濃度を C_b とすると，1価の強塩基水溶液では pOH $= -\log C_\mathrm{b}$，1価の弱塩基水溶液では，$[\mathrm{H^+}] < 0.05\,[\mathrm{OH^-}]$（25 ℃では pH > 7.66 に相当）かつ $[\mathrm{OH^-}] < 0.05\,C_\mathrm{b}$（電離度 $\alpha < 0.05$ に相当）のとき，pOH $= \dfrac{1}{2}(\mathrm{p}K_\mathrm{b} - \log C_\mathrm{b})$，

多価の塩基水溶液では，$K_{\mathrm{b}1} \gg K_{\mathrm{b}2}$ なら，1段目の電離のみを考慮すればよい．得られた式を，水のイオン積 $K_\mathrm{w} = [\mathrm{H^+}][\mathrm{OH^-}]$（式（4.7）），$\mathrm{p}K_\mathrm{w} = \mathrm{pH} + \mathrm{pOH}$（式（4.10）），共役酸塩基対の電離定数の関係 $K_\mathrm{a} K_\mathrm{b} = K_\mathrm{w}$（例題1参照）を用いて，pH を求める式に変形する．

水の水平化効果は強塩基に対しても当てはまり，強塩基は水中で完全に電離する結果，その塩基性度は $\mathrm{OH^-}$ のレベルにまで低下する．水中では $\mathrm{OH^-}$ が最も強い塩基である．

4.3.6 加水分解する塩の水溶液の pH

塩 salt は，NaCl，CH_3COONa，NH_4Cl のように，酸塩基反応によって生じるもので，酸に含まれる解離しうる水素イオンを金属イオンやアンモニウムイオンなどで置き換えたものである．ここで，Na^+ と Cl^- は水中では酸や塩基としての性質を事実上示さないが，弱塩基 NH_3 の共役酸である NH_4^+ と弱酸 CH_3COOH の共役塩基である CH_3COO^- は，それぞれ弱酸および弱塩基としてはたらき，いわゆる**加水分解** hydrolysis を起こす．

1) 弱酸と強塩基の塩

塩 NaA（濃度 C_s）が電離して生じた A^- の一部が加水分解 $A^- + H_2O \rightleftarrows HA + OH^-$ すると，OH^- が生じるため溶液は弱アルカリ性になる．$K_h = \dfrac{[HA][OH^-]}{[A^-]}$ で表される K_h を**加水分解定数** hydrolysis constant と呼ぶ．しかし，加水分解は単なる酸塩基反応にほかならず，K_h は弱塩基 A^- の電離定数 K_b に相当する．加水分解する A^- はごくわずかと仮定し，$[A^-] \fallingdotseq C_s$ および $[HA^-] \fallingdotseq [OH^-]$ の近似を用いて，A^- の共役酸 HA の電離定数 K_a を考えると，

$$K_a = \frac{[H^+][A^-]}{[HA]} \fallingdotseq \frac{[H^+]}{[OH^-]} C_s = \frac{[H^+]^2}{[H^+][OH^-]} C_s = \frac{[H^+]^2}{K_w} C_s \qquad (4.19)$$

$$\therefore \quad [H^+] = \sqrt{\frac{K_a K_w}{C_s}} \qquad (4.20)$$

$$\therefore \quad pH = \frac{1}{2}(pK_a + pK_w + \log C_s) \qquad (4.21)$$

2) 強酸と弱塩基の塩

塩 BHCl（濃度 C_s）が電離して生じた BH^+ の一部が加水分解 $BH^+ + H_2O \rightleftarrows B + H_3O^+$ すると，H_3O^+ が生じるため溶液は弱酸性になる．上記 1) の NaA の場合と同様に考えると（あるいは，4.3.5 項で述べたように，酸に対して得られた式の $[H^+]$ を $[OH^-]$ に，K_a を K_b にそれぞれ置き換えると），

$$[OH^-] = \sqrt{\frac{K_b K_w}{C_s}} \qquad (4.22)$$

$$\therefore \quad [H^+] = \sqrt{\frac{K_w C_s}{K_b}} \qquad (4.23)$$

$$\therefore \quad pH = \frac{1}{2}(pK_w - pK_b - \log C_s) \qquad (4.24)$$

■ 例題 3　弱酸と強塩基の塩の水溶液の pH（弱塩基の水溶液の pH）

0.1 mol/L 炭酸ナトリウム溶液の pH を求めよ．ただし，H_2CO_3 の K_{a1}，K_{a2} をそれぞれ 4.45×10^{-7} mol/L，4.69×10^{-11} mol/L，水のイオン積を $K_w = 1.01 \times 10^{-14}$ mol²/L² とする．

[解答と解説] 炭酸ナトリウムを水に溶かすと加水分解が起こり，溶液はアルカリ性を示す．本文で述べたように加水分解は単なる酸塩基反応にほかならない．本例題の場合，弱塩基である CO_3^{2-} の電離平衡について考える．

$$CO_3^{2-} + H_2O \rightleftarrows HCO_3^- + OH^-, \quad K_{b1} = \frac{[HCO_3^-][OH^-]}{[CO_3^{2-}]}$$

$$HCO_3^- + H_2O \rightleftarrows H_2CO_3 + OH^-, \quad K_{b2} = \frac{[H_2CO_3][OH^-]}{[HCO_3^-]}$$

CO_3^{2-} と HCO_3^- はそれぞれ HCO_3^- と H_2CO_3 の共役塩基である（HCO_3^- のように酸にも塩基にもなり得る物質を両性電解質という）．共役酸塩基対の K_a と K_b には $K_a K_b = K_w$ の関係が成立する（例題 1 参照）ので，

$$K_{b1} = \frac{K_w}{K_{a2}} = \frac{1.01 \times 10^{-14} \text{ mol}^2/\text{L}^2}{4.69 \times 10^{-11} \text{ mol/L}} = 2.15 \times 10^{-4} \text{ mol/L}$$

$$K_{b2} = \frac{K_w}{K_{a1}} = \frac{1.01 \times 10^{-14} \text{ mol}^2/\text{L}^2}{4.45 \times 10^{-7} \text{ mol/L}} = 2.27 \times 10^{-8} \text{ mol/L}$$

$K_{b1} \gg K_{b2}$ なので，CO_3^{2-} の第 1 段の電離平衡のみを考慮すればよく，[OH^-] は 4.3.5 項で述べた式により求めることができる．

$$pOH = \frac{1}{2}(pK_{b1} - \log C_b) = \frac{1}{2}\{-\log(2.15 \times 10^{-4}) - \log 0.1\} = 2.33$$

$$\therefore \quad pH = pK_w - pOH = -\log(1.01 \times 10^{-14}) - 2.33 = \boxed{11.7}$$

4.4　緩衝液

弱酸とその共役塩基の混合溶液，あるいは弱塩基とその共役酸の混合溶液は，少量の酸や塩基を加えても，水を加えて希釈しても，その溶液の pH はあまり変化しない．このような溶液を **pH 緩衝液** pH buffer solution，あるいは単に**緩衝液**という．

弱酸 HA（濃度 C_a，電離定数 K_a）とその塩 NaA（濃度 C_s）からなる緩衝液（例：CH_3COOH と CH_3COONa）では，NaA の電離によって生成する A^-（HA の共役塩基）のために，HA の電離平衡（$HA + H_2O \rightleftarrows H_3O^+ + A^-$）は大きく左辺側に片寄っている．このため，緩衝液中の HA 濃度は C_a に，A^- 濃度は C_s に，それぞれ近似することができる．

したがって，$K_a = [H^+][A^-]/[HA]$，ゆえに $pH = pK_a + \log\dfrac{[A^-]}{[HA]}$ の関係より，式 (4.25) が導かれる．

$$pH = pK_a + \log\dfrac{C_s}{C_a} \tag{4.25}$$

この式は**ヘンダーソン-ハッセルバルヒの式** Henderson-Hasselbalch equation と呼ばれ，緩衝液の pH を見積もるためによく用いられる．

式 (4.25) より，緩衝液の pH は C_s と C_a の比で決まることがわかる．このため，緩衝液を少量の水で希釈しても，C_s と C_a の比は一定とみなせるので，その pH はほとんど変化しない．緩衝液の緩衝能は $C_s = C_a$ のところで最大となり（滴定曲線において，pH 変化が最も緩やかな半当量点に相当），このときの pH は式 (4.25) より pK_a に等しいことがわかる．したがって，十分な緩衝能を発揮させるためには，目的の pH に近い（実際には目的の pH ± 1 程度の範囲内の）pK_a の値を有する酸を含む緩衝液を選択し，できるだけ高い濃度に調製すればよい．

弱塩基とその共役酸（例：NH_3 と NH_4^+（塩として表すならば，たとえば NH_4Cl））については $pOH = pK_b + \log(C_s/C_b)$ の関係が成立する．

■ **例題 4　緩衝液の性質**

(1) 0.1 mol/L 酢酸および 0.1 mol/L 酢酸ナトリウムの溶液を 100 mL ずつ混合した溶液の pH を求めよ．ただし，酢酸の電離定数は $K_a = 1.75 \times 10^{-5}$ mol/L とする．

(2) (1) の混合溶液に 1.0 mol/L の塩酸 1.0 mL を加えたときの pH はいくらになるか．

(3) (1) の混合溶液に 1.0 mol/L の水酸化ナトリウム溶液 1.0 mL を加えたときの pH はいくらになるか．

(4) (1) の混合溶液に純水 100 mL を加えたときの pH はいくらになるか．

解答と解説　(1) ヘンダーソン-ハッセルバルヒの式より

$$pH = pK_a + \log\dfrac{C_s}{C_a} = -\log(1.75 \times 10^{-5}) + \log\dfrac{0.05}{0.05} = \boxed{4.76}$$

(2) 塩酸の H_3O^+ が CH_3COO^- と反応（$H_3O^+ + CH_3COO^- \rightarrow CH_3COOH + H_2O$）するため，$[CH_3COO^-]$ は減少し，$[CH_3COOH]$ は増加する．また，全液量は 201 mL である．したがって，

$$C_s = 0.10 \text{ mol/L} \times \dfrac{100 \text{ mL}}{201 \text{ mL}} - 1.0 \text{ mol/L} \times \dfrac{1 \text{ mL}}{201 \text{ mL}} = \dfrac{9}{201} \text{ mol/L}$$

$$C_a = 0.10 \text{ mol/L} \times \dfrac{100 \text{ mL}}{201 \text{ mL}} \dfrac{2/50}{1/50} + 1.0 \text{ mol/L} \times \dfrac{1 \text{ mL}}{201 \text{ mL}} = \dfrac{11}{201} \text{ mol/L}$$

$$\therefore \; pH = -\log(1.75 \times 10^{-5}) + \log\dfrac{9/201}{11/201} = \boxed{4.67}$$

(3) 水酸化ナトリウムの OH^- は CH_3COOH と反応（$CH_3COOH + OH^- \rightarrow CH_3COO^- + H_2O$）するため，$[CH_3COOH]$ は減少し，$[CH_3COO^-]$ は増加する．また，全液量は 201 mL である．したがって，

$$C_s = 0.10 \text{ mol/L} \times \frac{100 \text{ mL}}{201 \text{ mL}} + 1.0 \text{ mol/L} \times \frac{1 \text{ mL}}{201 \text{ mL}} = \frac{11}{201} \text{ mol/L}$$

$$C_a = 0.10 \text{ mol/L} \times \frac{100 \text{ mL}}{201 \text{ mL}} - 1.0 \text{ mol/L} \times \frac{1 \text{ mL}}{201 \text{ mL}} = \frac{9}{201} \text{ mol/L}$$

$$\therefore \quad \text{pH} = -\log(1.75 \times 10^{-5}) + \log \frac{11/201}{9/201} = \mathbf{4.84}$$

(4) 全液量は 300 mL となるので，C_s および C_a は (1) の場合の 0.667 倍となる．

$$\text{pH} = -\log(1.75 \times 10^{-5}) + \log \frac{0.667 \times 0.05}{0.667 \times 0.05} = \mathbf{4.76}$$

4.5 多価の酸の各化学種の存在率と pH との関係

3価の酸 H_3A を例に考える．H_3A と，これの電離によって生じた H_2A^-，HA^{2-}，A^{3-} の総濃度を C_T，総濃度に対するそれぞれの存在率を f_0, f_1, f_2, f_3 とする．すなわち，

$$C_T = [H_3A] + [H_2A^-] + [HA^{2-}] + [A^{3-}] \tag{4.26}$$

$$f_0 = \frac{[H_3A]}{C_T}, \quad f_1 = \frac{[H_2A^-]}{C_T}, \quad f_2 = \frac{[HA^{2-}]}{C_T}, \quad f_3 = \frac{[A^{3-}]}{C_T} \tag{4.27}$$

ここで，H_3A の第1，第2 および第3電離定数をそれぞれ K_{a1}, K_{a2}, K_{a3} とし，$[H_2A^-]$，$[HA^{2-}]$，$[A^{3-}]$ をそれぞれ $[H^+]$ の関数として表すと，

$$[H_2A^-] = \frac{K_{a1}}{[H^+]}[H_3A], \quad [HA^{2-}] = \frac{K_{a1}K_{a2}}{[H^+]^2}[H_3A],$$

$$[A^{3-}] = \frac{K_{a1}K_{a2}K_{a3}}{[H^+]^3}[H_3A] \tag{4.28}$$

となる．これらの関係を式 (4.26) に代入し，整理すると，次の式 (4.29) が導かれる．

$$C_T = \frac{[H^+]^3 + K_{a1}[H^+]^2 + K_{a1}K_{a2}[H^+] + K_{a1}K_{a2}K_{a3}}{[H^+]^3}[H_3A]$$

$$= \frac{B}{[H^+]^3}[H_3A] \tag{4.29}$$

ここで，$[H^+]^3 + K_{a1}[H^+]^2 + K_{a1}K_{a2}[H^+] + K_{a1}K_{a2}K_{a3} = B$ とおいた．式 (4.27) と式 (4.29) より，次の式 (4.30) が得られる．

$$f_0 = \frac{[H^+]^3}{B}, \quad f_1 = \frac{[H^+]^2 K_{a1}}{B}, \quad f_2 = \frac{[H^+] K_{a1} K_{a2}}{B}, \quad f_3 = \frac{K_{a1} K_{a2} K_{a3}}{B} \quad (4.30)$$

一例として，式 (4.30) をもとに作図したリン酸 H_3PO_4 ($K_{a1} = 7.11 \times 10^{-3}$ mol/L, $K_{a2} = 6.32 \times 10^{-8}$ mol/L, $K_{a3} = 4.5 \times 10^{-13}$ mol/L) の各化学種の存在率と pH との関係を図 4.1 に示す．

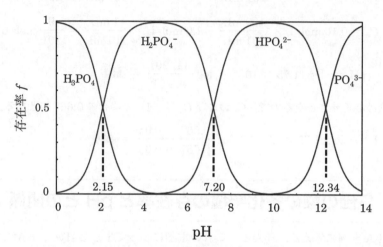

図 4.1 リン酸の各化学種の存在率と pH との関係

pH が高くなるほど，リン酸の電離が進行する．図より，$[H_3PO_4] = [H_2PO_4^-]$，$[H_2PO_4^-] = [HPO_4^{2-}]$，$[HPO_4^{2-}] = [PO_4^{3-}]$ となる pH は，それぞれリン酸の pK_{a1}, pK_{a2}, pK_{a3} にほぼ等しいことがわかる．

▶ 練習問題

1. 次の溶液の pH を概算せよ．ただし，水のイオン積を $K_w = 1.01 \times 10^{-14}$ mol²/L² とする．
   (1) 1×10^{-14} mol/L 塩酸
   (2) 0.1 mol/L アンモニア水．ただし，NH_3 の電離定数を $K_b = 1.77 \times 10^{-5}$ mol/L とする．
   (3) 0.2 mol/L 塩化アンモニウム水溶液
   (4) 0.1 mol/L リン酸水溶液（H_3PO_4 の電離定数：$K_{a1} = 7.11 \times 10^{-3}$ mol/L, $K_{a2} = 6.32 \times 10^{-8}$ mol/L, $K_{a3} = 4.5 \times 10^{-13}$ mol/L）．ただし，式 (4.16) の導出過程での $[A^-] = [H^+]$ の仮定は成立するが，$[HA] = C_a$ の仮定は成立しないものとする．
   (5) 0.1 mol/L のリン酸二水素一ナトリウム水溶液．ただし，両性電解質 $H_2PO_4^-$ の加水分解（$H_2PO_4^- + H_2O \to H_3O^+ + HPO_4^{2-}$，$H_2PO_4^- + H_2O \to H_3PO_4 + OH^-$）よりも，$2H_2PO_4^- \to H_3PO_4 + HPO_4^{2-}$ の反応の方が優勢であるとする．（ヒント：K_{a1} と K_{a2} を掛け合わせることで $[H^+]$ を求める式を導く）

2. 酢酸緩衝液に関する次の問題に答えよ．ただし，酢酸の $pK_a = 4.76$, $\log 2 = 0.30$ とする．

4.5 多価の酸の各化学種の存在率と pH との関係   **45**

(1) 0.05 mol/L 酢酸水溶液と 0.10 mol/L の酢酸ナトリウム水溶液を体積比 1：2 で混合した．この溶液の pH はいくらになるか．

(2) 酢酸緩衝液を pH 5.46 に保つには酢酸と酢酸ナトリウムの濃度比をどのようにすればよいか．ただし，いずれの濃度も十分に大きいものとする．

3 次の水溶液の pH を求めよ．ただし，NH_3 の電離定数を $K_b = 1.77 \times 10^{-5}$ mol/L とする．

(1) 0.1 mol/L の塩酸 20 mL と 0.1 mol/L のアンモニア水 30 mL を混合したときの pH．

(2) (1) においてアンモニア水の代わりに 0.1 mol/L 水酸化ナトリウム溶液 30 mL を混合したときの pH．

4 エチレンジアミン四酢酸 $(HOOCH_2C)_2 N(CH_2)_2 N(CH_2COOH)_2$ (5.3 節参照) は 4 価の酸で，その電離定数は $K_{a1} = 1.02 \times 10^{-2}$ mol/L, $K_{a2} = 2.14 \times 10^{-3}$ mol/L, $K_{a3} = 6.92 \times 10^{-7}$ mol/L, $K_{a4} = 5.5 \times 10^{-11}$ mol/L である．簡略化のため，エチレンジアミン四酢酸を H_4Y と表したとき，H_4Y, H_3Y^-, H_2Y^{2-}, HY^{3-}, Y^{4-} の存在率と pH との関係を求めよ．

──────────

▶ **解　答** ◀

1 (1) pH = $-\log(1 \times 10^{-14}) = 14$ (式(4.11)) とはならない．本問のように非常に希薄な水溶液になると，水の電離の効果が優勢になり，水溶液の pH は中性に近づく．すなわち，水のイオン積 $K_w = [H^+][OH^-]$ 及び電荷均衡 $[H^+] = [OH^-] + [Cl^-]$ より，$[H^+]^2 - [Cl^-][H^+] - K_w = 0$ の関係が導かれる．この式に，$K_w = 1.01 \times 10^{-14}$ mol^2/L^2, $[Cl^-] = 1 \times 10^{-14}$ mol/L の値をそれぞれ代入し，$[H^+]^2 - 1 \times 10^{-14}[H^+] - 1.01 \times 10^{-14} = 0$．この 2 次方程式を解いて，$[H^+] = 1.00 \times 10^{-7}$．∴ pH = 7.00

(2) pOH = $1/2(pK_b - \log C_b) = 1/2\{-\log(1.77 \times 10^{-5}) - \log 0.1\} = 2.88$
∴ pH = pK_w − pOH = $-\log(1.01 \times 10^{-14}) - 2.88 = 11.12$ (4.3.5 項参照．pOH = 2.88 より $[OH^-] = 1.32 \times 10^{-3}$ mol/L であり，近似式の適用のための条件 $[OH^-] < 0.05 C_b$ を満たしている)

(3) 塩の加水分解をもとに考えれば (4.3.6 項 2))，式 (4.24) を用いて，pH = $1/2(pK_w - pK_b - \log C_s) = 1/2(14.00 - 4.752 + 0.699) = 4.97$．

(別解) アンモニアの共役酸であるアンモニウムイオンの電離と考えれば，$K_a K_b = K_w$ の関係 (例題 1 参照) より，弱酸であるアンモニウムイオン NH_4^+ の電離定数 K_a は，$K_a = (1.01 \times 10^{-14})/(1.77 \times 10^{-5}) = 5.706 \times 10^{-10}$．$pK_a = -\log(5.706 \times 10^{-10}) = 9.243$．したがって，式 (4.18) より，pH = $1/2(9.243 - \log 0.2) = 4.97$．

(丸め誤差 (2.3.1 項参照) 防止のため，桁数を多くとって計算した．本問でも，近似式適用のための条件が満たされていることを確認してみよう！)

(4) $K_{a1} \gg K_{a2} \gg K_{a3}$ であり，1 段目の電離のみで考えてよい (4.3.4 項参照)．題意より，式 (4.15)

の2次方程式を解くことになる（式 (4.16) でいうと，その分母が C_a ではなく $C_a - [\text{H}^+]$ となることに相当）．式 (4.15) に数値を代入し，$[\text{H}^+]^2 + 7.11 \times 10^{-3} [\text{H}^+] - 7.11 \times 10^{-3} \times 0.1 = 0$．これを解いて，$[\text{H}^+] = 0.02334$ mol/L．∴ pH = 1.63．

(5) $K_{a1} K_{a2} = ([\text{H}_2\text{PO}_4^-][\text{H}^+])/[\text{H}_3\text{PO}_4] \cdot ([\text{HPO}_4^{2-}][\text{H}^+])/[\text{H}_2\text{PO}_4^-] = [\text{HPO}_4^{2-}][\text{H}^+]^2/[\text{H}_3\text{PO}_4]$．ここで，$2\text{H}_2\text{PO}_4^- \rightarrow \text{H}_3\text{PO}_4 + \text{HPO}_4^{2-}$ の反応が優勢なら，H_3PO_4 と HPO_4^{2-} は同濃度生成するとみなすことができ，$K_{a1} K_{a2} = [\text{H}^+]^2$ となる．したがって，pH = 1/2 ($pK_{a1} + pK_{a2}$) = 4.67．（この近似式は，しばしば用いられる．リン酸を NaOH 標準液で滴定したときの第1当量点における pH に相当する．なお，$2\text{H}_2\text{PO}_4^- \rightarrow \text{H}_3\text{PO}_4 + \text{HPO}_4^{2-}$ のように，同一種類の物質が異なる2種類の物質に変化する反応を不均化 disproportionation という．）

[2] (1) ヘンダーソン-ハッセルバルヒの式（式 (4.25)）より，pH = pK_a + log{(0.1 × 2/3)/(0.05 × 1/3)} = pK_a + log 4 = 4.76 + 2 log 2 = 5.36．

(2) ヘンダーソン-ハッセルバルヒの式より，5.46 = 4.76 + log $(x/1)$．x = 5.01．したがって，CH_3COOH と CH_3COONa の濃度比は 1 : 5 にすればよい．

[3] (1) HCl + NH_3 → NH_4Cl の反応で生成した NH_4Cl と残った NH_3 で緩衝液になり，全液量は 50 mL である．C_s = 0.1 mol/L × 20 mL/(20 + 30) mL = 2/50 mol/L．C_b = 0.1 mol/L × (30 − 20) mL/(20 + 30) mL = 1/50 mol/L．弱塩基とその塩についても式 (4.25) の導出と同じ考え方が適用でき，pOH = pK_b − log C_s/C_b が導かれる．

$$\therefore \text{pOH} = 4.752 + \log \frac{2/50}{1/50} = 5.05$$

したがって，pH = pK_w − pOH = 14.00 − 5.05 = 8.95

(2) 強塩基である NaOH の過量が溶液の $[\text{OH}^-]$ を決定づけるため，$[\text{OH}^-]$ = 0.10 mol/L × (30 − 20) mL/(20 + 30) mL = 0.02 mol/L.　∴ pOH = 1.70, pH = 14.00 − 1.70 = 12.30

[4] H_4Y, H_3Y^-, H_2Y^{2-}, HY^{3-}, Y^{4-} の存在率を f_0, f_1, f_2, f_3, f_4 とする．4.5 節と同様の手順で $f_0 \sim f_4$ を求めると，

$$f_0 = \frac{[\text{H}^+]^4}{B}, \quad f_1 = \frac{[\text{H}^+]^3 K_{a1}}{B}, \quad f_2 = \frac{[\text{H}^+]^2 K_{a1} K_{a2}}{B}, \quad f_3 = \frac{[\text{H}^+] K_{a1} K_{a2} K_{a3}}{B},$$

$$f_4 = \frac{K_{a1} K_{a2} K_{a3} K_{a4}}{B}$$

ここで，$B = [\text{H}^+]^4 + K_{a1}[\text{H}^+]^3 + K_{a1} K_{a2}[\text{H}^+]^2 + K_{a1} K_{a2} K_{a3}[\text{H}^+] + K_{a1} K_{a2} K_{a3} K_{a4}$ である．

これらの式をもとに作図した H_4Y, H_3Y^-, H_2Y^{2-}, HY^{3-}, Y^{4-} の存在率と pH との関係は，第5章の図 5.2 (b) に示した．

（田中秀治）

Coffee break　　　　　　　　　　アレニウス

　アレニウス Svante August Arrhenius（1859～1927年）はスウェーデンが誇る偉大な化学者である．名門のウプサラ Uppsala 大学に学び，1884年，電解質水溶液の電気伝導に関する研究で学位を取得した．この研究を通じて，電離説や酸・塩基の概念を発表した．しかし，電場をかけなくても電解質が水溶液中でイオンに電離するという考えは，当時の理解（クーロン力に逆らって陰・陽イオンが自然に解離するとは考え難い）を超えており，国内では高い評価が得られなかった．電離説に従うと，電解質水溶液に関する実験データを良好に説明できることから，後にオランダのファント・ホッフ J.H. van't Hoff やドイツのオストワルド F.W. Ostwald らから支持されることになった．アレニウスは，電離説の業績により1903年に第3回ノーベル化学賞を受賞した．反応速度と活性化エネルギーとの関係を表したアレニウスの式（1884年）もよく知られている．アレニウス，ファント・ホッフ，オストワルドの3名は，物理化学の創始者といわれる．

　アレニウスは，化学のみならず，生化学，地球科学，天文学など幅広い分野へと研究の対象を広げ，現在ではよく知られている二酸化炭素の温室効果（地球温暖化，1886年），地球生命の宇宙飛来説（パンスペルミア説，1903年）も提唱した．

第5章 錯体生成平衡

5.1 錯体とキレート

5.1.1 錯体

式 (5.1) で示されるように，金属イオン M に**非共有電子対** unshared electron pair（**孤立電子対** lone electron pair，**非結合電子対** nonbonding electron pair ともいう）を有する n 個の物質（**配位子** ligand）L が**配位結合** coordinate bond して生成する物質 ML_n を**金属錯体** metal complex，あるいは単に**錯体** complex という（ただし，錯体という用語の意味はより広く，金属錯体のみならず，配位結合を有する化学種全般を指す）．

$$M + nL \rightleftarrows ML_n \tag{5.1}$$

ここで n を**配位数** coordination number という．なお，式 (5.1) では簡略化のため，電荷の記載は省いている．錯体生成において，金属イオンは電子対受容体として，配位子は電子対供与体としてはたらく．したがって，ルイスの定義 (4.1.3 項) に基づくと，金属イオンは酸（ルイス酸），配位子は塩基（ルイス塩基）である．

配位数 n は金属イオンごとに固有の値（1 つとは限らない）をとり，これに応じて錯体の立体構造も決まる．金属イオンの配位数と錯体の立体構造の例を表 5.1 に示す．なお，錯体の化学式は，表 5.1 に記したように，中心金属原子，配位子（複数の種類が存在するときは陰イオン性，陽イオン性，中性の順）の順に書き，全体をかぎ括弧 [ ] で囲む決まりである．しかし，5.2 節以降の解説では濃度を表す [ ] と紛らわしいため，多くの分析化学書と同様，化学式の [ ] は省略する．

配位子 L は非共有電子対を有する O，N，P，S などの原子を含む化学種である．配位子は金

属イオンに供給できる電子対が1組の**単座配位子** unidentate ligand（monodentate ligand）（NH_3, H_2O, OH^-, Cl^-, CN^-, SCN^-など）と，2組以上の**多座配位子** polydentate ligand に分類される．多座配位子はさらに，供給できる電子対の数に応じて，二座配位子（エチレンジアミン，1,10-フェナントロリンなど），三座配位子，四座配位子…に分けられる．

表5.1　金属イオンの配位数と錯体の立体構造との関係

配位数	金属イオン	立体配置		錯体の例
2	Ag^+, Hg^{2+}, Cu^+	直線		$[Ag(NH_3)_2]^+$ $[Ag(CN)_2]^-$ $[HgCl_2]$
4	Ni^{2+}, Cu^{2+}, Pt^{2+}, Co^{2+}	平面正方形		$[Ni(CN)_4]^{2-}$ $[Pt(NH_3)_4]^{2+}$ $[Cu(NH_3)_4]^{2+}$
4	Cd^{2+}, Zn^{2+}, Hg^{2+}, Al^{3+}	正四面体		$[Cd(CN)_4]^{2-}$ $[Zn(NH_3)_4]^{2+}$ $[CoCl_4]^{2-}$
6	Fe^{2+}, Fe^{3+}, Co^{2+}, Co^{3+}, Ca^{2+}, Sr^{2+}, Ba^{2+}, Cr^{3+}, Mn^{2+}, Ni^{2+}, Cu^{2+}, Cd^{2+}, Al^{3+}	正八面体		$[Fe(CN)_6]^{4-}$ $[Co(NH_3)_6]^{3+}$ $[Ni(NH_3)_6]^{2+}$

他に配位数3（三角形型），5（正方錐型，三方両錐型），7（五方両錐型），8（立方体型）などがある．

5.1.2　キレート

金属イオンに多座配位子が結合すると，環状構造を有する錯体が生成する．この錯体を**キレート化合物** chelate compound あるいは単に**キレート** chelate という．その語源は，蟹のはさみを意味するギリシア語 $\chi\eta\lambda\eta$ である．金属イオンをはさむように配位してできた環状構造を**キレート環** chelate ring という．キレート環は，一般的に5員環（環を構成する原子数が5つ）か6員環（同，6つ）が安定である．多座配位子が試薬として各種用途（滴定，抽出，マスキング，安定化など）に使用されるとき，これを**キレート試薬** chelating reagent と呼ぶ．

5.2　錯体生成平衡

5.2.1　錯体の生成定数

錯体 M_mL_n の生成反応の平衡定数を $\beta_{m,n}$ で表す（式(5.2)）．$\beta_{m,n}$ は**全生成定数** overall formation constant または**全安定度定数** overall stability constant と呼ばれる．

$$mM + nL \rightleftarrows M_m L_n, \qquad \beta_{m,n} = \frac{[M_m L_n]}{[M]^m [L]^n} \tag{5.2}$$

金属イオンが2個以上の錯体（$m \geq 2$）は多核錯体と呼ばれるが，ここでは，式（5.1）でも示したような金属イオンが1個（$m = 1$）の単核錯体について説明する．すなわち，

$$M + nL \rightleftarrows ML_n, \qquad \beta_n = \frac{[ML_n]}{[M][L]^n} \tag{5.3}$$

式（5.3）の反応は，以下のような各反応に分けて考えることもできる．

$$M + L \rightleftarrows ML, \qquad K_1 = \frac{[ML]}{[M][L]} \tag{5.4}$$

$$ML + L \rightleftarrows ML_2, \qquad K_2 = \frac{[ML_2]}{[ML][L]} \tag{5.5}$$

$$\vdots$$

$$ML_{n-1} + L \rightleftarrows ML_n, \qquad K_n = \frac{[ML_n]}{[ML_{n-1}][L]} \tag{5.6}$$

それぞれの平衡定数 K_1, K_2, $\cdots K_n$ を**逐次生成定数** stepwise formation constant あるいは**逐次安定度定数** stepwise stability constant という．全生成定数と逐次生成定数との間には，次の式（5.7）の関係がある．

$$\beta_n = K_1 K_2 \cdots K_n \tag{5.7}$$

表5.2に全生成定数の例を示す．

5.2.2 キレート効果

単座配位子から生成する錯体よりも，同種の官能基を有する多座配位子によって生成するキレートの方が安定である．これを**キレート効果** chelate effect という．この効果は一般的にエントロピーの観点から説明されている．

たとえば Cu^{2+} では，表5.2に示したように，4分子の NH_3 が配位したテトラアンミン銅(II)イオン $Cu(NH_3)_4^{2+}$ の $\log \beta_4$ 12.52 よりも，二座配位子のエチレンジアミン $H_2NCH_2CH_2NH_2$（cn と略す）2分子が配位した $Cu(en)_2^{2+}$ の $\log \beta_2$ 19.75 の方が大きい．4分子の NH_3 が配位する際には，それまで Cu^{2+} に配位していた4分子の水分子 H_2O との置換が起こる．4分子どうしの置換なので，エントロピーに大きな変化はない．一方，en 2分子が Cu^{2+} に配位するときには，2分子の en が自由を失うかわりに4分子の H_2O が自由になるので，エントロピーの増加は大である．en では，1つのアミノ基が Cu^{2+} に配位結合すれば，同じ分子内のもう1つのアミノ基も Cu^{2+} の近傍に存在することになるので，より容易に Cu^{2+} に結合できるともいえる．多座配位子では，生成したキレート環中での電子の非局在化も安定化に寄与することがある．

表5.2 錯体の生成定数（25°C）

配位子	金属イオン	$\log \beta_1$	$\log \beta_2$	$\log \beta_3$	$\log \beta_4$	イオン強度[1]
OH^-	Al^{3+}	9.10	17.65	25.75		0.1 ($NaClO_4$)
	Fe^{2+}	4.50				0
	Fe^{3+}	11.13	22.06			3 ($NaClO_4$)
	Zn^{2+}	6.31	11.19	14.31	17.70	1 ($NaClO_4$)
Cl^-	Ag^+	3.23	5.15	5.04	3.64	0
	Hg^{2+}	6.74	13.22	14.17	15.07	0.5 ($NaClO_4$)
F^-	Al^{3+}	6.13	11.15	15.00	17.74	0.53 (KNO_3)
	Fe^{3+}	5.30	9.53	12.53		0.1 (KNO_3)
I^-	Ag^+	13.85	14.28			4 ($NaClO_4$)
	Hg^{2+}	12.87	23.82	27.49	29.86	0.5 ($NaClO_4$)
CN^-	Ag^+	13.23	20.9	21.8		0.04
SCN^-	Ag^+	4.75	8.23	9.45	9.67	0
	Fe^{3+}	2.14	3.45			0.5 ($NaClO_4$)
	Hg^{2+}	9.08	16.86	19.70	21.67	1 ($NaClO_4$)
NH_3	Ag^+	3.37	7.25			1
	Cu^{2+}	4.18	7.70	10.46	12.52	2
Cys[2]	Hg^{2+}	37.80	44.00			0.1
en[3]	Co^{2+}	5.38	10.24	13.79		0.1
	Ni^{2+}	7.54	13.94	18.39		1
	Cu^{2+}	10.5	19.75			0.5
o-Phen[4]	Fe^{2+}	5.84	11.20	16.45		0.15
EDTA	Cu^{2+}	18.83				0.1
	Ni^{2+}	18.66				0.1
	Zn^{2+}	16.3				0.2
	Ca^{2+}	10.73				0.1
	Cd^{2+}	16.54				0.1
	Co^{2+}	16.31				0.1
	Mg^{2+}	8.69 [5]				0.1
	Al^{3+}	6.5				0.1
	Ba^{2+}	7.63				0.1
	Cr^{3+}	23.40 [5]				0.1
	Fe^{2+}	14.94				0.1
	Fe^{3+}	25.1 [5]				0.1
	Pb^{2+}	17.88				0.1
	Mn^{2+}	24.8				0.2
	Hg^{2+}	22.02				0.1

（日本分析化学会編「化学便覧基礎編」，改訂5版，丸善，pp.II-343〜353，2004 などから引用）
1) 単位は mol/L. 0 は無限希釈状態を示す．括弧内は支持電解質の種類．2) システイン．3) エチレンジアミン．4) 1,10-フェナントロリン．5) 20°Cのデータ

■ 例題 1　逐次生成定数と各錯体の存在率

Cu^{2+} とエチレンジアミン (en) は，次の反応により Cu^{2+}–en 錯体を生成する．

$$Cu^{2+} + en \rightleftarrows Cu(en)^{2+} \qquad K_1 = \frac{[Cu(en)^{2+}]}{[Cu^{2+}][en]}$$

$$Cu(en)^{2+} + en \rightleftarrows Cu(en)_2^{2+} \qquad K_2 = \frac{[Cu(en)_2^{2+}]}{[Cu(en)^{2+}][en]}$$

$[en] = 1.0 \times 10^{-9}$ mol/L において，銅の各化学種の存在率，すなわち銅の総濃度に対する銅の各化学種の比 $f_{Cu^{2+}}$，$f_{Cu(en)^{2+}}$，$f_{Cu(en)_2^{2+}}$ を求めよ．ただし，$K_1 = 3.16 \times 10^{10}$ L/mol，$K_2 = 1.79 \times 10^9$ L/mol とする．

解答と解説　問題文中の逐次生成定数を表す式を用いて，銅の各錯体の濃度を $[Cu^{2+}]$ と $[en]$ の関数として表す．

$$[Cu(en)^{2+}] = K_1[Cu^{2+}][en]$$
$$[Cu(en)_2^{2+}] = K_2[Cu(en)^{2+}][en] = K_1 K_2[Cu^{2+}][en]^2$$

銅の総濃度を C_T とすると，C_T は次のように表される．

$$\begin{aligned}C_T &= [Cu^{2+}] + [Cu(en)^{2+}] + [Cu(en)_2^{2+}]\\ &= [Cu^{2+}] + K_1[Cu^{2+}][en] + K_1 K_2[Cu^{2+}][en]^2\\ &= [Cu^{2+}](1 + K_1[en] + K_1 K_2[en]^2)\end{aligned}$$

以上の関係，および $[en] = 1.0 \times 10^{-9}$ mol/L, $K_1 = 3.16 \times 10^{10}$ L/mol, $K_2 = 1.79 \times 10^9$ L/mol の数値を用いて，銅の各化学種の存在率を求める．

$$f_{Cu^{2+}} = \frac{[Cu^{2+}]}{C_T} = \frac{1}{1 + K_1[en] + K_1 K_2[en]^2} = \boxed{0.011}$$

$$f_{Cu(en)^{2+}} = \frac{[Cu(en)^{2+}]}{C_T} = \frac{K_1[en]}{1 + K_1[en] + K_1 K_2[en]^2} = \boxed{0.354}$$

$$f_{Cu(en)_2^{2+}} = \frac{[Cu(en)_2^{2+}]}{C_T} = \frac{K_1 K_2[en]^2}{1 + K_1[en] + K_1 K_2[en]^2} = \boxed{0.634}$$

5.3　EDTA

5.3.1　EDTA の構造と性質

エチレンジアミン四酢酸 ethylenediaminetetraacetic acid は **EDTA** と略され，キレート滴定 (8.4 節) に用いられる代表的なキレート試薬である．その構造式を図 5.1(a) に示す．EDTA は次のような特徴を有する．

1) 通常，六座配位子としてはたらく．
2) 2価以上の金属イオンと，その電荷に関係なく1:1の物質量比で結合し，水溶性のキレートを生成する．
3) 4価の酸である．しばしば H_4Y と略記され，金属イオンとは Y^{4-} の形で結合する．

キレート試薬としては，安定で適度な水溶性（約 11 g/100 mL）を有するエチレンジアミン四酢酸二水素二ナトリウム二水和物が汎用される（エチレンジアミン四酢酸は水溶性が低く，一方，その三ナトリウム塩や四ナトリウム塩は水溶性が高いものの，それぞれ吸湿性や潮解性を有する）．図 5.2 (a) に EDTA キレートの一般的な構造（正八面体構造）を示す．EDTA の 2 つの N 原子と電離した 4 つのカルボキシル基（-COO⁻）の O⁻ から金属イオンに非共有電子対を供給し，配位結合を生成する．

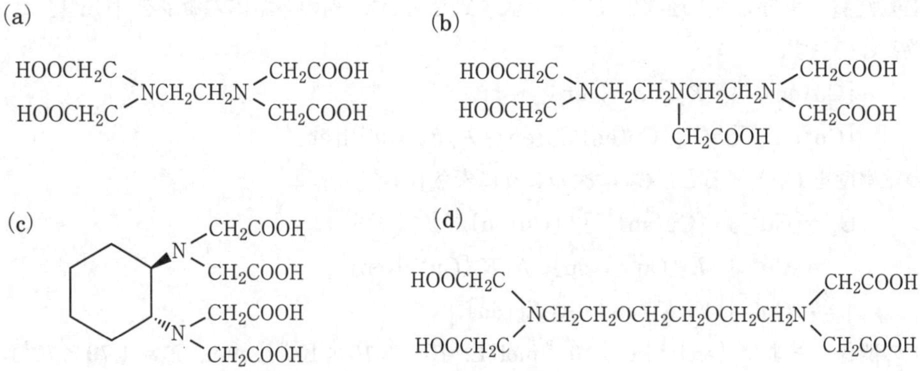

図 5.1　キレート試薬
(a) EDTA (ethylenediaminetetraacetic acid), (b) DTPA (diethylenetriaminepentaacetic acid), (c) CyDTA (*trans*-1,2-diaminocyclohexanetetraacetic acid), (d) EGTA (*O,O′*-bis(2-aminoethyl)etyleneglycoltetraacetic acid))

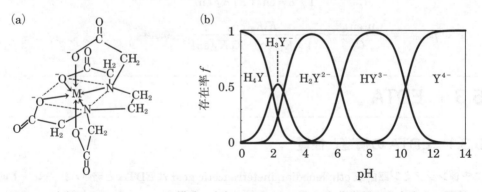

図 5.2　(a) EDTA キレートの構造，(b) pH と EDTA の各化学種の存在率との関係
(b) の作図においては，EDTA の第 1 〜 第 4 電離定数として，$K_{a1} = 1.02 \times 10^{-2}$ mol/L, $K_{a2} = 2.14 \times 10^{-3}$ mol/L, $K_{a3} = 6.92 \times 10^{-7}$ mol/L, $K_{a4} = 5.5 \times 10^{-11}$ mol/L (D.A. Skoog, D.M. West, F.J. Holler, S.R. Crouch, "Fundamentals of Analytical Chemistry", 9th. Ed., Brooks/Cole, 2014, p.415) を用いた．第 4 章の練習問題 4 も参照のこと．

EDTAの他には，DTPA（図5.1 (b)．キレートの生成定数が高い），CyDTA（図5.1 (c)．リン酸イオン共存下でもCa^{2+}やMg^{2+}のキレート滴定が可能），EGTA（図5.1 (d)．Ca^{2+}とMg^{2+}の共存下でCa^{2+}を選択的に滴定できる）など，さまざまなものが知られている．

5.3.2 キレート生成に対するpHの影響

EDTAをH_4Yと略記する．4.5節および4章の練習問題4で述べた方法に基づき，EDTAの各化学種H_4Y，H_3Y^-，H_2Y^{2-}，HY^{3-}，Y^{4-}の存在率fとpHとの関係を求めると図5.2 (b) のように表される．キレート生成に関わるY^{4-}の存在率は，アルカリ性領域において高い．したがって，高いpHほどEDTAキレート生成に有利であるといえる．一方，金属イオンM^{m+}は，pHが高くなるとヒドロキソ錯体$M(OH)_n^{m-n}$に変化し，キレート生成に不利にはたらく．これらのことから，キレート生成のために至適なpHは，金属イオンの種類に依存する．

5.3.3 生成定数と条件生成定数

EDTAキレートの生成定数をK_{MY}とする．K_{MY}は式 (5.8) のように表される．

$$M^{m+} + Y^{4-} \rightleftarrows MY^{m-4}, \qquad K_{MY} = \frac{[MY^{m-4}]}{[M^{m+}][Y^{4-}]} \tag{5.8}$$

表5.2より，重金属イオンは安定なEDTAキレートを生成するのに対し，アルカリ土類金属イオン（Ca^{2+}，Mg^{2+}）によるEDTAキレートの安定性は高くないことがわかる．

キレートを生成していないEDTAおよび金属イオンの総濃度を，それぞれ$[Y]_T$および$[M]_T$とする．

$$[Y]_T = [H_4Y] + [H_3Y^-] + [H_2Y^{2-}] + [HY^{3-}] + [Y^{4-}] \tag{5.9}$$

$$[M]_T = [M^{m+}] + [M(OH)^{m-1}] + [M(OH)_2^{m-2}] + \cdots \tag{5.10}$$

$[Y^{4-}]$に対する$[Y]_T$の比，$[M^{m+}]$に対する$[M]_T$の比を**副反応係数** side reaction coefficient（記号α_Y，α_M）と定義する．副反応係数が大きいほど，キレート生成に関わるY^{4-}やM^{m+}の割合が低いことを意味する．

$$\alpha_Y = \frac{[Y]_T}{[Y^{4-}]}, \qquad \alpha_M = \frac{[M]_T}{[M^{m+}]} \tag{5.11}$$

これらを使って表される式 (5.12) のK'_{MY}を**条件生成定数** conditional formation constant あるいは**条件安定度定数** conditional stability constant という．

$$K'_{MY} = \frac{[MY^{m-4}]}{[M]_T[Y]_T} = \frac{[MY^{m-4}]}{\alpha_M[M^{m+}]\alpha_Y[Y^{4-}]} = \frac{K_{MY}}{\alpha_M \alpha_Y} \tag{5.12}$$

式 (5.12) を用いて，ある条件におけるK'_{MY}を知ることができる．α_Yについては，4.5節で述べた方法にしたがってY^{4-}の存在率f_4を求め（図5.2 (b) のプロットにも用いた），これの逆数をとればα_Yとなる．すなわち，EDTAの第1〜第4電離定数をK_{a1}，K_{a2}，K_{a3}，K_{a4}とすると，

$$\alpha_Y = \frac{[H^+]^4 + K_{a1}[H^+]^3 + K_{a1}K_{a2}[H^+]^2 + K_{a1}K_{a2}K_{a3}[H^+] + K_{a1}K_{a2}K_{a3}K_{a4}}{K_{a1}K_{a2}K_{a3}K_{a4}} \tag{5.13}$$

図 5.3 に pH と金属-EDTA キレートの $\log K'_{MY}$ との関係を示す．キレート滴定（8.4 節）が行える目安は，金属イオンの総濃度を C_M（$= [MY^{m-4}] + [M]_T$）とすると，$\log C_M K'_{MY} > 6$ である（この条件で，当量点において金属イオンの 99.9% 以上が MY^{m-4} になる．$C_M = 0.01$ mol/L なら，$\log K'_{MY} > 8$ である）．この図からも，金属イオンによってキレート滴定のための至適 pH があることがわかる．EDTA キレートの安定性が高くない Ca^{2+} や Mg^{2+} の滴定では，溶液の pH をアルカリ性にすることで副反応係数 α_Y を下げる必要がある．しかし，Mg^{2+} では，pH を高くしすぎると，水酸化物が生成するため α_M が大きくなり，この結果，K'_{MY} は pH の増加とともに低下する．

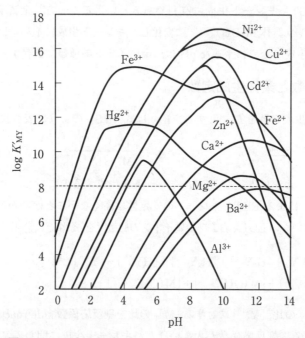

図 5.3　pH と EDTA キレートの条件生成定数との関係

古くから（1959 年刊のコルトフ Kolthoff の成書にすでに見られる）現在に至るまで，多くの専門書で紹介されている図である．本図は，A. Ringbom, "Complexation in Analytical Chemistry"（1963）の邦訳本（産業図書刊，1965）の図をもとに作図した．

■ **例題 2　EDTA キレートの生成定数と遊離金属イオン濃度**

0.01 mol/L Fe^{3+} と 0.1 mol/L EDTA を含む溶液を調製した．この溶液中で遊離している Fe^{3+} の濃度を求めよ．ただし，Fe^{3+}-EDTA キレート（FeY^-）の生成定数を $K_{FeY} = 1.26 \times 10^{25}$ L/mol とし，この溶液中で EDTA は完全に電離し（Y^{4-} としてのみ存在），Fe^{3+} のヒドロキソ錯体は生成しないものとする．

解答と解説　キレート生成反応およびその生成定数は次のように表せる．

$$\mathrm{Fe^{3+} + Y^{4-} \rightleftharpoons FeY^-}, \qquad K_\mathrm{FeY} = \frac{[\mathrm{FeY^-}]}{[\mathrm{Fe^{3+}}][\mathrm{Y^{4-}}]}$$

Fe の総濃度を $C_\mathrm{T,Fe}$, EDTA の総濃度を $C_\mathrm{T,Y}$ とすると, それぞれの物質収支は次のように表せる.

$$C_\mathrm{T,Fe} = [\mathrm{Fe^{3+}}] + [\mathrm{FeY^-}] = 0.01\ \mathrm{mol/L}$$
$$C_\mathrm{T,Y} = [\mathrm{Y^{4-}}] + [\mathrm{FeY^-}] = 0.1\ \mathrm{mol/L}$$

したがって,

$$[\mathrm{FeY^-}] = 0.01\ \mathrm{mol/L} - [\mathrm{Fe^{3+}}]$$
$$[\mathrm{Y^{4-}}] = 0.1\ \mathrm{mol/L} - [\mathrm{FeY^-}] = 0.09\ \mathrm{mol/L} + [\mathrm{Fe^{3+}}]$$

本題のようにキレートの生成定数が極めて大きく, 金属イオン濃度よりも配位子濃度の方が高い場合, 金属イオンのほとんどはキレートとして存在する. したがって, $[\mathrm{FeY^-}]$ と $[\mathrm{Y^{4-}}]$ は次のように近似できる.

$$[\mathrm{FeY^-}] = 0.01\ \mathrm{mol/L} - [\mathrm{Fe^{3+}}] \fallingdotseq 0.01\ \mathrm{mol/L}$$
$$[\mathrm{Y^{4-}}] = 0.1\ \mathrm{mol/L} - [\mathrm{FeY^-}] \fallingdotseq 0.09\ \mathrm{mol/L}$$

これらの関係を K_FeY を表す式に代入して,

$$K_\mathrm{FeY} = \frac{0.01\ \mathrm{mol/L}}{[\mathrm{Fe^{3+}}](0.09\ \mathrm{mol/L})} = 1.26 \times 10^{25}\ \mathrm{L/mol}$$

$$\therefore\quad [\mathrm{Fe^{3+}}] = \boxed{8.82 \times 10^{-27}\ \mathrm{mol/L}}$$

■ 例題 3　EDTA キレートの副反応係数と条件生成定数

$\mathrm{Cu^{2+}}$ と EDTA ($\mathrm{H_4Y}$) は, 次の反応により $\mathrm{Cu^{2+}}$-EDTA キレート ($\mathrm{CuY^{2-}}$) を生成する.

$$\mathrm{Cu^{2+} + Y^{4-} \rightleftharpoons CuY^{2-}}, \qquad K_\mathrm{CuY} = \frac{[\mathrm{CuY^{2-}}]}{[\mathrm{Cu^{2+}}][\mathrm{Y^{4-}}]}$$

pH = 10.0 において, $\mathrm{H_4Y}$ の電離および $\mathrm{Cu^{2+}}$ のヒドロキソ錯体 ($\mathrm{Cu(OH)}_n^{2-n}$, $n = 1 \sim 4$) の生成を考慮した $\mathrm{CuY^{2-}}$ の条件生成定数を求めよ. ただし, EDTA の第 1 ～ 第 4 電離定数を $K_\mathrm{a1} = 1.02 \times 10^{-2}\ \mathrm{mol/L}$, $K_\mathrm{a2} = 2.14 \times 10^{-3}\ \mathrm{mol/L}$, $K_\mathrm{a3} = 6.92 \times 10^{-7}\ \mathrm{mol/L}$, $K_\mathrm{a4} = 5.5 \times 10^{-11}\ \mathrm{mol/L}$, $\mathrm{CuY^{2-}}$ の全生成定数を $K_\mathrm{CuY} = 6.76 \times 10^{18}\ \mathrm{L/mol}$, $\mathrm{Cu(OH)}_n^{2-n}$ の全生成定数を $\beta_\mathrm{OH,1} = 2.0 \times 10^6\ \mathrm{L/mol}$, $\beta_\mathrm{OH,2} = 6.3 \times 10^{12}\ \mathrm{L^2/mol^2}$, $\beta_\mathrm{OH,3} = 3.2 \times 10^{14}\ \mathrm{L^3/mol^3}$, $\beta_\mathrm{OH,4} = 4.0 \times 10^{15}\ \mathrm{L^4/mol^4}$, 水のイオン積を $K_\mathrm{w} = 1.01 \times 10^{-14}\ \mathrm{mol^2/L^2}$ とする.

｜解答と解説｜ キレートを生成していない EDTA と Cu の総濃度をそれぞれ $[\mathrm{Y}]_\mathrm{T}$, $[\mathrm{Cu}]_\mathrm{T}$ とし, $[\mathrm{Y^{4-}}]$ と $[\mathrm{Cu^{2+}}]$ の副反応係数をそれぞれ α_Y, α_Cu とすると, $\mathrm{CuY^{2-}}$ の条件生成定数 K'_CuY は, 式 (5.12) より次のように表せる.

$$K'_\mathrm{CuY} = \frac{[\mathrm{CuY^{2-}}]}{[\mathrm{Cu}]_\mathrm{T}[\mathrm{Y}]_\mathrm{T}} = \frac{[\mathrm{CuY^{2-}}]}{\alpha_\mathrm{Cu}[\mathrm{Cu^{2+}}]\alpha_\mathrm{Y}[\mathrm{Y^{4-}}]} = \frac{K_\mathrm{CuY}}{\alpha_\mathrm{Cu}\alpha_\mathrm{Y}}$$

ここで, α_Y は式 (5.13) に $[\mathrm{H^+}] = 1.0 \times 10^{-10}\ \mathrm{mol/L}$ と EDTA の電離定数を代入することにより,

$$\alpha_Y = \frac{[H^+]^4 + K_{a1}[H^+]^3 + K_{a1}K_{a2}[H^+]^2 + K_{a1}K_{a2}K_{a3}[H^+] + K_{a1}K_{a2}K_{a3}K_{a4}}{K_{a1}K_{a2}K_{a3}K_{a4}} = 2.818$$

一方,α_{Cu} は式 (5.10) と式 (5.11) より,

$$\alpha_{Cu} = \frac{[Cu]_T}{[Cu^{2+}]} = \frac{[Cu^{2+}] + [Cu(OH)^+] + [Cu(OH)_2] + [Cu(OH)_3^-] + [Cu(OH)_4^{2-}]}{[Cu^{2+}]}$$

$$= 1 + \beta_{OH,1}[OH^-] + \beta_{OH,2}[OH^-]^2 + \beta_{OH,3}[OH^-]^3 + \beta_{OH,4}[OH^-]^4$$

この式に,$[OH^-] = K_w/[H^+] = 1.01 \times 10^{-4}$ mol/L と $Cu(OH)_n^{2-n}$ の全生成定数を代入することにより,

$$\alpha_{Cu} = 6.480 \times 10^4$$

K'_{CuY} を表す式に,K_{CuY},α_Y および α_{Cu} の値を代入することにより,

$$K'_{CuY} = \mathbf{3.70 \times 10^{13}\ L/mol}$$

▶練習問題

1. 金属イオン M と配位子 L は物質量比が 1:1 および 1:2 の錯体を生成する.M と L を含む溶液を調製し,M の総濃度に対する遊離している M の濃度の比を求めたところ,平衡における L の濃度が 1.0×10^{-2} mol/L のときは 50% であり,1.0×10^{-1} mol/L のときは 5.0% であった.この錯体の全生成定数 β_1 と β_2 を求めよ.

2. 金属イオン M と配位子 L をそれぞれ 1.0×10^{-1} mol/L,2.0×10^{-1} mol/L ずつ含む溶液を調製したところ,M の総濃度の 57% が錯体として存在していた.この錯体の全生成定数を求めよ.ただし,M と L は物質量比 1:1 で錯体を生成するものとする.

3. Fe^{2+} と 1,10-フェナントロリン (Phen) は,次の反応により Fe^{2+}-Phen 錯体を生成する.
$$Fe^{2+} + 3\,Phen \rightleftarrows Fe(Phen)_3^{2+}$$
Fe^{2+} と Phen の物質量比が 1:3 の溶液を調製したところ,1.0×10^{-3} mol/L の Fe^{2+}-Phen 錯体が生成した.この溶液中で遊離している Fe^{2+} の濃度を求めよ.ただし,$Fe(Phen)_3^{2+}$ の全生成定数を $\beta_3 = 2.51 \times 10^{16}$ L^3/mol^3 とし,Fe^{2+} の副反応(ヒドロキソ錯体の生成)は無視できるものとする.

4. 1.0×10^{-1} mol/L Cu^{2+} 溶液と 1.0×10^{-1} mol/L EDTA (Na_2H_2Y) 溶液を体積比 1:1 で混合した.この溶液中で遊離している Cu^{2+} および Y^{4-} の濃度を求めよ.ただし,Cu^{2+}-EDTA キレート (CuY^{2-}) の生成定数を $K_{CuY} = 6.76 \times 10^{18}$ L/mol,キレートを生成していない EDTA が Y^{4-} として存在している割合を 0.20 とし,Cu^{2+} のヒドロキソ錯体は生成しないものとする.

5. 1.0×10^{-2} mol/L Cd^{2+} 溶液と 1.0×10^{-2} mol/L EDTA 溶液を体積比 1:1 で混合したとき,

5.3 EDTA

Cd^{2+} の 99.9% が Cd^{2+}-EDTA キレート（CdY^{2-}）として存在していた．CdY^{2-} の条件生成定数およびキレートを生成していない EDTA が Y^{4-} として存在している割合を求めよ．ただし，CdY^{2-} の全生成定数を $K_{CdY} = 3.47 \times 10^{16}$ L/mol とし，Cd^{2+} のヒドロキソ錯体は生成しないものとする．

▶ **解　答** ◀

[1] M の総濃度に対する遊離している M の濃度の比を f とすると，$f = \dfrac{[M]}{[M]+[ML]+[ML_2]}$

$= \dfrac{1}{1+[ML]/[M]+[ML_2]/[M]} = \dfrac{1}{1+\beta_1[L]+\beta_2[L]^2}$ と表せる．したがって，$0.50 = 1/\{1+\beta_1 \times 1.0 \times 10^{-2}\,\text{mol/L}+\beta_2 \times (1.0 \times 10^{-2}\,\text{mol/L})^2\}$，$0.05 = 1/\{1+\beta_1 \times 1.0 \times 10^{-1}\,\text{mol/L}+\beta_2 \times (1.0 \times 10^{-1}\,\text{mol/L})^2\}$．これらの連立方程式を解いて，$\beta_1 = 9.0 \times 10$ L/mol，$\beta_2 = 1.0 \times 10^3\,\text{L}^2/\text{mol}^2$

[2] 全生成定数を β_1 とすると，$\beta_1 = 1.0 \times 10^{-1} \times 0.57\,\text{mol/L}/\{(1.0 \times 10^{-1} - 1.0 \times 10^{-1} \times 0.57)\,\text{mol/L} \times (2.0 \times 10^{-1} - 1.0 \times 10^{-1} \times 0.57)\}\,\text{mol/L} = 9.27\,\text{L/mol}$

[3] 遊離 Fe^{2+} 濃度を x mol/L とすると，$\beta_3 = 1.0 \times 10^{-3}\,\text{mol/L}/\{x \times (3x)^3\} = 2.51 \times 10^{-16}\,\text{L}^3/\text{mol}^3$　∴ $x = 6.2 \times 10^{-6}$ mol/L

[4] 混合溶液における Cu^{2+} と EDTA の濃度は，反応前はいずれも 0.05 mol/L である．平衡時の Cu^{2+} 濃度を x mol/L とすると，キレートを生成していない EDTA の濃度も x mol/L である．したがって，平衡時における Y^{4-} の濃度は $0.2x$ mol/L となる．一方，Cu^{2+}-EDTA キレートは $(0.05-x)$ mol/L 生成する．∴ $(0.05-x)/(x \cdot 0.2x) = 6.76 \times 10^{18}$．これを解いて $[Cu^{2+}] = 1.92 \times 10^{-10}$ mol/L，$[Y^{4-}] = 3.85 \times 10^{-11}$ mol/L

[5] 混合溶液における Cd^{2+} と EDTA の濃度は，反応前はいずれも 0.005 mol/L である．Cd^{2+} の 99.9% がキレートになったので，平衡における Cd^{2+}-EDTA の濃度は，$0.005\,\text{mol/L} \times 0.999 = 4.995 \times 10^{-3}$ mol/L．平衡においてキレートを生成していない Cd^{2+} と EDTA の総濃度は，いずれも $0.005\,\text{mol/L} \times 0.001 = 5 \times 10^{-6}$ mol/L である．したがって，条件生成定数 $K'_{CdY} = 4.995 \times 10^{-3}\,\text{mol/L}/\{(5 \times 10^{-6}\,\text{mol/L})(5 \times 10^{-6}\,\text{mol/L})\} = 2.00 \times 10^8$ L/mol．副反応係数を α_Y とすると，キレートを生成していない EDTA が Y^{4-} として存在している割合 f_4 は，$f_4 = 1/\alpha_Y = K'_{CdY}/K_{CdY} = 2.00 \times 10^8\,\text{L/mol}/3.47 \times 10^{16}\,\text{L/mol} = 5.76 \times 10^{-9}$

（田中秀治・竹内政樹）

Coffee break　　　　　　　　　　　　　HSAB 則

　ブレンステッド-ローリーの定義では，酸・塩基の強弱をプロトンの授受能力をもとに分類した．そこでは電離定数（K_a, K_b）によって定量的考察が可能である．一方，ルイスの定義では，酸・塩基の強弱は，電子対の授受能力に基づくことになる．その強弱を定量的に考察する研究がなされてきたが，筆者の知る限り，K_a や K_b のような汎用性の高い尺度は見当たらない．

　ピアソン Pearson は，ルイスの定義による酸と塩基の反応性について，HSAB 則（hard and soft acids and bases theory）という経験則を提案した（1963 年）．HSAB 則では，ルイス酸とルイス塩基を，「硬い」「柔らかい」で分類する．硬い酸は電荷が大で，半径が小さい（周期表で上の方の金属）．柔らかい酸は電荷が小で，半径が大きい．硬い塩基は電気陰性度大で，分極しにくい．柔らかい塩基は電気陰性度小で，分極しやすい．HSAB 則によると，硬い酸は硬い塩基と，柔らかい酸は柔らかい塩基とそれぞれ反応しやすい．

　HSAB 則は定性的な考察しか与えないが，キレートの安定性，生体高分子に対する金属イオンの親和性，無機化合物や有機化合物の反応性，触媒の機構などを理解するときに有用である．たとえば，ジメルカプロール（$CH_2SHCHSHCH_2OH$）は柔らかい塩基で，水銀や鉛などの重金属（柔らかい酸）に対する解毒薬として用いられている．鉱物資源としての重金属は，硫化物（S^{2-} は柔らかい塩基）として産出されることが多い．

HSAB 則に基づくルイス酸・塩基の分類

	ルイス酸
硬い酸	Na^+, K^+, Mg^{2+}, Ca^{2+}, Al^{3+}, Cr^{3+}, Co^{3+}, Fe^{3+}, Ce^{3+}
中間に属する酸	Fe^{2+}, Co^{2+}, Ni^{2+}, Cu^{2+}, Zn^{2+}, Pb^{2+}
柔らかい酸	Ag^+, Cd^{2+}, Hg^{2+}, Tl^{3+}
	ルイス塩基
硬い塩基	F^-, PO_4^{3-}, SO_4^{2-}, Cl^-, CO_3^{2-}, ClO_4^-, NO_3^-, RO^-, NH_3, RNH_2
中間に属する塩基	$C_6H_5NH_2$, Br^-, NO_2^-, SO_3^{2-}, N_2
柔らかい塩基	R_2S, RSH, RS^-, I^-, SCN^-, S^{2-}, $S_2O_3^{2-}$, CN^-

第6章

沈殿生成平衡

6.1 難溶性塩の溶解と溶解度積

水に難溶性塩 $M_m X_n$ を加えてよくかき混ぜると,その一部が溶けて M^{n+} と X^{m-} の両イオンが生成する(式 (6.1)).正反応(**溶解 dissolution**)の速度と逆反応(**沈殿生成 precipitation**)の速度が等しくなったとき,系は化学平衡(溶解平衡)に達する.ここで添え字の (s) は固相 solid であることを意味する.

$$M_m X_n(s) \rightleftarrows m M^{n+} + n X^{m-} \tag{6.1}$$

このとき,各イオンの活量の間には次の関係が成立する.ここで ( ) は括弧内のイオン種の活量を表す.

$$K°_{sp} = (M^{n+})^m (X^{m-})^n \tag{6.2}$$

$K°_{sp}$ はこの系の熱力学的平衡定数であり,(熱力学的)**溶解度積 solubility product** とよばれる.その単位は 1(無次元)である.難溶性塩の水溶液では,他の塩が共存しない場合,各イオンの濃度は非常に低く,活量係数は 1 に近似できる(すなわち,活量=モル濃度 /(mol/L)).したがって取り扱いを簡単にするために,式 (6.2) の代わりに次の式 (6.3) がしばしば用いられる.

$$K_{sp} = [M^{n+}]^m [X^{m-}]^n \tag{6.3}$$

K_{sp} は濃度平衡定数であり,系の温度だけでなくイオン強度にも依存する.その単位は $(mol/L)^{m+n}$ である.単に溶解度積という場合には,この K_{sp} をさすことが多い.たとえばクロム酸銀 Ag_2CrO_4 の溶解 $Ag_2CrO_4 \rightleftarrows 2 Ag^+ + CrO_4^{2-}$ では,その溶解度積 K_{sp, Ag_2CrO_4} は次のように表される.

$$K_{sp, Ag_2CrO_4} = [Ag^+]^2 [CrO_4^{2-}] \tag{6.4}$$

表 6.1 にいくつかの難溶性塩の 25 ℃における溶解度積を示す.

表 6.1 難溶性塩の溶解度積（25 °C）

化学式	K_{sp}	化学式	K_{sp}	化学式	K_{sp}
AgBr	5.35×10^{-13}	$BaSO_4$	1.08×10^{-10}	$Fe(OH)_2$	4.87×10^{-17}
AgCN	5.97×10^{-17}	$CaCO_3$	3.36×10^{-9}	$Fe(OH)_3$	2.79×10^{-39}
AgCl	1.77×10^{-10}	$Ca(COOH)_2 \cdot H_2O$	2.32×10^{-9}	HgI_2	2.9×10^{-29}
Ag_2CrO_4	1.12×10^{-12}	CaF_2	3.45×10^{-11}	$Mg(OH)_2$	5.61×10^{-12}
AgI	8.52×10^{-17}	$Ca(OH)_2$	5.02×10^{-6}	$PbSO_4$	2.53×10^{-8}
AgSCN	1.03×10^{-12}	$Ca_3(PO)_4$	2.07×10^{-33}	$Zn(OH)_2$	3×10^{-17}

(CRC Handbook of Chemistry and Physics (2008) 89th ed, CRC Press, pp.8-122 〜 8-123 より抜粋)

物質の溶解性は溶解度積によって決定される．式 (6.1) の系の場合，溶液中の $[M^{n+}]^m [X^{m-}]^n$ と $M_m X_n$ の溶解度積 K_{sp} との大小関係より，次の 3 つの状態に区分される（厳密には $(M^{n+})^m (X^{m-})^n$ と $K°_{sp}$ の大小関係より区分しなければならない）．

$$[M^{n+}]^m [X^{m-}]^n < K_{sp} \qquad \text{不飽和 unsaturation} \qquad (6.5)$$

$$[M^{n+}]^m [X^{m-}]^n = K_{sp} \qquad \text{飽和 saturation} \qquad (6.6)$$

$$[M^{n+}]^m [X^{m-}]^n > K_{sp} \qquad \text{過飽和 supersaturation} \qquad (6.7)$$

不飽和の状態では $M_m X_n$ は $[M^{n+}]^m [X^{m-}]^n$ が K_{sp} に等しくなるまでさらに溶解することができる．飽和の状態では溶解平衡（沈殿生成平衡）が成立し，見かけ上さらなる溶解や沈殿生成は起こらない．過飽和の状態では $[M^{n+}]^m [X^{m-}]^n$ が K_{sp} に等しくなるまで沈殿が析出することが可能である．ただし，過飽和溶液でも準安定状態 metastable state として存在することもあり，必ずしも短時間のうちに沈殿生成が起こるとは限らない．

■ **例題 1　電解質の溶解と溶解度積**

ハロゲン化銀や硫酸カルシウムのような一部の塩では，水溶液中に未解離の化学種も存在することが知られている．このような場合，式 (6.1) に示した $M_m X_n$ の溶解は，まず，① $M_m X_n(s) \to M_m X_n(aq)$，続いて② $M_m X_n(aq) \to m M^{n+} + n X^{m-}$ というように，2 つの過程に分けて考えることもできる（添え字の (aq) は水相 aqueous を意味する）．しかし，$M_m X_n(aq)$ も溶解平衡に関わっているにもかかわらず，その溶解度積 K_{sp} は一般の電解質の場合と同様に式 (6.3) で表される．なぜ $M_m X_n(aq)$ の濃度の項が K_{sp} を表す式に含まれないのだろうか．①および②の平衡定数をそれぞれ K_s，K_d として，その理由を考察せよ．

解答と解説　K_s および K_d はそれぞれ次のように表される．

$$K_s = \frac{[M_m X_n(aq)]}{[M_m X_n(s)]}, \qquad K_d = \frac{[M^{n+}]^m [X^{m-}]^n}{[M_m X_n(aq)]}$$

したがって，K_s と K_d の両者を掛け合わせると $[M_m X_n(aq)]$ の項が消去されて次の式が得られる．

$$K_s K_d = \frac{[M^{n+}]^m [X^{m-}]^n}{[M_m X_n(s)]}$$

ここで，$[M_m X_n(s)]$ は一定と考えることができる．したがって，$K_s K_d [M_m X_n(s)] = \text{const}$（定数）となり，これを K_{sp} とおけば式 (6.3) が得られる．

■ 例題2　溶解度と溶解度積

20℃において Ag_2CrO_4 の飽和水溶液 1 L には Ag_2CrO_4 が 2.7×10^{-2} g 溶解している．この温度における Ag_2CrO_4 の溶解度積を求めよ．ただし Ag_2CrO_4 のモル質量（物質 1 mol あたりの質量）は 331.73 g/mol とする．

解答と解説　溶解度積を求めるためには，飽和溶液における各イオンのモル濃度を知る必要がある．まず，この溶液 1 L あたりに溶けている Ag_2CrO_4 の物質量，すなわちモル溶解度 S を求める．S は，（溶質の質量／溶質のモル質量）を溶液の体積で割ることによって求められる．

$$S = \frac{(2.7 \times 10^{-2} \text{g})/(331.73 \text{ g/mol})}{1 \text{ L}} = 8.139 \times 10^{-5} \text{ mol/L}$$

Ag_2CrO_4 1 mol から Ag^+ が 2 mol，CrO_4^{2-} が 1 mol 生じる．したがって，Ag^+ と CrO_4^{2-} の濃度はそれぞれ $2 \times 8.139 \times 10^{-5}$ mol/L および 8.139×10^{-5} mol/L となる．式 (6.4) より Ag_2CrO_4 の溶解度積 K_{sp,Ag_2CrO_4} は次のように求められる．Ag^+ の濃度 $[Ag^+]$ を 2 乗することに注意すること．

$$K_{sp,Ag_2CrO_4} = [Ag^+]^2 [CrO_4^{2-}] = (2 \times 8.139 \times 10^{-5} \text{ mol/L})^2 (8.139 \times 10^{-5} \text{ mol/L})$$
$$\fallingdotseq \mathbf{2.2 \times 10^{-12} \text{ mol}^3/\text{L}^3}$$

■ 例題3　過飽和溶液からの沈殿生成

0.05 mol/L の $BaCl_2$ 水溶液 2.0 mL と 0.04 mol/L の Na_2SO_4 水溶液 3.0 mL を混合し，さらに水を加えて全量を 1000 mL とした．溶液中には $BaSO_4$ の白色沈殿が生成した．平衡に達したとき，溶液中に溶存している Ba^{2+} と SO_4^{2-} の濃度はそれぞれいくらになるか．$BaSO_4$ の溶解度積は $K_{sp,BaSO_4} = 1.08 \times 10^{-10}$ mol^2/L^2 とする．

解答と解説　沈殿生成により Ba^{2+} と SO_4^{2-} の濃度がそれぞれ x 減少したとする．

$$[Ba^{2+}] = \frac{0.05 \text{ mol/L} \times 0.002 \text{ L}}{1 \text{ L}} - x = 1.0 \times 10^{-4} \text{ mol/L} - x$$

$$[SO_4^{2-}] = \frac{0.04 \text{ mol/L} \times 0.003 \text{ L}}{1 \text{ L}} - x = 1.2 \times 10^{-4} \text{ mol/L} - x$$

したがって，

$$K_{sp,BaSO_4} = [Ba^{2+}][SO_4^{2-}] = (1.0 \times 10^{-4} \text{ mol/L} - x)(1.2 \times 10^{-4} \text{ mol/L} - x)$$
$$= 1.08 \times 10^{-10} \text{ mol}^2/\text{L}^2$$

この 2 次方程式を解くと，$x = 9.557 \times 10^{-5}$ mol/L が得られる．これを上の式に代入して，$[Ba^{2+}] \fallingdotseq$ **0.44 × 10^{-5} mol/L**，$[SO_4^{2-}] \fallingdotseq$ **2.44 × 10^{-5} mol/L** が得られる．なお，$BaSO_4$ の微細沈殿粒子は消化管用の X 線造影剤として用いられている（12.1.1 項参照）．

Coffee break　　　　　　　　　沈殿生成の応用

沈殿生成反応は沈殿滴定（第 8 章，8.5 節）の他にも様々な分析化学的応用がある．**定性分析** qualitative analysis への応用としては，沈殿剤（分属試薬）を用いて化学的性質の似たイオンを沈殿させて検出を行う系統分析がよく知られている．**重量分析法** gravimetric analysis において，試料溶液から目的物質を化学量論的に沈殿させる方法は目的物質の分離手段の一つとしてよく用いられている．ここで生じた沈殿の化学種は**沈殿形** precipitation form とよばれ，その量は目的物質の量と比例関係にある．沈殿が不安定であったり組成が均一でなかったりする場合には，加熱などにより均一な物質（**秤量形** weighting form とよばれる）に変化させてから秤量する．沈殿生成反応は物質の分離・濃縮にも応用されている．**再結晶** recrystallization は溶解度の温度依存性の相違に基づいて物質を分離する方法である．ある物質が沈殿する際に，本来沈殿しないはずの成分が**混晶形成** mixed crystal formation，**吸着** adsorption，**吸蔵** occulation（結晶内に捕捉されること）などの機構で共に沈殿する場合がある．この現象を**共沈** coprecipitation といい，純粋な結晶を得る目的には不都合である反面，金属イオンなど微量成分の分離・濃縮法として応用されている．過飽和度の高い溶液からは，まず不安定な沈殿が生じ，時間の経過とともにより安定な沈殿へと相変化することがある．また，吸蔵のような共沈が起こり，純粋な固相を得にくいこともある．均一な沈殿を得るためには溶液の過飽和度はできるだけ小さいほうがよい．溶液中での化学反応を利用して沈殿剤を徐々に発生させる**均一沈殿法** precipitation from homogeneous solution（PFHS 法）は粒子径が均一かつ大であり，純度が高い沈殿を得るために用いられている．たとえば尿素水溶液を加熱すると，尿素が分解して溶液の pH は溶液全体にわたって均一に上昇する（$(NH_2)_2CO + 3H_2O \rightleftarrows CO_2 + 2NH_4^+ + 2OH^-$）．したがって，この PFHS 法と撹拌しながらアルカリを滴加する方法とでは，沈殿の析出状態が異なる．

6.2　難溶性塩の溶解性に影響を与える因子

6.2.1　共通イオン効果

難溶性塩の飽和溶液にこれと共通のイオンを有する他の物質を添加すると，溶解度積の制約（K_{sp} = 一定）により難溶性塩の沈殿が起こり，その溶解性が著しく低下する．このような他物質の効果を**共通イオン効果** common ion effect という．たとえば，塩化銀 AgCl の飽和溶液ではその溶解度積 $K_{sp,AgCl}$ と溶液中の銀イオン濃度 $[Ag^+]$ と塩化物イオン濃度 $[Cl^-]$ との間には $K_{sp,AgCl} = [Ag^+][Cl^-]$ の関係が成立する（式(6.3)参照）．この溶液に AgCl と共通のイオンである Cl^- を含む塩化カリウム KCl を添加すると，$[Cl^-]$ が増大するため，溶液は過飽和（$K_{sp,AgCl}$

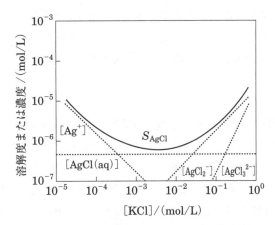

図 6.1　KCl 濃度と AgCl のモル溶解度 S_{AgCl} および各化学種のモル濃度との関係
縦軸，横軸とも対数スケールである．

＜$[Ag^+][Cl^-]$）の状態となる．そこで平衡は $K_{sp,AgCl} = [Ag^+][Cl^-]$ になるまで AgCl の沈殿生成の方向へと移動し，AgCl の溶解度は低下する．図 6.1 に共存 KCl 濃度と AgCl のモル溶解度 S_{AgCl} との関係を示す．KCl 濃度の増加と共に S_{AgCl} が減少していることがわかる．ただし，KCl 濃度が高くなりすぎると Ag^+ と Cl^- との可溶性錯体（$AgCl_2^-$，$AgCl_3^{2-}$）の生成によって AgCl の溶解度は上昇の方向に転じる．

6.2.2　異種イオンの効果

難溶性塩の飽和溶液にこれとは無関係の塩を添加した場合には，イオン強度の増大に伴う活量係数の低下の結果，難溶性塩の溶解度が上昇する．AgCl を例に考えると，前項では簡略化のため $K_{sp,AgCl}$ と $[Ag^+][Cl^-]$ との関係から論じたが，厳密には熱力学的溶解度積と活量を用いて論じなければならない．すなわち，$K°_{sp,AgCl} = (Ag^+)(Cl^-) = \gamma_{Ag^+}[Ag^+] \cdot \gamma_{Cl^-}[Cl^-]$ の関係が成立する（式（6.2）参照）．ここで γ_{Ag^+} および γ_{Cl^-} は，それぞれ Ag^+ および Cl^- の活量係数である．活量係数はイオン強度の増加と共に低下するので（3.1.3 項参照），無関係塩（たとえば KNO_3）の添加により γ_{Ag^+} および γ_{Cl^-} が減少すれば，$K°_{sp,AgCl}$ を一定に保つためにはそれぞれの濃度が増加しなければならない．したがって，平衡は AgCl の溶解の方向へと移動し，AgCl の溶解度は増大する（6.2.1 項の場合にも，このイオン強度の増大に伴う効果は存在するが，それ以上に共通イオン効果が強く現れるために溶解性が減少する）．

6.2.3　pH や錯生成の影響

難溶性塩の溶解によって生じたイオンがプロトンの授受や錯生成によって他の化学種に変わる場合には，生じた化学種の濃度は難溶性塩の溶解度積に直接には関わらない．この結果，難溶性塩の溶解性は pH や錯生成（図 6.1 参照）に応じて変化する．pH に関しては，水酸化物の沈殿

生成のように OH^- が直接関わる場合だけでなく，リン酸塩，炭酸塩，シュウ酸塩，硫化物などのように陰イオンがプロトンと結合する反応（たとえば，PO_4^{3-} が HPO_4^{2-}，$H_2PO_4^-$，H_3PO_4 に変化）を起こすような場合も，その影響に留意する必要がある．

6.2.4 その他

水への無機塩の溶解性に影響を与えるその他の要因として，結晶の粒子径，温度，溶媒の誘電率などが挙げられる．粒子径については，小さな粒子の方が大きな粒子よりも高い溶解度をもつ．これは，粒子内部に比べて過剰なエネルギーをもつ粒子表面の割合が，小さな粒子ほど高いためである．温度に関しては，一般的に温度が上昇すると塩の溶解性は上昇する．NaCl のように溶解性がほとんど温度依存性を示さない物質や，$CaSO_4$ や Na_2SO_4 のようにある温度以上では溶解が発熱過程となり（安定な固相が水和物から無水塩に変化するため）溶解度が低下する物質もある．溶媒の誘電率については，有機溶媒の添加により誘電率が減少すると，一般的に塩の溶解性は低下する．ただし，溶媒分子の電子対受容性（ルイス酸）および供与性（ルイス塩基）も塩の溶解性に関与する．両方の性質を持ち合わせている溶媒ほど無機塩を正負のイオンに分けて溶媒和するのに好都合である．したがって，必ずしも誘電率の大小のみで塩の溶解性が説明できるわけではない．

■ **例題 4 共通イオン効果**

AgCl の飽和溶液に 1.0×10^{-5} mol/L の濃度に相当する KCl を添加したとき，AgCl のモル溶解度 S は添加前の何 % になるか．AgCl の溶解度積 $K_{sp} = 1.77 \times 10^{-10}$ mol^2/L^2 として求めよ．ただし KCl 添加に伴う溶液の体積変化，各イオンの活量係数の変化，および Ag^+ と Cl^- による可溶性錯体（$AgCl_2^-$ など）の生成は無視できるものとする．

解答と解説 KCl 添加前の AgCl のモル溶解度 S は次のように求められる．

$$S = [Ag^+] = \sqrt{K_{sp}} = \sqrt{1.77 \times 10^{-10} \text{ mol}^2/\text{L}^2} = 1.330 \times 10^{-5} \text{ mol/L}$$

KCl の添加により $[Ag^+][Cl^-] = 1.330 \times 10^{-5}$ mol/L $\cdot (1.330 + 1.0) \times 10^{-5}$ mol/L $= 3.0989 \times 10^{-10}$ mol^2/L$^2 > K_{sp}$ となる．すなわち溶液は過飽和となり，AgCl の沈殿が生成する．沈殿生成が平衡に達したときの $[Ag^+]$ を x とすると，次のような関係が成立する．

$$[Ag^+][Cl^-] = x \cdot (x + 1.0 \times 10^{-5} \text{ mol/L})$$
$$= K_{sp} (= 1.77 \times 10^{-10} \text{ mol}^2/\text{L}^2)$$
$$\therefore x = 9.212 \times 10^{-6} \text{ mol/L}$$

したがって，KCl 添加後の AgCl のモル溶解度は 9.212×10^{-6} mol/L となり，添加前に比べると $(9.212 \times 10^{-6} \text{ mol/L})/(1.330 \times 10^{-5} \text{ mol/L}) \times 100\%$ = **69.3%** にまで減少したことになる．

■ 例題 5　水酸化物水溶液の溶解度と pH

水に $Ca(OH)_2$ を溶解させて飽和に達したときの，その水溶液の Ca^{2+} 濃度と pH をそれぞれ概算せよ．ただし $Ca(OH)_2$ の溶解度積 $K_{sp} = 5.02 \times 10^{-6}\ mol^3/L^3$，水のイオン積 $K_w = 1.01 \times 10^{-14}\ mol^2/L^2$ とする．

解答と解説　この水溶液中の化学平衡とその平衡定数は次の通りである．

$$Ca(OH)_2 \rightleftarrows Ca^{2+} + 2OH^- \qquad K_{sp} = [Ca^{2+}][OH^-]^2 = 5.02 \times 10^{-6}\ mol^3/L^3$$

$$H_2O \rightleftarrows H^+ + OH^- \qquad K_w = [H^+][OH^-] = 1.01 \times 10^{-14}\ mol^2/L^2$$

化学平衡の解析では電荷収支（溶液全体で電気的中性が保たれているか）と物質収支を考えることが重要である．この系の電荷収支を考えると，次のような関係が導かれる（本例題の場合には物質収支をもとに考えても，電荷収支をもとに考えた場合と同じ式が得られる）．

$$2[Ca^{2+}] + [H^+] = [OH^-]$$

以上の連立方程式を解いて各イオンの濃度を求めればよいのであるが，その解法は容易ではない．そこで妥当な近似を用いて式を簡略化する．$Ca(OH)_2$ の溶解度積は比較的大きく，その溶液はアルカリ性になっている．そこで，$[Ca^{2+}] \gg [H^+]$ として上の電荷収支に基づく式を $2[Ca^{2+}] = [OH^-]$ と近似する．この関係を用いると溶解度積 K_{sp} と水のイオン積 K_w から $[Ca^{2+}]$ と pH を求めることができる．

$$K_{sp} = [Ca^{2+}][OH^-]^2 = [Ca^{2+}](2[Ca^{2+}])^2 = 4[Ca^{2+}]^3 = 5.02 \times 10^{-6}\ mol^3/L^3$$

$$\therefore\ [Ca^{2+}] = \sqrt[3]{(5.02 \times 10^{-6}\ mol^3/L^3)/4} = 1.078 \times 10^{-2}\ mol/L \fallingdotseq \mathbf{1.08 \times 10^{-2}\ mol/L}$$

$$[OH^-] = 2[Ca^{2+}] = 2 \times 1.078 \times 10^{-2}\ mol/L = 2.156 \times 10^{-2}\ mol/L$$

$$\therefore\ pH = pK_w - pOH = -\log(1.01 \times 10^{-14}) - (-\log(2.156 \times 10^{-2})) \fallingdotseq \mathbf{12.33}$$

▶ 練習問題

1. 次の難溶性塩の溶解度積 K_{sp} を表す式を作成せよ．
   (1) $AgSCN$，(2) Hg_2I_2，(3) $MgNH_4PO_4$，(4) $Ca_{10}(PO_4)_6(OH)_2$

2. モル溶解度 S（単位：mol/L）の難溶性塩 M_mX_n が溶解して M^{n+} と X^{m-} が生じるとする．その他の反応，すなわち副反応は起こらないと仮定して M_mX_n の溶解度積 K_{sp} と S との関係を式で表せ．

3. 副反応が起こらないと仮定して，水への (1) $CaCO_3$ および (2) Ag_2SO_4 のモル溶解度 S（単位：mol/L）をそれぞれ求めよ．ただし，それぞれの溶解度積は $K_{sp,CaCO_3} = 3.36 \times 10^{-9}\ mol^2/L^2$，$K_{sp,Ag_2SO_4} = 1.2 \times 10^{-5}\ mol^3/L^3$ とする．

4. 2価の陽イオン M^{2+} と，弱酸 H_2A の電離によって生じる陰イオン A^{2-} から難溶性塩 MA が生

成する反応を考える．ここで MA の溶解度積を $K_{sp,MA}$, H_2A の総濃度（$[H_2A]+[HA^-]+[A^{2-}]$）を C_{H_2A}, その第1, 第2電離定数をそれぞれ K_{a1}, K_{a2} とする．

(1) $[A^{2-}]$ と $[M^{2+}]$ を C_{H_2A} および $[H^+]$ の関数としてそれぞれ表せ．

(2) $CaCO_3$ を pH 5.6 の緩衝液に溶解させたとき，溶解平衡における Ca^{2+} 濃度はいくらになるか．ただし，$CaCO_3$ の溶解度積を 3.36×10^{-9} mol^2/L^2, H_2CO_3 の第1, 第2電離定数をそれぞれ 4.47×10^{-7} mol/L, 4.68×10^{-11} mol/L とする．なお，緩衝液成分は Ca^{2+}, CO_3^{2-} および HCO_3^- とは直接に化学反応しないものとし，空気中から溶解した CO_2 の量は無視できるものとする．

▶ 解　答 ◀

1 (1) $K_{sp}=[Ag^+][SCN^-]$, (2) $K_{sp}=[Hg_2^{2+}][I^-]^2$,
   (3) $K_{sp}=[Mg^{2+}][NH_4^+][PO_4^{3-}]$, (4) $K_{sp}=[Ca^{2+}]^{10}[PO_4^{3-}]^6[OH^-]^2$

(2) については1価の水銀イオンは Hg^+ ではなく Hg_2^{2+} として存在しているためである．

(4) の物質は骨や歯の主要無機成分のハイドロキシアパタイト hydroxyapatite である．

2 $K_{sp}=[M^{n+}]^m[X^{m-}]^n=(mS)^m(nS)^n=m^m n^n S^{m+n}$

3 前問と同様に考えると $CaCO_3$ では $K_{sp}=S^2$, Ag_2SO_4 では $K_{sp}=4S^3$ の関係が成立する．K_{sp} にそれぞれの値を代入し，S を求める．(1) 5.80×10^{-5} mol/L, (2) 1.44×10^{-2} mol/L

4 (1) $C_{H_2A}=[H_2A]+[HA^-]+[A^{2-}]=\dfrac{[H^+][HA^-]}{K_{a1}}+\dfrac{[H^+][A^{2-}]}{K_{a2}}+[A^{2-}]$

$=\dfrac{[H^+]}{K_{a1}}\left(\dfrac{[H^+][A^{2-}]}{K_{a2}}\right)+\dfrac{[H^+][A^{2-}]}{K_{a2}}+[A^{2-}]$

$=\dfrac{[H^+]^2+[H^+]K_{a1}+K_{a1}K_{a2}}{K_{a1}K_{a2}}[A^{2-}]$ より

$[A^{2-}]=\dfrac{C_{H_2A}K_{a1}K_{a2}}{[H^+]^2+[H^+]K_{a1}+K_{a1}K_{a2}}$,

$[M^{2+}]=\dfrac{K_{sp,MA}}{[A^{2-}]}=\dfrac{([H^+]^2+[H^+]K_{a1}+K_{a1}K_{a2})K_{sp,MA}}{K_{a1}K_{a2}C_{H_2A}}$

(2) $C_{H_2CO_3}$ が与えられていないが，空気中から溶解した CO_2 の量が無視できるならば，物質収支より $[Ca^{2+}]=[CO_3^{2-}]+[HCO_3^-]+[H_2CO_3]=C_{H_2CO_3}$ となる．したがって，(1) で求めた2つめの式において $[M^{2+}]$ および C_{H_2A} を $[Ca^{2+}]$ とし，$[H^+]=10^{-5.6}$ mol/L, $K_{a1}=4.47 \times 10^{-7}$ mol/L, $K_{a2}=4.68 \times 10^{-11}$ mol/L, $K_{sp,MA}=3.36 \times 10^{-9}$ mol^2/L^2 を代入して $[Ca^{2+}]$ を求めると，$[Ca^{2+}]=0.0346$ mol/L となる．ちなみに，もし緩衝液のpHが4.6ならば $[Ca^{2+}]=0.3212$ mol/L となる．酸性雨によって大理石（主成分は $CaCO_3$）が溶けることが理解できる．

（田中秀治）

第7章

酸化還元平衡

7.1 酸化と還元

7.1.1 酸化還元反応

ある化学種から電子 e^- を奪うことを**酸化** oxidation，ある化学種に電子を与えることを**還元** reduction という．酸化体（Ox）と還元体（Red）との間の反応（**半反応** half reaction）は，通常，右方向が還元反応になるように記される．

$$a\,\mathrm{Ox}^z + n\,e^- \rightleftarrows b\,\mathrm{Red}^{(az-n)/b} \tag{7.1}$$

ここで，n は電子数，z は Ox の電荷である．

酸塩基反応におけるプロトンの高い反応性（4.1.2項）と同様に，電子についても，与える物質があれば，それを受け取る相手の物質が必要である．このように，物質間で電子の授受が行われる反応を**酸化還元反応** redox reaction という．

酸化還元反応式は，2つの半反応式を，e^- を消去するように組み合わせることで作成できる．たとえば，物質1は酸化され，物質2は還元される酸化還元反応（式(7.2)）では，

$$\mathrm{Red}_1 \longrightarrow \mathrm{Ox}_1 + m\,e^-, \qquad \mathrm{Ox}_2 + n\,e^- \longrightarrow \mathrm{Red}_2 \tag{7.2}$$

最初の式に n を，2つめの式に m をそれぞれ掛け，両者を足し合わせることによって，式(7.3)の酸化還元反応式が得られる．

$$n\,\mathrm{Red}_1 + m\,\mathrm{Ox}_2 \rightleftarrows n\,\mathrm{Ox}_1 + m\,\mathrm{Red}_2 \tag{7.3}$$

ここで Ox_2 を**酸化剤** oxidizing agent，Red_1 を**還元剤** reducing agent という．左向きの逆反応

では Ox_1 が酸化剤，Red_2 が還元剤である．酸化剤は**電子受容体** electron acceptor であり，酸化還元反応の間に相手物質を酸化し，自身は還元される．還元剤は**電子供与体** electron donor であり，相手を還元し，自身は酸化される．

7.1.2 酸化数

分子やイオンを構成する原子に，一定の規則に従って見かけの電荷を割り振ったものを**酸化数** oxidation number という．主として無機化合物における原子の酸化状態や，酸化還元反応における酸化状態の変化を大まかに考察するときに有用である．概ね，次のような規則が適用できる．

1) 単体中の原子の酸化数は 0
2) 化学種に含まれるすべての原子の酸化数の和は，その化学種の全電荷に等しい．したがって，単原子イオンでは，酸化数はイオンの電荷に等しい（例：Mg^{2+} の酸化数は $+2$）．
3) 化合物中の原子
   ① 1 族元素（アルカリ金属）の原子の酸化数は $+1$
   ② 2 族元素（アルカリ土類金属）の原子の酸化数は $+2$
   ③ 水素 H の酸化数は，非金属と結合しているときは $+1$．水素化ナトリウム NaH のように金属と結合しているとき（金属水素化物）は -1
   ④ フッ素 F は常に -1
   ⑤ 酸素 O は通常は -2．過酸化水素 H_2O_2 のような過酸化物のときは -1

酸化数の考え方を有機化合物にも拡張し，炭素原子の酸化状態を考察するときには，以下のように考える．

4) 有機化合物中の炭素 C については，結合の相手が H なら結合 1 つにつき -1．相手が硫黄 S，窒素 N，酸素 O，リン P なら，結合 1 つにつき $+1$（∴ 二重結合なら $+2$）

この考えに基づくと，メタノール（CH_3OH）の C の酸化数は -2，ホルムアルデヒド（HCHO）の C の酸化数は 0，ギ酸（HCOOH）の C の酸化数は $+2$ となる．

■ 例題 1　酸化還元反応式

$Cr_2O_7^{2-}$ の Cr の酸化数を求めよ．また，$Cr_2O_7^{2-}$ が Cr^{3+} まで還元される半反応式と I^- が I_2 まで酸化される半反応式から酸化還元反応式を作成せよ．

解答と解説　Cr の酸化数を x とする．O の酸化数は -2 であり，各原子の酸化数の総和は全体の電荷と等しくなるため，$x \times 2 + (-2) \times 7 = -2$　∴　$x = \boxed{+6}$
半反応式（右方向が還元反応）は，以下の要領で作成する．
 i) 酸化数が変化する化学種を両辺に書く．

$$Cr_2O_7^{2-} \rightleftarrows Cr^{3+}$$
$$I_2 \rightleftarrows I^-$$

ii) 酸化数が変化する原子（クロム，ヨウ素）の物質収支を合わせる．

$$Cr_2O_7^{2-} \rightleftharpoons \underline{2}\,Cr^{3+}$$

$$I_2 \rightleftharpoons \underline{2}\,I^-$$

iii) 授受された電子を e^- で表す．

$$Cr_2O_7^{2-} + \underline{6\,e^-} \rightleftharpoons 2\,Cr^{3+}$$

$$I_2 + \underline{2\,e^-} \rightleftharpoons 2\,I^- \quad \text{（半反応式の作成完了）} \quad \cdots ①$$

iv) 電荷の収支を H^+ で合わせる．

$$Cr_2O_7^{2-} + \underline{14\,H^+} + 6\,e^- \rightleftharpoons 2\,Cr^{3+}$$

v) 他の原子の物質収支を合わせる．

$$Cr_2O_7^{2-} + 14\,H^+ + 6\,e^- \rightleftharpoons 2\,Cr^{3+} + \underline{7\,H_2O} \quad \text{（半反応式の作成完了）} \quad \cdots ②$$

酸化還元反応式は，e^- を消去するように①と②を組み合わせることで作成できる．すなわち，②−3×①より，

$$Cr_2O_7^{2-} + 6\,I^- + 14\,H^+ \rightleftharpoons 2\,Cr^{3+} + 3\,I_2 + 7\,H_2O$$

7.2 電極電位

7.2.1 電極

ある系に電場を与えたり，電流を流したりするために用いられる電子伝導体を**電極** electrode という．亜鉛イオン Zn^{2+} を含む水溶液に亜鉛電極を浸した系（図 7.1 (a)），および Fe^{2+} と Fe^{3+} を含む水溶液に白金電極を浸した系を考える（図 7.1 (b)）．これらのように，電解質水溶液などのイオン伝導体に1個の電極を挿入した系を**半電池** half cell という．前者では溶液中の Zn^{2+} と電極の Zn との間に $Zn^{2+} + 2\,e^- \rightleftharpoons Zn$ の反応が，後者では白金電極を介して溶液中の Fe^{3+} と Fe^{2+} との間に $Fe^{3+} + e^- \rightleftharpoons Fe^{2+}$ の反応が起こる．

図 7.1 (a) の亜鉛電極のように，それ自身が反応する電極を**活性電極** active electrode という．一方，図 7.1 (b) の白金電極のように，それ自身は反応せず，電子の授受を仲立ちするだけの電極を**不活性電極** inert electrode という．

7.2.2 電極電位とネルンストの式

電極反応が平衡に達した時，各電極はそれぞれの溶液に対してある電位をもつ．これを**電極電位** electrode potential（または単極電位 single-electrode potential）という．図 7.1 (b) のように，電子の授受により可逆的に変化する酸化体と還元体を含む溶液に不活性電極を浸した系では，**酸化還元電位** redox potential とも呼ばれる．

式（7.1）に示される半反応 $a\,Ox^z + n\,e^- \rightleftharpoons b\,Red^{(az-n)/b}$ に対し，その電極電位 E は次の**ネルンストの式** Nernst equation で表される．

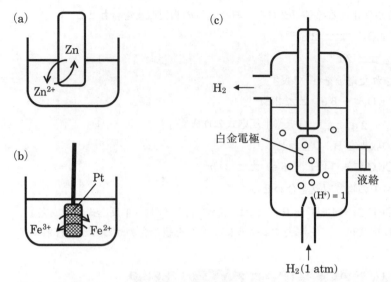

図 7.1 電 極
(a) 硫酸亜鉛水溶液に亜鉛棒を浸した半電池（活性電極），(b) Fe^{3+} と Fe^{2+} が共存する水溶液に白金網を浸した半電池（不活性電極），(c) 標準水素電極

$$E = E° - \frac{RT}{nF} \log \frac{(\text{Red})^b}{(\text{Ox})^a} \tag{7.4}$$

ここで，$E°$ は**標準電極電位** standard electrode potential とよばれ，反応に関わるすべての化学種の活量が 1 である仮想的な状態での電極電位である．標準電極電位の例を表 7.1 に示す．$E°$ がより正の値をとるほど酸化体 Ox はより強い酸化剤に，$E°$ がより負の値をとるほど還元体 Red はより強い還元剤になり得る．ただし，標準電極電位の値から反応速度を予測することはできない．有限の時間内では事実上起こらない，極めて遅い反応もある．式 (7.4) に気体定数 R（= $8.3145 \text{ J mol}^{-1} \text{ K}^{-1}$）およびファラデー定数 F（= $9.6485 \times 10^4 \text{ C mol}^{-1}$）の値を代入し，活量のかわりにモル濃度を用い，さらに自然対数を常用対数に変換すると，ネルンストの式は 25 ℃（= 298.15 K）において次のように表される．

$$E = E° - \frac{0.0592}{n} \log \frac{[\text{Red}]^b}{[\text{Ox}]^a} \tag{7.5}$$

図 7.1 (a) および (b) の半電池では，それぞれの半反応に対するネルンストの式は次のようになる

$$Zn^{2+} + 2e^- \rightleftarrows Zn, \quad E = E°_{Zn^{2+}/Zn} - \frac{0.0592}{2} \log \frac{1}{[Zn^{2+}]} \tag{7.6}$$

$$Fe^{3+} + e^- \rightleftarrows Fe^{2+}, \quad E = E°_{Fe^{3+}/Fe^{2+}} - 0.0592 \log \frac{[Fe^{2+}]}{[Fe^{3+}]} \tag{7.7}$$

なお，純粋な金属の活量は 1 として扱うので（それぞれの金属が有する活量は，純粋な金属では一定温度のもとでは一定なので，定数項 $E°$ の中に含まれる），式 (7.6) の対数項の分子は 1 とした．図 7.1 (a) の亜鉛電極の電極電位は，式 (7.6) より，Zn^{2+} の濃度によって決まることがわかる．図 7.1 (b) の白金電極の電極電位は，式 (7.7) より，Fe^{2+} と Fe^{3+} の濃度比で決定されることがわかる．

水素イオンが関わる半反応では，電極電位は溶液の pH にも依存する．たとえば，$MnO_4^- + 8H^+ + 5e^- \rightleftarrows Mn^{2+} + 4H_2O$ に対しては，ネルンストの式は式 (7.8) のように表される．

$$\begin{aligned} E &= E°_{MnO_4^-/Mn^{2+}} - \frac{0.0592}{5} \log \frac{[Mn^{2+}]}{[MnO_4^-][H^+]^8} \\ &= E°_{MnO_4^-/Mn^{2+}} - \frac{0.0592}{5} \log \frac{[Mn^{2+}]}{[MnO_4^-]} - 0.095\, pH \end{aligned} \qquad (7.8)$$

7.2.3 標準水素電極

異なる相の間の電位差は測定不可能であり，溶液に対する電極の電位も，実のところ測定できない（電位差計の一方の端子を電極に，他方を溶液にそれぞれ導線でつないでも，後者が新たな半電池を形成することになるので，目的の電極の電極電位を測定したことにはならない）．そこで式 (7.9) および図 7.1 (c) に示した**標準水素電極** normal hydrogen electrode; NHE（または

表 7.1　標準電極電位 $E°$（25 ℃）

半反応式	$E°$ (V)	半反応式	$E°$ (V)
$K^+ + e^- \rightleftarrows K$	−2.931	$Sn^{4+} + 2e^- \rightleftarrows Sn^{2+}$	+0.151
$Ca^{2+} + 2e^- \rightleftarrows Ca$	−2.868	$Cu^{2+} + 2e^- \rightleftarrows Cu$	+0.3419
$Na^+ + e^- \rightleftarrows Na$	−2.71	$I_2 + 2e^- \rightleftarrows 2I^-$	+0.5355
$Mg^{2+} + 2e^- \rightleftarrows Mg$	−2.372	$O_2 + 2H^+ + 2e^- \rightleftarrows H_2O_2$	+0.695
$Al^{3+} + 3e^- \rightleftarrows Al$	−1.662	$Fe^{3+} + e^- \rightleftarrows Fe^{2+}$	+0.771
$2H_2O + 2e^- \rightleftarrows H_2 + 2OH^-$	−0.8277	$Hg_2^{2+} + 2e^- \rightleftarrows 2Hg$	+0.7973
$Zn^{2+} + 2e^- \rightleftarrows Zn$	−0.7618	$Ag^+ + e^- \rightleftarrows Ag$	+0.7996
$Fe^{2+} + 2e^- \rightleftarrows Fe$	−0.447	$Pt^{2+} + 2e^- \rightleftarrows Pt$	+1.18
$Cr^{3+} + e^- \rightleftarrows Cr^{2+}$	−0.407	$O_2 + 4H^+ + 4e^- \rightleftarrows 2H_2O$	+1.229
$Ni^{2+} + 2e^- \rightleftarrows Ni$	−0.257	$Cl_2 + 2e^- \rightleftarrows 2Cl^-$	+1.35827
$Sn^{2+} + 2e^- \rightleftarrows Sn$	−0.1375	$Au^{3+} + 3e^- \rightleftarrows Au$	+1.498
$Pb^{2+} + 2e^- \rightleftarrows Pb$	−0.1262	$MnO_4^- + 8H^+ + 5e^- \rightleftarrows Mn^{2+} + 4H_2O$	+1.679
$HgI_4^{2-} + 2e^- \rightleftarrows Hg + 4I^-$	−0.038	$Ce^{4+} + e^- \rightleftarrows Ce^{3+}$	+1.72
$2H^+ + 2e^- \rightleftarrows H_2$	0.000	$Co^{3+} + e^- \rightleftarrows Co^{2+}$	+1.92

（主として "CRC Handbook of Chemistry and Physics", 89th ed. CRC Press, 2008, pp.8-25～8-29 より抜粋）

standard hydrogen electrode; SHE）の電極電位を温度にかかわらず 0 V と定義する．標準水素電極と電池を構成させたときの半電池の相対電位を，その電極電位とする．

$$2\,\mathrm{H}^+\,(a_{\mathrm{H}^+}=1) + 2\,\mathrm{e}^- \rightleftarrows \mathrm{H}_2\,(p=1\,\mathrm{atm}), \quad E^\circ = 0\,\mathrm{V} \tag{7.9}$$

7.2.4 水の安定領域

強い酸化剤や還元剤を用いる場合や電解質水溶液に電場をかける場合には，水の酸化還元反応についても留意する必要がある．

水の酸化　$\mathrm{O}_2 + 4\,\mathrm{H}^+ + 4\,\mathrm{e}^- \longleftarrow 2\,\mathrm{H}_2\mathrm{O}$（左向きに進行），　$E^\circ = +1.229\,\mathrm{V}$ (7.10)

水の還元　$2\,\mathrm{H}_2\mathrm{O} + 2\,\mathrm{e}^- \longrightarrow \mathrm{H}_2 + 2\,\mathrm{OH}^-$（右向きに進行），$E^\circ = -0.8277\,\mathrm{V}$ (7.11)

式（7.10）および（7.11）に対するネルンストの式は，それぞれ式（7.12）および（7.13）で表される．

$$E = E^\circ - \frac{0.0592}{4}\log\frac{1}{[\mathrm{H}^+]^4} = 1.229 - 0.0592\,\mathrm{pH} \tag{7.12}$$

$$E = E^\circ - \frac{0.0592}{2}\log[\mathrm{OH}^-]^2 = E^\circ - \frac{0.0592}{2}\log\left(\frac{K_\mathrm{w}}{[\mathrm{H}^+]}\right)^2 = -0.0592\,\mathrm{pH} \tag{7.13}$$

水はこれら 2 つの式で示される電位の間でのみ，酸素や水素を発生せず，安定に存在することができる．もし，強い酸化剤である Co^{3+} を添加した場合には，$\mathrm{Co}^{3+} + \mathrm{e}^- \rightleftarrows \mathrm{Co}^{2+}$ に対する電極電位は $E^\circ = +1.92\,\mathrm{V}$（表 7.1）であり，式（7.12）で示される安定領域の上限を超えているので，水の酸化（$4\,\mathrm{Co}^{3+} + 2\,\mathrm{H}_2\mathrm{O} \to 4\,\mathrm{Co}^{2+} + \mathrm{O}_2 + 4\,\mathrm{H}^+$）が進行する．

■例題 2　電極電位

次の半電池の半反応式と 25 ℃ における電極電位を求めよ．a はそれぞれの化学種の活量である．ただし，標準電極電位は表 7.1 の値を用いよ．

(1) $\mathrm{Pt}|\mathrm{H}_2\,(a_{\mathrm{H}_2}=1),\ \mathrm{H}^+\,(a_{\mathrm{H}^+}=1)$
(2) $\mathrm{Ag}|\mathrm{Ag}^+\,(a_{\mathrm{Ag}^+}=0.001)$
(3) $\mathrm{Sn}|\mathrm{Sn}^{2+}\,(a_{\mathrm{Sn}^{2+}}=0.01)$
(4) $\mathrm{Au}|\mathrm{Au}^{3+}\,(a_{\mathrm{Au}^{3+}}=0.1)$
(5) $\mathrm{Pt}|\mathrm{Cr}^{3+}\,(a_{\mathrm{Cr}^{3+}}=0.01),\ \mathrm{Cr}^{2+}\,(a_{\mathrm{Cr}^{2+}}=0.1)$

解答と解説　電極電位はネルンストの式（式（7.5））を用いて求める．それぞれの半反応式と電極電位（V）は次のようになる．

(1) $2\,\mathrm{H}^+ + 2\,\mathrm{e}^- \rightleftarrows \mathrm{H}_2,\quad E_{\mathrm{H}_2/\mathrm{H}^+} = 0.000 - (0.0592/2) \times \log(1/1) = \mathbf{0.000}$

(2) $\mathrm{Ag}^+ + \mathrm{e}^- \rightleftarrows \mathrm{Ag},\quad E_{\mathrm{Ag}^+/\mathrm{Ag}} = 0.7996 - 0.0592 \times \log(1/0.001) = \mathbf{0.622}$

(3) $Sn^{2+} + 2e^- \rightleftarrows Sn$, $E_{Sn^{2+}/Sn} = -0.1375 - (0.0592/2) \times \log(1/0.01) = \boxed{-0.197}$

(4) $Au^{3+} + 3e^- \rightleftarrows Au$, $E_{Au^{3+}/Au} = 1.498 - (0.0592/3) \times \log(1/0.1) = \boxed{1.478}$

(5) $Cr^{3+} + e^- \rightleftarrows Cr^{2+}$, $E_{Cr^{3+}/Cr^{2+}} = -0.407 - 0.0592 \times \log(0.1/0.01) = \boxed{-0.466}$

7.3 化学電池とネルンストの式

7.3.1 化学電池

異種の電気伝導体(そのうち1つは電解質溶液のようなイオン伝導体)が直列につながり,その末端相の化学的組成が相等しい系を**ガルバニ電池** galvanic cell という.その系のもつ化学エネルギーを電気エネルギーに変換して外部に取り出せるものを**化学電池** chemical cell,外部から電気エネルギーを供給して化学エネルギーに変換するものを**電解セル** electrolytic cell という.

外部回路から電子が流れ込み還元反応が起こる側の電極を**カソード** cathode,酸化反応が起こり外部回路に電子が流れ出す側の電極を**アノード** anode という.電池系ではそれぞれを正極,負極というのに対し,電解系ではそれぞれ陰極,陽極という.

化学電池は,右がカソード側になるように表記する(reduction at the right と覚える).したがって,電流は液中を右方向に流れることになる.相の境界は縦線(|),混合しうる液体の境界は縦の破線(¦),液間電位差が無視できる液体の境界は縦の二重破線(‖)で表す.たとえば,ダニエル電池(図 7.2)では,式(7.14)または式(7.15)のように表記する.

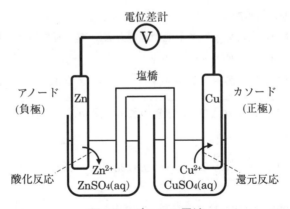

図 7.2 ダニエル電池

ダニエル電池を電位差計に接続した状態の図を示した.塩橋 salt bridge は,2つの電解質溶液が混合することなく電気的接続がなされるようにするために用いられる.中には濃厚な塩を含むゲル(寒天など)がつめられている.用いられる塩は,陽イオンおよび陰イオンの移動速度の差が小さい KCl, KNO$_3$, NH$_4$NO$_3$ などである.移動速度に差があると,2液の間に液間電位 liquid junction potential と呼ばれる電位差が発生する.7.3.1 項で述べたガルバニ電池の定義を満たすためには,末端相の化学組成は同じでなければならないが,この要件は両極をそれぞれ同じ化学組成を有する端子に接続することで満たされる(通常,この端子(末端相)のことは,式(7.14)や式(7.15)のような電池の表記においては省略する).電極間を適切な外部回路をはさんで連結する場合も,末端相は等しいとみなすことができる.

$$\text{Zn} \,|\, \text{Zn}^{2+} \,\|\, \text{Cu}^{2+} \,|\, \text{Cu} \tag{7.14}$$

$$\text{Zn(s)} \,|\, \text{ZnSO}_4\text{(aq)} \,\|\, \text{CuSO}_4\text{(aq)} \,|\, \text{Cu(s)} \tag{7.15}$$

7.3.2 起電力とネルンストの式

負荷をつけない状態（電流 = 0）での右側の電極電位 Φ_R の左側の電極電位 Φ_L に対する電位差（$\Phi_\text{R} - \Phi_\text{L}$）を**起電力** electromotive force または無電流電極電位といい，記号 E_emf で表す．

電池反応 $a\,\text{Ox}_1 + b\,\text{Red}_2 \rightleftarrows c\,\text{Red}_1 + d\,\text{Ox}_2$ の E_emf は，$a\,\text{Ox}_1$ と $b\,\text{Red}_2$ 間で授受される電子数を n とすると，次の電池反応に対するネルンストの式で表される．

$$E_\text{emf} = E^\circ_\text{emf} - \frac{RT}{nF} \ln \frac{(\text{Red}_1)^c (\text{Ox}_2)^d}{(\text{Ox}_1)^a (\text{Red}_2)^b} \tag{7.16}$$

ここで E°_emf（$= \Delta_\text{r}G/nF$，$\Delta_\text{r}G$ は反応ギブズ自由エネルギー）を**標準起電力** standard electromotive force といい，反応に関わるすべての化学種の活量が 1 である仮想的な状態での起電力である．なお，標準起電力 E°_emf と上述の電池反応の熱力学的平衡定数 K との間には式(7.17)の関係がある．

$$\ln K = E^\circ_\text{emf} - \frac{nFE^\circ_\text{emf}}{RT} \tag{7.17}$$

この関係をもとに E°_emf の測定から K を決定することができる．

■ 例題 3 化学電池の起電力

次の 2 つの半電池からなるガルバニ電池の起電力 E_emf を，有効数字 3 桁として求めよ．

$\text{Cu}^{2+} + 2\,\text{e}^- \rightleftarrows \text{Cu}$ $\quad E^\circ = +0.3419\,\text{V} \quad a_{\text{Cu}^{2+}} = 0.1$

$\text{Ag}^+ + \text{e}^- \rightleftarrows \text{Ag}$ $\quad E^\circ = +0.7996\,\text{V} \quad a_{\text{Ag}^+} = 0.01$

解答と解説 銅極の電極電位 $\Phi_\text{Cu}\text{(V)}$ と銀極の電極電位 $\Phi_\text{Ag}\text{(V)}$ は，ネルンストの式（式(7.5)）より次のように表せる．

$$\Phi_\text{Cu} = 0.3419 - \frac{0.0592}{2} \log \frac{1}{0.1} = 0.3123$$

$$\Phi_\text{Ag} = 0.7996 - 0.0592 \log \frac{1}{0.01} = 0.6812$$

$\Phi_\text{Ag} > \Phi_\text{Cu}$ より，銀極はカソード（正極），銅極はアノード（負極）となる．電池の起電力は，右側の電極電位の左側の電極電位に対する電位なので，

$$E_\text{emf} = 0.6812\,\text{V} - 0.3123\,\text{V} = 0.3689\,\text{V} \fallingdotseq \boxed{0.369\,\text{V}}$$

例題4 ダニエル電池の起電力と平衡定数

次のダニエル電池の電池反応と標準起電力 $E°_{emf}$ を示し，この電池の起電力 E_{emf} と電池反応の平衡定数 K を有効数字3桁として求めよ．ただし，温度は25℃とする．

$$\text{Zn} | \text{Zn}^{2+} (a_{\text{Zn}^{2+}} = 0.01) \,\|\, \text{Cu}^{2+} (a_{\text{Cu}^{2+}} = 0.001) | \text{Cu}$$

[解答と解説] それぞれの半電池の半反応と標準電極電位は，表7.1より次のように表せる．

$$\text{右側}: \text{Cu}^{2+} + 2\text{e}^- \rightleftarrows \text{Cu} \qquad E°_R = +0.3419\,\text{V}$$

$$\text{左側}: \text{Zn}^{2+} + 2\text{e}^- \rightleftarrows \text{Zn} \qquad E°_L = -0.7618\,\text{V}$$

電池反応と標準起電力 $E°_{emf}$ は，右側の半反応式から左側の半反応式を引くことにより，

$$\text{Cu}^{2+} + \text{Zn} \rightleftarrows \text{Cu} + \text{Zn}^{2+} \qquad E°_{emf} = 0.3419\,\text{V} - (-0.7618\,\text{V}) = 1.1037\,\text{V}$$

右側の電極電位 Φ_R (V) と左側の電極電位 Φ_L (V) は，ネルンストの式（式 (7.5)）より次のように表せる．

$$\Phi_R = 0.3419 - \frac{0.0592}{2} \log \frac{1}{0.001} = 0.2531$$

$$\Phi_L = -0.7618 - \frac{0.0592}{2} \log \frac{1}{0.01} = -0.8210$$

電池の起電力 E_{emf} は，Φ_R から Φ_L を引くことにより，

$$E_{emf} = 0.2531 - (-0.8210) = 1.074\,\text{V} \simeq \boxed{1.07\,\text{V}}$$

電池反応の平衡定数 K は $\ln K = nFE°_{emf}/RT$ より，

$$1.1037 = \frac{RT}{2F} \ln K = \frac{0.0592}{2} \log K$$

$$\therefore K = \boxed{1.94 \times 10^{37}}$$

▶ 練習問題 （温度は25℃とする）

[1] 次の物質の酸化数を求めよ．
 (1) KMnO_4 の Mn
 (2) $\text{Na}_2\text{S}_2\text{O}_3$ の S
 (3) Fe(CN)_6^{3-} の Fe
 (4) H_2SO_4 の S
 (5) CaH_2 の Ca
 (6) Cl_2

[2] 次の反応について，酸化還元反応式を完成させよ．
 (1) $\text{MnO}_4^- + \text{C}_2\text{O}_4^{2-} \longrightarrow \text{Mn}^{2+} + \text{CO}_2$
 (2) $\text{I}_2 + \text{S}_2\text{O}_3^{2-} \longrightarrow \text{I}^- + \text{S}_4\text{O}_6^{2-}$

(3) $Cu + NO_3^- \longrightarrow Cu^{2+} + NO_2$
(4) $Fe^{3+} + Ti^{3+} \longrightarrow Fe^{2+} + TiO^{2+}$
(5) $H_3AsO_3 + Ce^{4+} \longrightarrow H_3AsO_4 + Ce^{3+}$

3 次の半電池の電極電位を求めよ．a はそれぞれの化学種の活量である．ただし，pH = 2.0，$E°_{Cr_2O_7^{2-}/Cr^{3+}}$ = +1.33 V とする．

$$Pt \mid Cr_2O_7^{2-} (a_{Cr_2O_7^{2-}} = 0.01), \; Cr^{3+} (a_{Cr^{3+}} = 0.1)$$

4 次の反応の平衡定数を求めよ．また，この平衡はどちらの方向に傾いているといえるか．ただし，$E°_{Fe^{3+}/Fe^{2+}}$ = + 0.771 V，$E°_{Sn^{4+}/Sn^{2+}}$ = + 0.151 V とする．

$$2\,Fe^{3+} + Sn^{2+} \rightleftarrows 2\,Fe^{2+} + Sn^{4+}$$

5 次の半反応と標準電極電位を用いて，Ag_2CrO_4 の溶解度積を求めよ．

$Ag_2CrO_4 + 2\,e^- \longrightarrow 2\,Ag + CrO_4^{2-}$ $E° = + 0.4470$ V
$Ag^+ + e^- \longrightarrow Ag$ $E° = + 0.7996$ V

6 全銅イオン濃度が 0.1 mol/L，遊離している NH_3 濃度が 0.1 mol/L である溶液中の電極電位を有効数字 2 桁として求めよ．ただし，$E°_{Cu^{2+}/Cu}$ = + 0.3419 V，銅(II) アンミン錯体の全生成定数を，$\beta_1 = 1.5 \times 10^4$ L/mol，$\beta_2 = 5.0 \times 10^7$ L^2/mol^2，$\beta_3 = 2.9 \times 10^{10}$ L^3/mol^3，$\beta_4 = 3.3 \times 10^{12}$ L^4/mol^4 とする．

▶ 解 答 ◀

1 (1) Mn の酸化数を x とすると，$(+1) + x + (-2) \times 4 = 0$ ∴ $x = +7$
(2) S の酸化数を x とすると，$(+1) \times 2 + x \times 2 + (-2) \times 3 = 0$ ∴ $x = +2$
(3) Fe の酸化数を x とすると，$x + (-1) \times 6 = -3$ ∴ $x = +3$
(4) S の酸化数を x とすると，$(+1) \times 2 + x + (-2) \times 4 = 0$ ∴ $x = +6$
(5) Ca の酸化数を x とすると，$x + (-1) \times 2 = 0$ ∴ $x = +2$
(6) 単体のため，酸化数は 0

2 (1) 半反応式は $MnO_4^- + 8\,H^+ + 5\,e^- \to Mn^{2+} + 4\,H_2O$，$C_2O_4^{2-} \to 2\,CO_2 + 2\,e^-$
したがって酸化還元反応式は，$2\,MnO_4^- + 16\,H^+ + 5\,C_2O_4^{2-} \to 2\,Mn^{2+} + 10\,CO_2 + 8\,H_2O$
(2) 半反応式は $I_2 + 2\,e^- \to 2\,I^-$，$2\,S_2O_3^{2-} \to S_4O_6^{2-} + 2\,e^-$
したがって酸化還元反応式は，$I_2 + 2\,S_2O_3^{2-} \to 2\,I^- + S_4O_6^{2-}$
(3) 半反応式は $Cu \to Cu^{2+} + 2\,e^-$，$NO_3^- + 2\,H^+ + e^- \to NO_2 + H_2O$
したがって酸化還元反応式は，$Cu + 4\,H^+ + 2\,NO_3^- \to Cu^{2+} + 2\,NO_2 + 2\,H_2O$
(4) 半反応式は $Fe^{3+} + e^- \to Fe^{2+}$，$Ti^{3+} + H_2O \to TiO^{2+} + 2\,H^+ + e^-$

したがって酸化還元反応式は，$Fe^{3+} + Ti^{3+} + H_2O \rightarrow Fe^{2+} + TiO^{2+} + 2H^+$

(5) 半反応式は $H_3AsO_3 + H_2O \rightarrow H_3AsO_4 + 2H^+ + 2e^-$，$Ce^{4+} + e^- \rightarrow Ce^{3+}$

したがって酸化還元反応式は，$H_3AsO_3 + 2Ce^{4+} + H_2O \rightarrow H_3AsO_4 + 2Ce^{3+} + 2H^+$

③ 半反応は $Cr_2O_7^{2-} + 14H^+ + 6e^- \rightarrow 2Cr^{3+} + 7H_2O$ であり，電極電位を E とすると，

$$E = 1.33 - \frac{0.0592}{6}\log\frac{0.1^2}{0.01} - \frac{0.0592}{6} \times 14 \times 2.0 = 1.053 \quad \text{答 } 1.05\,\text{V}$$

④ ネルンストの式より，

$$E_1 = 0.771 - 0.0592\log\frac{(Fe^{2+})}{(Fe^{3+})}, \quad E_2 = 0.151 - \frac{0.0592}{2}\log\frac{(Sn^{2+})}{(Sn^{4+})}$$

平衡状態において $E_1 = E_2$ より，

$$\log\frac{(Fe^{2+})^2(Sn^{4+})}{(Fe^{3+})^2(Sn^{2+})} = 0.620 \times \frac{2}{0.0592} = 20.94$$

$$\therefore K = 10^{20.94} = 8.71 \times 10^{20}$$

したがって，平衡は大きく右に片寄っている．

⑤ ネルンストの式より，

$$E_1 = 0.4470 - \frac{0.0592}{2}\log(CrO_4^{2-}), \quad E_2 = 0.7996 - \frac{0.0592}{2}\log\frac{1}{(Ag^+)^2}$$

平衡状態において $E_1 = E_2$ より，$\log(CrO_4^{2-})(Ag^+)^2 = -0.3526 \times 2/0.0592 = -11.91$

$K_{sp} = (CrO_4^{2-})(Ag^+)^2$ より，$K_{sp} = 10^{-11.91} = 1.23 \times 10^{-12}\,\text{mol}^3/\text{L}^3$

⑥ 銅イオンの総濃度を C_T，遊離している Cu^{2+} と NH_3 の濃度をそれぞれ $[Cu^{2+}]$，$[NH_3]$ とすると，

$$[Cu^{2+}] = \frac{C_T}{1 + \beta_1[NH_3] + \beta_2[NH_3]^2 + \beta_3[NH_3]^3 + \beta_4[NH_3]^4}$$

と表せる（第5章，例題1参照）．

$C_T = 0.1\,\text{mol/L}$，$[NH_3] = 0.1\,\text{mol/L}$，全生成定数を代入して，$[Cu^{2+}] = 2.79 \times 10^{-10}\,\text{mol/L}$

$$\therefore E_{Cu^{2+}/Cu} = 0.3419 - \frac{0.0592}{2}\log\frac{1}{[Cu^{2+}]} = 0.05904 \quad \text{答 } +0.059\,\text{V}$$

（田中秀治，竹内政樹）

第8章 容量分析法

8.1 容量分析法総論

8.1.1 容量分析法とは

容量分析法 volumetric analysis は，濃度未知の目的物質を含む試料溶液に，目的物質と定量的に化学反応する濃度既知の**標準液** standard solution を加え，反応が完結するまでに要する標準液の体積から，目的物質の量を求める分析法である．すなわち，目的物質の絶対量を求める分析法である．日本薬局方の定量法では，標準液の濃度および体積，目的物質の量はそれぞれ mol/L，mL，mg で記載されている．試料溶液に標準液を滴加し，反応の当量点を見出す方法または操作を**滴定** titration という．容量分析法における標準液（たとえば，0.1 mol/L 塩酸など）は測定に際して，測定者が調製するものである．したがって，調製した標準液の正確な濃度は標定（8.1.4 項参照）と呼ばれる別の滴定操作によって決定する必要がある．

8.1.2 容量分析法に必要な条件

容量分析に用いられる化学反応には，1) 中和反応（酸塩基反応），2) 錯体生成反応，3) 沈殿生成反応，4) 酸化還元反応がある．これらの化学反応が容量分析法に用いられるために必要

表 8.1 容量分析法において必要な条件

1. 反応の化学平衡が一方向に大きく片寄っており，逆反応がほとんど無視できること（事実上，反応が一方向にのみ進行すること）．
2. 反応が単一（副反応がない）で，かつ反応速度が大きいこと．
3. 安定な標準液が調製できること．
4. 当量点を知る適当な方法（指示薬法，電気的終点検出法など）が存在すること．

な条件を表8.1に示す．とくにこの中でも，平衡が片側に大きく片寄っていることが重要である．たとえば，中和滴定では，

$$H^+ + OH^- \rightleftarrows H_2O$$

の反応であるが，この平衡は大きく右に片寄っており，かつ反応速度も大きい．

8.1.3 容量分析法の長所と短所

容量分析法の長所は目的物質の絶対量を求める測定法であるため，目的物質の標準品が不要であり，高い精密性と正確性をもっている点である．このことは多くの機器分析（物理分析）にはない特徴である．また，高価な機器や器具を必要とせず，滴定用ガラス器具であるビュレットとフラスコさえあれば，どこででも簡便に行うことができる．一方，容量分析法の短所は化学反応に基づく方法であるため感度と選択性が低いことである．分析には通常，mg オーダーの試料が必要である．例えば生体試料のように目的物質が微量で，かつ標準液と反応しうる他の成分が混在している場合には用いることができない．

したがって，容量分析法は主に医薬品や医薬品原料などの工業製品の品質管理や検定など，単一成分に近い試料に対して高い正確性が要求され，比較的大量に扱うことができる場合に用いられる．しかし，最近では品質管理等においても機器を用いた分析法が採用されることも多い．

8.1.4 標定とファクター

調製した標準液の濃度を正確に求める滴定操作を**標定** standardization といい，表示された濃度（たとえば，0.1 mol/L など）と真の濃度とのずれを示す補正係数を**ファクター** factor（f）という．日本薬局方では，容量分析用標準液は $f = 0.970 \sim 1.030$ の範囲に調製するよう規定されている．

　例：表示濃度　0.1 mol/L 塩酸（$f = 1.025$）の場合，
　　　真の濃度 = 0.1 mol/L × 1.025 = 0.1025 mol/L

ファクターの決定には一次標準法と二次標準法の2つの方法がある．

一次標準法（または直接法）では標準試薬などの**一次標準物質** primary standard の一定量を精密に量り，規定の溶媒に溶かした後，調製した標準液で滴定する．

$1000\,m = EVf$ より，

$$f = \frac{1000\,m}{EV} \tag{8.1}$$

　　m：一次標準物質の秤取量（g）　　V：調製した標準液の消費量（mL）
　　E：表示濃度の標準液 1 mL に対する標準試薬などの対応量（mg/mL）

二次標準法（または間接法）では純度の高い標準試薬などが得られない場合，調製した標準液の一定量をとり，一次標準法により検定された濃度既知の規定の滴定用標準液で滴定する．この

滴定用標準液を**二次標準液** secondary standard solution と呼ぶ．日本薬局方では，調製した標準液成分と二次標準液成分との反応の物質量（単位：mol）を考慮してそれぞれの濃度設定がなされているので，ファクターは以下のような簡単な式で表される．

$$f_2 = \frac{V_1 \times f_1}{V_2} \tag{8.2}$$

f_1：滴定用標準液のファクター，　V_1：滴定用標準液の消費量（mL）
f_2：調製した標準液のファクター，　V_2：調製した標準液の採取量（mL）

なお，安定かつ純度の高い物質が得られる場合は標定の必要はない．すなわち，それらの物質を精密に量り，規定の溶媒に溶かして正確に 1000 mL とし，純物質の採取量から直接ファクターを求める．

$$f = \frac{m/M}{n} \tag{8.3}$$

m：1 L 中の純物質の質量（g/L），　M：純物質のモル質量（g/mol）
n：調製した標準液の表示モル濃度（mol/L）

8.1.5 標準物質

日本薬局方において，容量分析用標準液の標定に規定されている主な標準物質を表 8.2 に示す．

表 8.2 主な容量分析用標準液

容量分析用標準液	標定時の標準物質	用　途
1 mol/L 塩酸	炭酸ナトリウム*	酸塩基滴定
0.5 mol/L 硫酸	炭酸ナトリウム*	酸塩基滴定
1 mol/L 水酸化ナトリウム液	アミド硫酸*	酸塩基滴定
0.1 mol/L 過塩素酸	フタル酸水素カリウム*	酸塩基滴定（非水）
0.1 mol/L テトラメチルアンモニウムヒドロキシド液	安息香酸	酸塩基滴定（非水）
0.05 mol/L エチレンジアミン四酢酸二水素二ナトリウム液	亜鉛*	キレート滴定
0.05 mol/L 酢酸亜鉛液	0.05 mol/L エチレンジアミン四酢酸二水素二ナトリウム液	キレート滴定
0.1 mol/L 硝酸銀液	塩化ナトリウム*	沈殿滴定
0.02 mol/L 過マンガン酸カリウム液	シュウ酸ナトリウム*	酸化還元滴定
0.05 mol/L ヨウ素液	0.1 mol/L チオ硫酸ナトリウム液	酸化還元滴定
0.05 mol/L ヨウ素酸カリウム液	‡	酸化還元滴定
0.1 mol/L チオ硫酸ナトリウム液	ヨウ素酸カリウム*	酸化還元滴定
0.1 mol/L 亜硝酸ナトリウム液	スルファニルアミド	酸化還元滴定

*標準試薬
‡標定不要（試薬の秤量値から算出）

8.1.6 滴定の終点の検出

標準液中の反応成分と試料溶液中の目的成分が過不足なく反応する点を**当量点** equivalence point という．これに対して，当量点に達するに際して何らかの変化が観察される点を**終点**（end point）という．滴定の終点の検出には，指示薬法または電気的終点検出法（電気滴定法）が用いられる．指示薬法には**酸塩基指示薬**（pH 指示薬）acid-base indicator，**金属指示薬** metal indicator，**吸着指示薬** adsorption indicator，**酸化還元指示薬** oxidation-reduction（または redox）indicator などがある．指示薬法は簡便であることから，日本薬局方医薬品の定量法においても多く取り入れられている．しかし，滴定の終点（指示薬の色調の変化）がやや不明瞭な場合もあり，このような場合には滴定誤差（終点≠当量点）が生じるおそれがある．酸塩基指示薬はいずれも弱酸または弱塩基であり，H^+を結合した酸型とH^+を解離したアルカリ型で色調が異なるものである．金属指示薬はいずれもキレート剤であり，金属イオン結合型と遊離型とで色調が異なる．図8.1に代表的な酸塩基指示薬の構造と変色域（変色範囲）を示す．

電気的終点検出法は当量点付近で，被滴定物質または滴定物質の活量変化を電気信号としてとらえる方法である．日本薬局方で用いられる電気的終点検出法には，溶液の電位変化を測定する**電位差滴定** potentiometric titration と，電流変化を測定する**電流滴定** amperometric titration

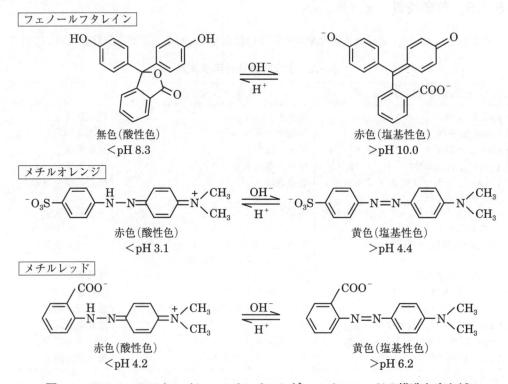

図8.1 フェノールフタレイン，メチルオレンジ，メチルレッドの**構造と変色域**

があり，電流滴定法が規定されている場合は，その中の定電圧分極電流滴定法が用いられる．電位差滴定では滴定の種類により，異なる**指示電極** indicator electrode を用いる（表 8.3）．また**参照電極** reference electrode には，通例，銀-塩化銀電極を用いる．電気的終点検出法は適当な指示薬がない場合にも適用でき，終点の決定も指示薬法に比べ，より客観的である．

表 8.3 滴定の種類と指示電極

滴定の種類	指示電極
中和滴定（酸塩基滴定）	ガラス電極
非水滴定（過塩素酸滴定，テトラメチルアンモニウムヒドロキシド滴定）	ガラス電極
沈殿滴定（硝酸銀によるハロゲンイオンの滴定）	銀電極．ただし，参照電極は銀-塩化銀電極を用い，参照電極と被滴定液との間に飽和硝酸カリウム溶液の塩橋を挿入する．
酸化還元滴定（ジアゾ滴定など）	白金電極
キレート滴定	水銀-塩化水銀（II）電極*

*水銀は有害重金属であるため，本法の適用は指示薬法が用いられない場合に限られる．

8.1.7 直接滴定と間接滴定（逆滴定）

容量分析法には直接滴定と間接滴定の 2 つがある（図 8.2）．**直接滴定** direct titration は，試料に直接標準液を加えて反応させ，当量点までに要した滴定量から，目的物質の量を求める方法である．**間接滴定** indirect titration は，目的物質にある標準液を加えて，それが目的物質と反応した量を何らかの方法で求めることによって定量する方法で，**逆滴定** back titration がその代表的なものである．逆滴定は試料に第 1 標準液の一定過剰量を加え，反応を完結させた後，未反応の第 1 標準液（余剰分）を別の第 2 標準液で滴定し，目的物質を定量する．間接滴定は直接滴定より誤差が大きくなるため，直接滴定で不都合な場合のみ行う．具体的には，1) 目的物質と標準液との反応速度が小さい，2) 副反応が起こる，3) 適当な指示薬が存在しない，などの場合である．

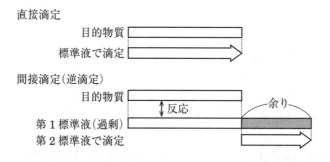

図 8.2 直接滴定と間接滴定（逆滴定）

8.1.8　本試験と空試験

試料を用いて行う通常の滴定操作を本試験という．標準液によっては，空気中の二酸化炭素を吸収したり，指示薬誤差が無視できない場合がある．このような場合，試料は含まないが，その他はまったく同じ条件下で滴定し，標準液の消費量を求める．これを**空試験** blank test という．日本薬局方では，逆滴定の場合，空試験を行うことが規定されている．

8.1.9　含量の計算

容量分析で医薬品を定量する際に必要なのが**対応量**である．対応量とは，標準液 1 mL に対応する（＝過不足なく反応する）目的物質の質量（mg）である．対応量を求めるには次の手順で考えるとよい．

手順 1）化学反応式中の滴定反応に直接関わる分子種の物質量（単位：mol）比を記す．
手順 2）標準液中の反応物質の物質量（単位：mol）を標準液のモル濃度と液量（mL）を用いて表す．これに対応する目的物質の質量を mg の単位で表す．
手順 3）標準液 1 mL に対応する目的物質の質量（単位：mg）を求める．

例として，0.5 mol/L 硫酸標準液を用いて水酸化ナトリウムを中和滴定する場合を示す．

$$H_2SO_4 + 2\,NaOH \rightleftharpoons Na_2SO_4 + 2\,H_2O \qquad NaOH の分子量：40.00$$

手順 1）　　　　　H_2SO_4　　　1 mol ≡ NaOH 2 mol
手順 2）　0.5 mol/L H_2SO_4　2000 mL ≡ NaOH $40.00 \times 2 \times 10^3$ mg
手順 3）　0.5 mol/L H_2SO_4　　　1 mL ≡ NaOH 40.00 mg（対応量）

日本薬局方では，対応量は有効数字 4 桁で表すことになっている．
対応量を用いて以下のように目的物質の含量を求めることができる．

1) 直接滴定の場合

$$含量（\%）= \frac{E(V_a - V_b)f}{S} \times 100 \qquad (8.4)$$

2) 逆滴定の場合

$$含量（\%）= \frac{E(V_b - V_a)f}{S} \times 100 \qquad (8.5)$$

E：対応量（mg/mL）　　　　　　　　S：滴定に用いた試料の量（mg）
V_a：本試験に要した標準液の量（mL）　V_b：空試験に要した標準液の量（mL）
f：滴定用標準液のファクター

8.2 酸塩基滴定

酸塩基滴定 acid-base titration（**中和滴定** neutralization titration）では，試料中の酸性物質または塩基性物質をそれぞれ塩基または酸の標準液で滴定する．これには水溶液中で行う滴定と水以外の溶媒中で行う滴定（非水滴定）が含まれる．滴定の終点は，酸塩基指示薬または電気的終点検出法により求められる．酸塩基指示薬は弱酸性または弱塩基性物質であり，H^+の授受により可逆的に変色する．多塩基酸（多価の酸）および多酸塩基（多価の塩基）では，用いる指示薬の変色域によって滴定に要する液量が異なるので注意する必要がある．日本薬局方における医薬品の定量には，種々の酸塩基滴定が用いられている．カルボキシ基 –COOH やスルホンアミド基 –SO_2NH– などは酸性を示すため，分子構造中にこれらの官能基をもつ化合物は強塩基で直接滴定される．また，医薬品の中には，エステルのアルカリ加水分解や硝酸銀による銀塩の生成反応を介して，酸塩基滴定されるものもある．

■ **例題 1**　0.5 mol/L 硫酸標準液の標定

炭酸ナトリウム（Na_2CO_3：105.989）1.3140 g を量り，水 50 mL を加えて溶かし，メチルレッド試液 3 滴を加え，調製した 0.5 mol/L 硫酸で滴定したところ，25.22 mL を要した．この硫酸標準液のファクターを求めよ．

解答と解説　この滴定における反応は

$$H_2SO_4 + Na_2CO_3 \longrightarrow Na_2SO_4 + CO_2 + H_2O$$

その対応量は

$$H_2SO_4 \quad 1 \text{ mol} \equiv Na_2CO_3 \quad 1 \text{ mol}$$
$$0.5 \text{ mol/L} \quad H_2SO_4 \quad 2000 \text{ mL} \equiv Na_2CO_3 \quad 105.989 \text{ g}$$
$$0.5 \text{ mol/L} \quad H_2SO_4 \quad 1 \text{ mL} \equiv Na_2CO_3 \quad 52.99 \text{ mg}$$

この場合には式（8.1）を用いる．したがって，f は次式で表される．

$$f = \frac{1000 \times 1.3140 \text{ g}}{52.99 \text{ mg/mL} \times 25.22 \text{ mL}} = \boxed{0.983}$$

上記とは別に，対応量を用いないで，反応の物質量比から，次のように求めてもよい．

$$\frac{1.3140 \text{ g}}{105.99 \text{ g/mol}} : 0.5 \text{ mol/L} \times f \times \frac{25.22 \text{ mL}}{1000 \text{ mL}} = 1 \text{ mol} : 1 \text{ mol}$$

$$f = \boxed{0.983}$$

なお，本法では，中和反応の進行に伴い炭酸が生成（$CO_2 + H_2O \rightleftarrows H_2CO_3$）し，これの電離により液が酸性に傾くため，メチルレッドが当量点前に赤変する．この影響を除くため，終点付近では煮沸して炭酸ガスをとり除く．

■例題2　リン酸の定量

濃度未知のリン酸溶液 25.00 mL をメチルオレンジを指示薬として，0.1 mol/L NaOH（$f = 1.030$）で滴定したところ，13.50 mL を要した．一方，同じ液 25.00 mL をチモールフタレインを指示薬として滴定すると 27.01 mL を要した．

(1) 指示薬としてメチルオレンジを用いた場合に対応する化学反応式を示せ．
(2) 指示薬としてチモールフタレインを用いた場合に対応する化学反応式を示せ．
(3) この溶液 100 mL 中のリン酸（H_3PO_4：98.00）の質量（mg）を求めよ．

解答と解説　リン酸は次のように3段階に電離（解離）する．

$$H_3PO_4 \rightleftarrows H^+ + H_2PO_4^- \qquad K_1 = 7.1 \times 10^{-3} \text{ mol/L}$$
$$H_2PO_4^- \rightleftarrows H^+ + HPO_4^{2-} \qquad K_2 = 6.2 \times 10^{-8} \text{ mol/L}$$
$$HPO_4^{2-} \rightleftarrows H^+ + PO_4^{3-} \qquad K_3 = 4.4 \times 10^{-13} \text{ mol/L}$$

$K_1/K_2 > 10^5$ および $K_2/K_3 > 10^5$ だから第1当量点および第2当量点ではpH飛躍（pH jump）がみられる（一般的にいえば，$K_n/K_{n+1} > 10^4$ なら第 n 当量点で明瞭な pH 飛躍がみられる）．一方，K_3 は極めて小さく第3当量点での pH 飛躍はみられない（図 8.3）．このようにリン酸をNaOH標準液で滴定するとき，用いる指示薬の変色域によって滴定に要する標準液の体積は異なる．

(1) メチルオレンジ（変色域：pH 3.1（赤）〜 4.4（黄））の場合，第1当量点までの反応をみることになる．H_3PO_4 は三塩基酸であるが，第1当量点までは一塩基酸としてはたらくから，

$$H_3PO_4 + NaOH \longrightarrow NaH_2PO_4 + H_2O$$

(2) チモールフタレイン（変色域：pH 9.3（無色）〜 10.5（青））の場合，第2当量点までの反応をみることになる．第2当量点までは二塩基酸としてはたらくから，

$$H_3PO_4 + 2\,NaOH \longrightarrow Na_2HPO_4 + 2\,H_2O$$

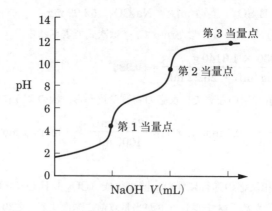

図 8.3　リン酸溶液の NaOH による滴定曲線

(3) まず，それぞれの場合の対応量を考える．

①メチルオレンジの場合

$$
\begin{array}{llll}
& \text{NaOH} & 1\ \text{mol} & \equiv \text{H}_3\text{PO}_4 & 1\ \text{mol} \\
0.1\ \text{mol/L} & \text{NaOH} & 10000\ \text{mL} & \equiv \text{H}_3\text{PO}_4 & 98.00\ \text{g}\ (=リン酸1\ \text{mol}) \\
0.1\ \text{mol/L} & \text{NaOH} & 1\ \text{mL} & \equiv \text{H}_3\text{PO}_4 & 9.800\ \text{mg}
\end{array}
$$

したがって 100 mL 中の H_3PO_4 の質量は，

$$\text{H}_3\text{PO}_4\ (\text{mg}) = 9.800\ \text{mg/mL} \times 13.50\ \text{mL} \times 1.030 \times \frac{100\ \text{mL}}{25\ \text{mL}} = 545.1$$

②チモールフタレインの場合

$$
\begin{array}{llll}
& \text{NaOH} & 2\ \text{mol} & \equiv \text{H}_3\text{PO}_4 & 1\ \text{mol} \\
0.1\ \text{mol/L} & \text{NaOH} & 20000\ \text{mL} & \equiv \text{H}_3\text{PO}_4 & 98.00\ \text{g} \\
0.1\ \text{mol/L} & \text{NaOH} & 1\ \text{mL} & \equiv \text{H}_3\text{PO}_4 & 4.900\ \text{mg}
\end{array}
$$

したがって 100 mL 中の H_3PO_4 の質量は，

$$\text{H}_3\text{PO}_4\ (\text{mg}) = 4.900\ \text{mg/mL} \times 27.01\ \text{mL} \times 1.030 \times \frac{100\ \text{mL}}{25\ \text{mL}} = 545.3$$

上記①および②の結果から，平均して H_3PO_4 の質量は **545.2 mg** となる．

■ **例題3 水酸化ナトリウムの定量（Warder 法）**

水酸化ナトリウム（NaOH：40.00）1.4500 g を量り，新たに煮沸し冷却した水 40 mL を加えて溶かし，15 ℃に冷却したのち，フェノールフタレイン試液 2 滴を加え，0.5 mol/L 硫酸（$f=0.990$）で滴定した．液の赤色が消えたとき，0.5 mol/L 硫酸 36.02 mL を消費した．さらにこの液にメチルオレンジ試液 2 滴を加え，再び 0.5 mol/L 硫酸で滴定し，液が持続する淡赤色を呈したとき，0.22 mL を消費した．本品中の NaOH および炭酸ナトリウム（Na_2CO_3：105.989）の含量（%）を求めよ．

解答と解説 水酸化ナトリウムおよび水酸化カリウムの定量には Warder 法と Winkler 法があるが，日本薬局方では Warder 法が採用されている．水酸化ナトリウムおよび水酸化カリウムは空気中の CO_2 を吸収しやすく，それぞれ炭酸ナトリウムおよび炭酸カリウムを生じる．日本薬局方の純度試験の項では，これら炭酸塩の含量は 2.0 % 以下と規定されている．Warder 法は，2 種の指示薬を用いて，水酸化ナトリウムと炭酸ナトリウムを分別定量する方法である（示差滴定 differential titration）．

まずフェノールフタレインを指示薬とした場合，0.5 mol/L H_2SO_4 で滴定すると，NaOH の全量が中和されると同時に，Na_2CO_3 が NaHCO_3 にまで中和される（A mL）．この滴定における反応は

$$
\begin{aligned}
2\ \text{NaOH} + \text{H}_2\text{SO}_4 &\longrightarrow \text{Na}_2\text{SO}_4 + 2\ \text{H}_2\text{O} \\
2\ \text{Na}_2\text{CO}_3 + \text{H}_2\text{SO}_4 &\longrightarrow 2\ \text{NaHCO}_3 + \text{Na}_2\text{SO}_4
\end{aligned}
\tag{8.6}
$$

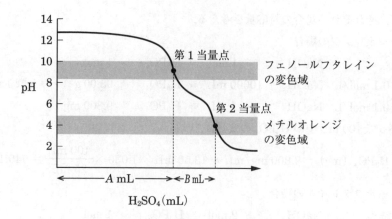

図 8.4　Warder 法の滴定曲線

次に，メチルオレンジを指示薬として滴定を続けると，$NaHCO_3$ は完全に H_2CO_3（$= H_2O + CO_2$）になるまで中和される（B mL）．この滴定における反応は

$$2\,NaHCO_3 + H_2SO_4 \longrightarrow Na_2SO_4 + 2\,H_2O + 2\,CO_2 \tag{8.7}$$

これを図示すると図 8.5 のようになる．

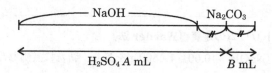

図 8.5　Warder 法による NaOH と Na_2CO_3 の分別定量
フェノールフタレインの変色までを A mL，メチルオレンジの変色までを B mL とする．

Na_2CO_3 に関しては，フェノールフタレインを指示薬とした場合，Na_2CO_3 を H_2CO_3 にまで完全に中和するのに必要な硫酸の 1/2 量がここで消費されており，この量は B mL に等しい．したがって，NaOH の中和には $(A-B)$ mL の硫酸が用いられ，Na_2CO_3 の完全中和には $2B$ mL が用いられたことになる．Na_2CO_3 の完全中和は式（8.6）+式（8.7）より，

$$Na_2CO_3 + H_2SO_4 \longrightarrow Na_2SO_4 + H_2O + CO_2$$

したがって，対応量は次のようになる．

H_2SO_4	1 mol	≡	NaOH	2 mol
0.5 mol/L H_2SO_4	2000 mL	≡	NaOH	40.00 × 2 g
0.5 mol/L H_2SO_4	1 mL	≡	NaOH	40.00 mg

また，

H_2SO_4	1 mol	≡	Na_2CO_3	1 mol　より
0.5 mol/L H_2SO_4	1 mL	≡	Na_2CO_3	52.99 mg

したがって，

$$\text{NaOH (mg)} = 40.00 \text{ mg/mL} \times (A - B) \text{ mL}$$
$$\text{Na}_2\text{CO}_3 \text{ (mg)} = 52.99 \text{ mg/mL} \times 2B \text{ mL}$$
$$= 105.99 \text{ mg/mL} \times B \text{ mL}$$

$$\text{NaOH の含量（%）} = \frac{40.00 \text{ mg/mL} \times (36.02 - 0.22) \text{ mL} \times 0.990}{1.4500 \times 10^3 \text{ mg}} \times 100$$
$$= \boxed{97.77}$$

$$\text{Na}_2\text{CO}_3 \text{ の含量（%）} = \frac{105.99 \text{ mg/mL} \times 0.22 \text{ mL} \times 0.990}{1.4500 \times 10^3 \text{ mg}} \times 100$$
$$= \boxed{1.59}$$

■ **例題 4　日本薬局方によるアスピリンの定量**

「本品を乾燥し，その約 1.5 g を精密に量り，0.5 mol/L 水酸化ナトリウム液 50 mL を正確に加え，二酸化炭素吸収管（ソーダ石灰）を付けた還流冷却器を用いて 10 分間穏やかに煮沸する．冷後，直ちに過量の水酸化ナトリウムを 0.25 mol/L 硫酸で滴定する（指示薬：フェノールフタレイン試液 3 滴）．同様の方法で空試験を行う．」

(1) 0.5 mol/L 水酸化ナトリウム液 1 mL はアスピリン（$C_9H_8O_4$：180.16）何 mg に対応するか．

(2) 上記の方法に従って，アスピリン 1.5250 g を 0.25 mol/L 硫酸（$f = 1.028$）で滴定したところ，16.90 mL を要した．また空試験には 49.55 mL を要した．アスピリンの含量（%）を求めよ．

解答と解説　アスピリン（アセチルサリチル酸：解熱鎮痛薬）を水酸化ナトリウムで滴定すると遊離のカルボキシ基が容易に滴定されるが，同時に副反応として酢酸エステルの加水分解反応が起こり，アスピリン 1 mol 当たり 2 mol の水酸化ナトリウムが消費される．

$$\text{(サリチル酸アセチル)} + 2\,\text{NaOH} \longrightarrow \text{(サリチル酸ナトリウム)} + CH_3COONa + H_2O$$

加水分解反応は定量的に進行するが，反応速度が小さいため，直接滴定するには不都合である．そこで一定過剰の水酸化ナトリウム液を加え，煮沸することにより反応を完結させたのち，過量の水酸化ナトリウムを 0.25 mol/L 硫酸標準液で逆滴定する．また，水酸化ナトリウムの一部は他の要因（主に，空気中から混入した CO_2 との反応）によっても消費されるので，これを補正するため空試験を行う．

加えた水酸化ナトリウムのうち，アスピリンとの反応以外の要因によって消費された量は，

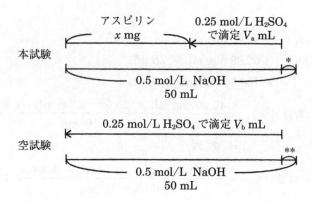

図 8.6 逆滴定によるアスピリンの定量

本試験（＊印）と空試験（＊＊印）とにおいて近似的に等しいと考えられる（図 8.6）．そこで，空試験の 0.25 mol/L 硫酸の所要量を V_b mL，本試験の 0.25 mol/L 硫酸の所要量を V_a mL とすると，$(V_b - V_a)$ mL の 0.25 mol/L 硫酸に対応する水酸化ナトリウムが，アスピリンと反応したことになる．

(1) アスピリン 1 mol は水酸化ナトリウム 2 mol と反応するので

NaOH	2 mol	≡	$C_9H_8O_4$	1 mol
0.5 mol/L NaOH	4000 mL	≡	$C_9H_8O_4$	180.16 g
0.5 mol/L NaOH	1 mL	≡	$C_9H_8O_4$	**45.04 mg**

(2) 上記のような逆滴定では，対応量は目的物質と直接反応する水酸化ナトリウム液 1 mL に対して表示されるが，実際の滴定に用いる 0.25 mol/L 硫酸 1 mL は 0.5 mol/L 水酸化ナトリウム液 1 mL に対応しているので，0.25 mol/L 硫酸のファクターをかけておく必要がある．

$$\therefore \text{アスピリンの含量（％）} = \frac{45.04 \text{ mg/mL} \times (49.55 - 16.90) \text{ mL} \times 1.028}{1.5250 \times 10^3 \text{ mg}} \times 100$$

$$= \boxed{99.13}$$

■ 例題 5　日本薬局方によるホウ酸の定量

「本品を乾燥し，その約 1.5 g を精密に量り，D-ソルビトール 15 g 及び水 50 mL を加え，加温して溶かし，冷後，1 mol/L 水酸化ナトリウム液で滴定する（指示薬：フェノールフタレイン試液 2 滴）．」

(1) D-ソルビトールを加える理由は何か．

(2) 1 mol/L 水酸化ナトリウム液 1 mL はホウ酸（H_3BO_3：61.83）何 mg に対応するか．

(3) 本品 1.5000 g を量り，上記に従い 1 mol/L 水酸化ナトリウム液（$f = 1.015$）で滴定したところ，23.72 mL を要した．本品中の H_3BO_3 の含量（％）を求めよ．

解答と解説　(1) ホウ酸 H_3BO_3 の電離定数（$K_a = 5.5 \times 10^{-10}$ mol/L）は極めて小さく，指示薬による直接滴定は行えない．多価アルコールを加える理由は，ホウ酸の酸性度を高めるためである．

H_3BO_3 は水溶液中では次のように一部電離して，メタホウ酸イオン BO_2^- を生じる．

$$H_3BO_3 \rightleftarrows H^+ + BO_2^- + H_2O$$

BO_2^- は多価アルコールとの間で難解離性の錯体を生成する．その結果，ホウ酸の電離平衡が右にずれ（＝酸性度が強まる），滴定可能になる．多価アルコールとしてはソルビトール，マンニトール，キシリトール，果糖，グリセロールが用いられる．

$$BO_2^- + 2 \begin{array}{c} H-C-OH \\ | \\ H-C-OH \end{array} \rightleftarrows \left[\begin{array}{c} H-C-O \\ | \\ H-C-O \end{array} B \begin{array}{c} O-C-H \\ | \\ O-C-H \end{array} \right]^- + 2 H_2O$$

(2)　　　　NaOH　　　1 mol ≡ H_3BO_3　1 mol
　　1 mol/L　NaOH　1000 mL ≡ H_3BO_3　61.83 g
　　1 mol/L　NaOH　　1 mL ≡ H_3BO_3　**61.83 mg**

(3) H_3BO_3 の含量（%） $= \dfrac{61.83 \text{ mg/mL} \times 23.72 \text{ mL} \times 1.015}{1.5000 \times 10^3 \text{ mg}} \times 100$

　　　　　　　　　　　= **99.24**

▶ **練習問題**

1　日本薬局方インドメタシン（$C_{19}H_{16}ClNO_4$：357.79）の定量法について，以下の問に答えよ．

「本品を乾燥し，その約 0.7 g を精密に量り，メタノール 60 mL に溶かし，水 30 mL を加え，0.1 mol/L 水酸化ナトリウム液で滴定する（指示薬：　1　試液 3 滴）．」

(1) 空所 1 に入れるべき指示薬は次のどれか．
　1．メチルオレンジ　　　2．メチルレッド　　　3．フェノールフタレイン
　4．チモールフタレイン　5．フルオレセインナトリウム

(2) 0.1 mol/L 水酸化ナトリウム液 1 mL はインドメタシン何 mg に対応するか．

2 日本薬局方クロルプロパミド（$C_{10}H_{13}ClN_2O_3S : 276.74$）の定量法について，以下の問に答えよ．

「本品を乾燥し，その約 0.5 g を精密に量り，中和エタノール 30 mL に溶かし，水 20 mL を加え，0.1 mol/L 水酸化ナトリウム液で滴定する（指示薬：フェノールフタレイン試液 3 滴）．」

(1) 水酸化ナトリウム液と反応した後のクロルプロパミドの構造式を示せ．
(2) 0.1 mol/L 水酸化ナトリウム液 1 mL はクロルプロパミド何 mg に対応するか．

3 日本薬局方によるテオフィリン（$C_7H_8N_4O_2 : 180.16$）の定量法について，以下の問に答えよ．

「本品を乾燥し，その約 0.25 g を精密に量り，水 100 mL を加えて溶かし，0.1 mol/L 硝酸銀液 20 mL を正確に加え，振り混ぜた後，0.1 mol/L 水酸化ナトリウム液で滴定する（指示薬：ブロモチモールブルー試液 1 mL）．」

(1) 0.1 mol/L 水酸化ナトリウム 1 mL はテオフィリン何 mg に対応するか．
(2) 本品 0.2500 g を量り，上記に従い 0.1 mol/L 水酸化ナトリウム（$f = 0.985$）で滴定したところ，14.05 mL を要した．本品中のテオフィリンの含量（%）を求めよ．

4 日本薬局方によるサントニン（$C_{15}H_{18}O_3 : 246.30$）の定量法について，以下の問に答えよ．

「本品約 0.25 g を精密に量り，エタノール（95）10 mL を加え，加温して溶かし，0.1 mol/L 水酸化ナトリウム液 20 mL を正確に加え，還流冷却器を付け，水浴上で 5 分間加熱し，急冷後，過量の水酸化ナトリウムを 0.05 mol/L 塩酸で滴定する（指示薬：フェノールフタレイン試液 3 滴）．同様の方法で空試験を行う．」

(1) 水酸化ナトリウムを加え，加熱する理由は何か．
(2) 0.1 mol/L 水酸化ナトリウム 1 mL はサントニン何 mg に対応するか．

▶解 答◀

1　(1) 3　(2) 35.78 mg

2　(1)

（構造式：4-クロロベンゼンスルホニル基—N(Na)—C(=O)—NH—CH₂CH₂CH₃ を含むスルホニル尿素型化合物）

(2) 27.67 mg

トルブタミド，アセトヘキサミド，スルファメトキサゾール，スルフイソキサゾールも類似の方法で定量される．

3　(1) 18.02 mg　(2) 99.73%

テオフィリン（気管支拡張薬）は硝酸銀と反応し，テオフィリン1 molから硝酸1 molを遊離する．これを0.1 mol/L水酸化ナトリウム液で滴定する．

同様の方法によってプロピルチオウラシル，エチニルエストラジオール，チアマゾール，フェニトイン，ノルゲストレル，ノルエチステロンが定量される．

4　(1) サントニン（駆虫薬）にはそのままで中和滴定できるような官能基が存在しないため，水酸化ナトリウムを加え，加熱することにより，ラクトン環を開裂させる．これにより，モノカルボン酸のナトリウム塩が生じる．

(2) 24.63 mg

Coffee break　　容量分析と「はかり」

容量分析法は，目的とする物質を含む溶液に，その物質と反応する物質の濃度が正確に既知の溶液（標準液）を滴加し，反応が終了するまでに要した標準液の体積から目的物質の量を知る方法であることは，よくご存じのことと思う．ここで，次の化学反応について考えてみたい．

　　　　HCl + NaOH ⟶ NaCl + H₂O

この反応式は，塩化水素は水酸化ナトリウムと反応して塩化ナトリウムと水とを生成する，ということと共に1 molのHClと1 molのNaOHとが反応して1 molのNaClと1 molのH₂Oを生成することも表している．したがって，たとえばNaOHの標準液があれば，濃度未知の塩酸の正確な濃度を求めることができるわけである．すなわち，容量分析法による定量は，化学の最も基本的な理論である化学量論に基づいている．

それでは，NaOH溶液の正確な濃度はどのようにして定めるのであろうか．日本薬局方では，標準試薬のアミド硫酸をはかり（天秤）で精密に量りとってNaOH溶液で滴定し，その正確な濃度を定める（標定）ように規定されている．また，容量分析法では試料も試薬も溶液であることからピペット，ビュレット，メスフラスコなどの体積計が用いられる．これらの体積計は，いずれもJISに従って検定され，正確な体積を量り採ることができるが，その検定は，天秤を用いて行われる．すなわち，容量分析法による定量分析では，試料も試薬も溶液であるが，その基本は物質の質量にある．このことから，天秤がいかに重要な機器であるかがよくわかる．

8.3 非水滴定

電離定数（解離定数）が 10^{-7} 以下の弱酸や弱塩基は，水溶液中で滴定した場合，鋭敏な pH 飛躍を示さず，滴定が困難な場合が多い．このような場合，水以外の溶媒（非水溶媒という）を用いると酸または塩基としての性質を強めることができ，直接，標準液で滴定が可能となる．非水溶媒中での滴定を**非水滴定** nonaqueous titration といい，そのほとんどは酸塩基反応に基づくものである．医薬品など多くの有機化合物は水に溶けにくく，弱塩基性物質にはギ酸，酢酸（100）（＝氷酢酸）または氷酢酸と無水酢酸との混合溶媒などの酸性溶媒を，また，弱酸性物質には N,N-ジメチルホルムアミド $HCON(CH_3)_2$ などの弱塩基性溶媒を用いる．滴定用酸標準液には，最も強い一塩基酸である過塩素酸 $HClO_4$ が用いられる．また，硫酸は氷酢酸中では1価の強酸として作用する．日本薬局方第15改正以降は，塩基標準液にはテトラメチルアンモニウムヒドロキシド液 $(CH_3)_4NOH$ が用いられる．テトラメチルアンモニウムヒドロキシド液は水溶液であり，厳密には非水滴定ではない．しかし，弱酸性医薬品を N,N-ジメチルホルムアミドに溶かすことにより酸性度が強められることから非水滴定として扱われる．滴定の終点は，指示薬法と電気的終点検出法が用いられるが，電気的終点検出法（電位差滴定）の方がより正確であることから，日本薬局方でも大幅に採用されている．

医薬品の多くはN原子を含む弱塩基性化合物である．非水滴定においては原則として化合物中のN原子の数が価数となるが，アミド結合 -CONH- などのNは中性であり，滴定されないので注意が必要である．また，非水滴定では目的物質の溶解度を上げるために酢酸より誘電率の高い無水酢酸を含む混合溶媒を用いることがあるが，このような場合は無水酢酸によって第一アミンおよび第二アミンのN原子はアセチル化され，滴定には無関係となる．

■ 例題6　0.1 mol/L 過塩素酸標準液の標定

乾燥したフタル酸水素カリウム（$KHC_6H_4(COO)_2$：204.22）0.3035 g を酢酸（100）50 mL に溶かし，クリスタルバイオレット試液3滴を加え，調製した 0.1 mol/L 過塩素酸標準液で滴定したとき，15.05 mL を要し，空試験では 0.10 mL を要した．この 0.1 mol/L 過塩素酸標準液のファクターを求めよ．

解答と解説　酢酸（100）とは水分のほとんどない氷酢酸のことをいう．過塩素酸はこの中においては強い酸（pK_a = 4.87）となる．フタル酸水素カリウムと過塩素酸の反応は以下のとおりである．

反応の終点は，クリスタルバイオレットが当量点付近で青色を呈することに基づいて判定する．

$$HClO_4 \quad 1\,mol \equiv KHC_6H_4(COO)_2 \quad 1\,mol$$
$$0.1\,mol/L \ HClO_4 \quad 10000\,mL \equiv KHC_6H_4(COO)_2 \quad 204.22\,g$$
$$0.1\,mol/L \ HClO_4 \quad 1\,mL \equiv KHC_6H_4(COO)_2 \quad 20.42\,mg$$

$$f = \frac{1000 \times 0.3035\,g}{20.42\,mg/mL \times (15.05 - 0.10)\,mL} = \boxed{0.994}$$

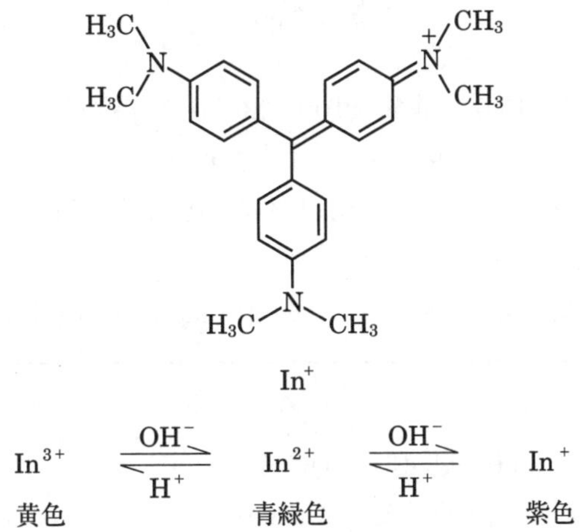

$$In^{3+} \underset{H^+}{\overset{OH^-}{\rightleftarrows}} In^{2+} \underset{H^+}{\overset{OH^-}{\rightleftarrows}} In^+$$
黄色　　　　青緑色　　　　紫色

図 8.7　クリスタルバイオレットの構造式

▶ 練習問題

① 日本薬局方によるジブカイン塩酸塩（$C_{20}H_{29}N_3O_2 \cdot HCl$：379.92）の定量法について，以下の問に答えよ．

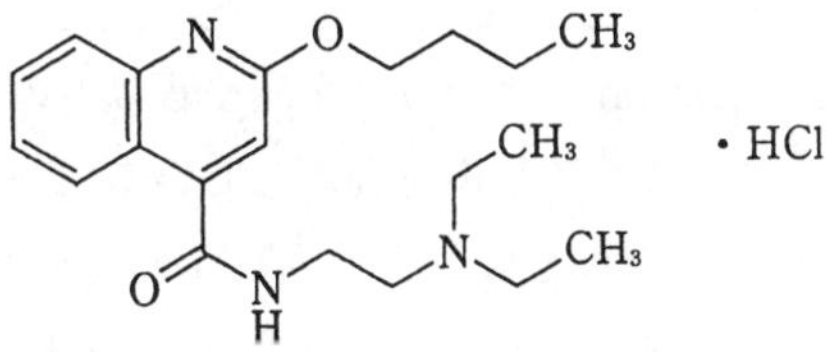

「本品を乾燥し，その約 0.3 g を精密に量り，無水酢酸/酢酸（100）混液（7：3）50 mL に溶かし，0.1 mol/L 過塩素酸で滴定する（電位差滴定法）．同様の方法で空試験を行い，補正する．」

(1) 本滴定で用いる指示電極として適当なものは何か．
(2) 0.1 mol/L 過塩素酸 1 mL はジブカイン塩酸塩何 mg に対応するか．
(3) 本品 0.3292 g を量り，上記に従って 0.1 mol/L 過塩素酸（$f=0.992$）を用いて滴定したところ，17.40 mL を要した．本品中ジブカイン塩酸塩の含量（%）を求めよ．

② 日本薬局方によるキニーネ硫酸塩水和物（$(C_{20}H_{24}N_2O_2)_2 \cdot H_2SO_4 \cdot 2H_2O$：782.94）の定量法について，以下の問に答えよ．

「本品約 0.5 g を精密に量り，酢酸（100）20 mL に溶かし，無水酢酸 80 mL を加え，0.1 mol/L 過塩素酸で滴定する（指示薬：| 1 |試液 2 滴）．ただし，滴定の終点は液の紫色が青色を経て，青緑色に変わるときとする．同様の方法で空試験を行い補正する．」

(1) 空所 1 にあてはまる指示薬名を入れよ．
(2) 0.1 mol/L 過塩素酸 1 mL はキニーネ硫酸塩何 mg に対応するか．

▶ 解 答 ◀

① (1) ガラス電極　(2) 19.00 mg　(3) 99.60%
1 mol のジブカイン塩酸塩（局所麻酔薬）は 2 mol の過塩素酸と反応する．

② (1) クリスタルバイオレット　(2) 24.90 mg
キニーネ硫酸塩（抗マラリア薬）1 分子中には 4 個の N 原子が存在するが，1 個はすでに硫酸で中和されている．したがって，1 mol のキニーネ硫酸塩に 3 mol の過塩素酸が反応する．

8.4 キレート滴定

キレート滴定 chelatometric titration はアルカリ金属や銀以外の金属の陽イオンがキレート剤と安定な無色の水溶性キレートを生成する反応を利用している．一般に滴定にはエチレンジアミン四酢酸（EDTA）が用いられる．EDTA は，分子内に 4 個のカルボキシ基と 2 個のニトリロ基をもつ 6 座配位子であり，2～4 価の金属イオンと荷電数や配位数に関係なく物質量比 1：1 で結合し，キレート化合物を生成する（5.3.1 項参照）．滴定の終点は，多くの場合，キレート生成能をもつ金属指示薬の色の変化により求められる．代表的な金属指示薬であるエリオクロムブラック T ならびに NN 指示薬の構造を図 8.8 に示す．

EDTA によるキレート生成反応は，pH による影響を強く受ける．酸性側では EDTA のプロトン化によりキレート生成が抑制され，強アルカリ性側では金属の水酸化物が生成されやすくなることから，適切な pH に保つために緩衝液が用いられる．代表的な金属イオンの定量に適する pH，緩衝液ならびに指示薬を表 8.4 にまとめた．共存イオンの影響を排除して特定の金属イオンのみを定量するために（選択的滴定），pH の調整を行ったり，**マスキング剤** masking

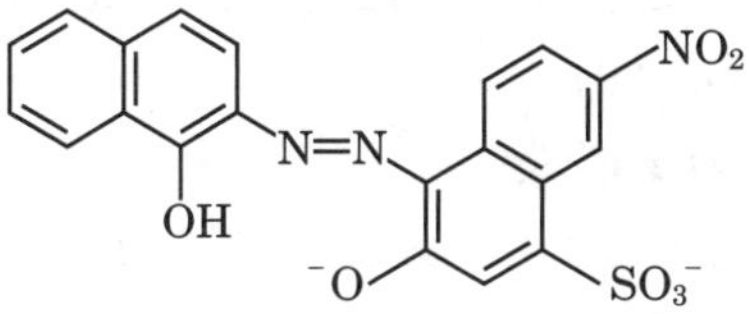

図 8.8 エリオクロムブラック T（EBT）と NN の構造式

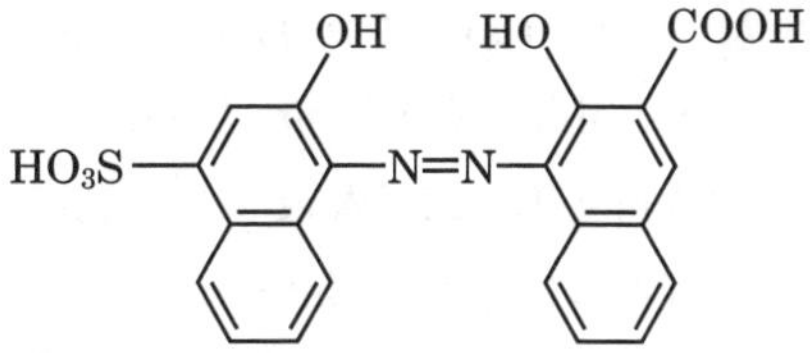

表 8.4 キレート滴定における主な金属イオンと用いられる緩衝液（pH）および指示薬

金属イオン	溶媒（pH）	指示薬
Ca^{2+}，Mg^{2+}，Zn^{2+}	NH_3–NH_4Cl 緩衝液（pH 10.7）	エリオクロムブラック T
Ca^{2+}	8 mol/L KOH（pH 12 〜 13）	NN
Al^{3+}	CH_3COOH–CH_3COONH_4 緩衝液（pH 3 〜 5）	ジチゾン
Bi^{3+}	希 HNO_3（pH 1 〜 3）	キシレノールオレンジ

reagent と呼ばれる補助錯化剤や沈殿剤を加えることがある．たとえば，Fe^{2+}，Hg^{2+}，Ni^{2+} などは CN^- と極めて安定なシアノ化錯イオンを生成するので，CN^- 添加によりこれらの金属イオンと EDTA が反応しないようにすることができる．マスキング剤には CN^- の他，F^-，OH^-，S^{2-}，酒石酸，クエン酸などが用いられる．これらはいずれも EDTA より大きな生成定数をもつ．

■ 例題 7　0.05 mol/L エチレンジアミン四酢酸二水素二ナトリウム液の調製と標定

「亜鉛（標準試薬）を希塩酸で洗い，次に水洗し，更にアセトンで洗った後，110 ℃で 5 分間乾燥した後，デシケーター（シリカゲル）中で放冷し，その約 0.8 g を精密に量り，希塩酸 12 mL 及び臭素試液 5 滴を加え，穏やかに加温して溶かし，煮沸して過量の臭素を追い出した後，水を加えて正確に 200 mL とする．この液 20 mL を正確に量り，水酸化ナトリウム溶液（1 → 50）を加えて中性とし，pH 10.7 のアンモニア-塩化アンモニウム緩衝液 5 mL 及びエリオクロムブラック T・塩化ナトリウム指示薬 0.04 g を加え，調製したエチレンジアミン四酢酸二水素二ナトリウム液で，液の赤紫色が青紫色に変わるまで滴定し，ファクターを計算する．」

(1) 0.05 mol/L EDTA 液 1 mL は亜鉛（Zn：65.39）何 mg に対応するか．

(2) EDTA 液の保存容器としては何を用いることが適当か．

(3) 亜鉛 0.8250 g を量り，上記に従って滴定したところ，調製した 0.05 mol/L EDTA 液 25.08 mL を要した．この 0.05 mol/L EDTA 液のファクターを求めよ．

解答と解説　(1) 1 mol の EDTA と 1 mol の亜鉛が反応する．したがって，対応量は

　　0.05 mol/L　EDTA 液　20000 mL ≡ Zn　65.39 g

　　0.05 mol/L　EDTA 液　　　1 mL ≡ Zn　**3.270 mg**

(2) ガラス容器には微量の ZnO や Al_2O_3 などが含まれることがある．これらの金属は EDTA 液の力価を低下させるので，保存には ポリエチレン瓶 を用いる．

(3) $f = \dfrac{1000 \times 0.8250 \text{ g} \times 20 \text{ mL}/200 \text{ mL}}{3.270 \text{ mg/mL} \times 25.08 \text{ mL}} = \textbf{1.006}$

■ **例題 8　Ca^{2+} と Mg^{2+} の分別定量**

　Ca^{2+} と Mg^{2+} を含む試料水溶液 100 mL をとり，アンモニア-塩化アンモニウム緩衝液（pH 10.7）2 mL，5% KCN 溶液およびエリオクロムブラック T 試液をそれぞれ 5 滴ずつ加え，0.01 mol/L EDTA 標準液（f = 0.985）で滴定したところ，28.50 mL を要した．別に同じ水溶液 100 mL をとり，8 mol/L KOH 5 mL を加え，時々振り混ぜながら，3〜5 分間放置する．次に 5% KCN 溶液数滴と NN 指示薬 0.1 g を加え，上記 EDTA 標準液で滴定したところ 13.20 mL を要した．試料水溶液 100 mL 中の Ca^{2+} および Mg^{2+} の質量（mg）を求めよ．
　Ca：40.08，Mg：24.31

解答と解説　Ca^{2+} および Mg^{2+} イオンはともに，アンモニア-塩化アンモニウム緩衝液（pH 10.7）中，エリオクロムブラック T を指示薬として，EDTA で滴定される．一方，KOH 強アルカリ性（pH 12〜13）では，Mg^{2+} は水酸化物 $Mg(OH)_2$ を生成して沈殿するため，Ca^{2+} のみが選択的に滴定される．NN 指示薬は pH 12〜13 で Ca^{2+} 専用に用いられる．CN^- は他の重金属イオンの影響を除くためのマスキング剤である．

　Ca^{2+} および Mg^{2+} はそれぞれ 1 mol が 1 mol の EDTA と反応する．

　　0.01 mol/L　EDTA　100000 mL ≡ Ca^{2+}　40.08 g

　　0.01 mol/L　EDTA　　　1 mL ≡ Ca^{2+}　0.4008 mg

同様に　0.01 mol/L　EDTA　　　1 mL ≡ Mg^{2+}　0.2431 mg

したがって，Ca^{2+} および Mg^{2+} の質量はそれぞれ次のようにして求まる．

　　Ca^{2+} (mg) = 0.4008 mg/mL × 13.20 mL × 0.985 = **5.211**

　　Mg^{2+} (mg) = 0.2431 mg/mL × (28.50 − 13.20) mL × 0.985 = **3.664**

▶ **練習問題**

① 日本薬局方による沈降炭酸カルシウム（$CaCO_3$：100.09）の定量法について，以下の問に答えよ．

　「本品を乾燥し，その約 0.12 g を精密に量り，水 20 mL 及び希塩酸 3 mL を加えて溶かす．

次に水 80 mL，水酸化カリウム溶液（1→10）15 mL 及び NN 指示薬 0.05 g を加え，直ちに 0.05 mol/L エチレンジアミン四酢酸二水素二ナトリウム液で滴定する．ただし，滴定の終点は液の赤紫色が青色に変わるときとする．」

(1) 0.05 mol/L EDTA 液 1 mL は炭酸カルシウム何 mg に対応するか．

(2) 本品 0.1210 g を量り，上記に従って滴定したところ，0.05 mol/L EDTA 液（$f=1.020$）23.55 mL を要した．本品中の炭酸カルシウムの含量（%）を求めよ．

2 日本薬局方による乾燥水酸化アルミニウムゲルの定量法について，以下の問に答えよ．

「本品約 2 g を精密に量り，塩酸 15 mL を加え，水浴上で振り混ぜながら 30 分間加熱し，冷後，水を加えて正確に 500 mL とする．この液 20 mL を正確に量り，0.05 mol/L エチレンジアミン四酢酸二水素二ナトリウム液 30 mL を正確に加え，pH 4.8 の酢酸-酢酸アンモニウム緩衝液 20 mL を加えた後，5 分間煮沸し，冷後，エタノール（95）55 mL を加え，0.05 mol/L ☐1☐ 液で滴定する（指示薬：ジチゾン試液 2 mL）．ただし，滴定の終点は液の淡暗緑色が淡赤色に変わるときとする．同様の方法で空試験を行う．」

(1) 空所 1 にあてはまる試薬名は何か．

(2) 0.05 mol/L EDTA 液 1 mL は酸化アルミニウム（Al_2O_3：101.96）何 mg に対応するか．

(3) 本品 1.940 g を量り，上記に従って滴定したところ，0.05 mol/L の滴定用標準液（$f=1.025$）13.75 mL を要した．空試験には 28.90 mL を要した．本品中の Al_2O_3 の含量（%）を求めよ．

▶ 解 答 ◀

1 (1) 5.004 mg (2) 99.34%

2 (1) 酢酸亜鉛 (2) 2.549 mg (3) 51.01%

Al^{3+} は pH 5 以上ではヒドロキソ錯体が生成しやすいため，pH 4.8 で滴定する．また Al^{3+} と EDTA はキレート生成速度が遅いため，逆滴定を行う．滴定の終点の呈色は Zn^{2+}-ジチゾンによるものであるが，これは不溶性のキレート化合物であるため，エタノールを加える．Al_2O_3 は分子中に 2 個の Al 原子が存在するので，1 mol の Al_2O_3 と 2 mol の EDTA とが反応する．

8.5 沈殿滴定

沈殿滴定 precipitation titration は，難溶性沈殿の定量的な生成または消失反応を利用したもので，フッ素を除くハロゲン化物イオンや銀イオンなどの定量に用いられる．

ファヤンス（Fajans）法：Cl^-，Br^-，I^-，SCN^- の定量．

滴定用標準液に硝酸銀液を用い，指示薬にフルオレセインナトリウム，エオシンまたはテトラブロモフェノールフタレインエチルエステル（TBPE）試液を用いる．これらの指示薬は生成し

たハロゲン化銀の沈殿（コロイド）に吸着して変色することから**吸着指示薬** adsorption indicator と呼ばれる．最も代表的なフルオレセインナトリウムによる吸着指示薬の原理を図 8.9 に示す．当量点をわずかに過ぎたところで，過剰の銀イオンがハロゲン化銀またはチオシアン酸銀に吸着し，沈殿は正の電荷を帯びる．これにさらに指示薬（陰イオン）が吸着し，沈殿の色が変色する．

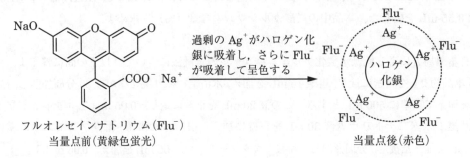

図 8.9　吸着指示薬フルオレセインナトリウムの構造と変色の原理

フォルハルト（Volhard）法：Ag^+（直接滴定），Cl^-，Br^-，I^-，CN^-，SCN^-，S^{2-}（逆滴定）の定量．

滴定用標準液にチオシアン酸アンモニウム液を用い，指示薬に硫酸アンモニウム鉄（Ⅲ）試液を用い Ag^+ を滴定する．当量点をわずかに過ぎたところで，過剰のチオシアン酸イオン SCN^- が鉄（Ⅲ）イオン Fe^{3+} と反応して，チオシアン酸鉄を生じ，赤褐色を呈する．鉄（Ⅲ）イオンはアルカリ性では水酸化物として $Fe(OH)_3$ が沈殿するので，硝酸酸性下で行われる．

$$AgNO_3 + NH_4SCN \longrightarrow AgSCN + NH_4NO_3$$
（目的物質）　　（標準液）　　　（白色沈殿）

$$3\,NH_4SCN + FeNH_4(SO_4)_2 \longrightarrow Fe(SCN)_3 + 2\,(NH_4)_2SO_4$$
（過剰の標準液）　　（指示薬）　　　　（赤褐色）

Br^- など上記陰イオンを含む試料に過剰量の Ag^+ を加え，余った Ag^+ を滴定することにより Br^- などを定量することもできる（逆滴定）．フォルハルト法で Cl^- を定量する場合，AgSCN より AgCl の溶解度が高いため，正確な終点が見い出せない．AgCl の再溶解を防ぐためニトロベンゼンを添加して，生成した AgCl の沈殿表面にニトロベンゼンのコートをするなどの操作が必要になる．

リービッヒ-ドゥニジェ（Liebig-Denigès）法：CN^- の定量．

リービッヒ-ドゥニジェ法は錯滴定に属するが，沈殿生成で当量点を判定するため，便宜上，沈殿滴定の中で紹介する．CN^- を定量するため，滴定用標準液に硝酸銀液を用い，指示薬にヨウ化カリウム試液を用いる．滴定はアンモニアアルカリ性で行う．生成するジシアノ銀（Ⅰ）イオン $[Ag(CN)_2]^-$ はアンモニアに溶けるが，当量点をわずかに過ぎると過剰の銀イオンはアンモニアに不溶のヨウ化銀を生成し，黄色の混濁を生じる．

8.5 沈殿滴定

■ **例題9** 日本薬局方による生理食塩液の定量（ファヤンス法）

「本品 20 mL を正確に量り，水 30 mL を加え，強く振り混ぜながら，0.1 mol/L ☐1 液で滴定する（指示薬：フルオレセインナトリウム試液 3 滴）.」(NaCl：58.44)

$$0.1 \text{ mol/L} \boxed{1} \text{液 1 mL} \equiv \text{NaCl} \boxed{2} \text{mg}$$

(1) 空所 1 に入れるべき溶液名は何か．
(2) 空所 2 に入れるべき適当な数値を求めよ．
(3) 上記の方法で滴定したとき，滴定液（f = 0.985）31.27 mL を要した．本品中の塩化ナトリウム濃度（w/v％）はいくらか．

解答と解説　　(1) **硝酸銀**

日本薬局方では 10％塩化ナトリウム注射液の定量にはファヤンス法が用いられる．指示薬としてフルオレセインナトリウム試液を用い，硝酸銀液で滴定すると当量点をわずかに過ぎたところで溶液中のフルオレセインの黄緑色蛍光が消える（フルオレセインは沈殿に吸着して赤色を呈する）．

(2) この滴定の反応式は

$$\text{NaCl} + \text{AgNO}_3 \longrightarrow \text{AgCl} + \text{AgNO}_3$$

1 mol の塩化ナトリウムは 1 mol の硝酸銀と反応する．したがって，対応量は

0.1 mol/L 硝酸銀液　10000 mL ≡ NaCl　58.44 g
0.1 mol/L 硝酸銀液　　　 1 mL ≡ NaCl　**5.844 mg**

(3) 5.844 mg/mL × 31.27 mL × 0.985 = 180 mg = 0.180 g

$$\therefore \text{NaCl}(\text{w/v}\%) = \frac{0.180 \text{ g}}{20 \text{ mL}} \times 100 = \mathbf{0.90}$$

なお，日本薬局方では，本品を定量するとき，塩化ナトリウム 0.85 ～ 0.95 w/v％含むことが規定されている．

▶ **練習問題**

1　日本薬局方によるイオタラム酸（$C_{11}H_9I_3N_2O_4$：613.91）の定量（ファヤンス法）について，以下の問に答えよ．

「本品を乾燥し，その約 0.4 g を精密に量り，けん化フラスコに入れ，水酸化ナトリウム試液 40 mL に溶かし，亜鉛粉末 1 g を加え，還流冷却器を付けて 30 分間煮沸し，冷後，ろ過す

る．フラスコ及びろ紙を水 50 mL で洗い，洗液は先のろ液に合わせる．この液に酢酸（100）5 mL を加え，0.1 mol/L 硝酸銀液で滴定する（指示薬：テトラブロモフェノールフタレインエチルエステル試液 1 mL）．ただし，滴定の終点は沈殿の黄色が緑色に変わるときとする．」
(1) 硝酸銀と直接反応しているものは何か．
(2) 0.1 mol/L 硝酸銀液 1 mL はイオタラム酸何 mg に対応するか．

2 日本薬局方によるブロモバレリル尿素（$C_6H_{11}BrN_2O_2$：223.07）の定量（フォルハルト法）について，以下の問に答えよ．

及び鏡像異性体

「本品を乾燥し，その約 0.4 g を精密に量り，300 mL の三角フラスコに入れ，<u>水酸化ナトリウム試液 40 mL を加え，還流冷却器を付け，20 分間穏やかに煮沸する</u>．冷後，水 30 mL を用いて還流冷却器の下部及び三角フラスコの口部を洗い，洗液を三角フラスコの液と合わせ，硝酸 5 mL 及び正確に 0.1 mol/L 硝酸銀液 30 mL を加え，過量の硝酸銀を 0.1 mol/L チオシアン酸アンモニウム液で滴定する（指示薬：硫酸アンモニウム鉄（Ⅲ）試液 2 mL）．同様の方法で空試験を行う．」
(1) 下線部の操作により，どのような反応が起こるか．
(2) 0.1 mol/L 硝酸銀液 1 mL はブロモバレリル尿素何 mg に対応するか．

▶ 解 答 ◀

1 (1) ヨウ化物イオン　(2) 20.46 mg
　　イオタラム酸（X 線造影剤）をアルカリ性で亜鉛末で還元分解し，3 mol のヨウ化物イオン I^- を遊離させ，これを硝酸銀で滴定する．1 mol のイオタラム酸は 3 mol の硝酸銀と反応する．
2 (1) アルカリ分解により，1 mol のブロモバレリル尿素から 1 mol の臭化物イオン Br^- が生じる．(2) 22.31 mg．これはチオシアン酸アンモニウム標準液による逆滴定である．

8.6 酸化還元滴定

酸化還元滴定 redox titration は，酸化還元反応に基づく滴定法であり，応用範囲が広く，多くの医薬品の定量に用いられる．酸化剤を滴定試薬として用いる場合を**酸化滴定** oxidimetry，還元剤を滴定試薬として用いる場合を**還元滴定** reductimetry ということがある．電子の授受を必ず伴うのが酸化還元滴定である．反応の中で授受される電子の数（すなわち酸化数の変化）を正確に把握し，何が何を酸化（あるいは還元）しているかを考え，正しい反応式をつくることが酸化還元滴定による定量では重要である．

8.6.1 過マンガン酸塩滴定

過マンガン酸塩滴定 permanganate titration には，過マンガン酸カリウム標準液で還元性物質を直接滴定する場合と，酸化性物質にシュウ酸標準液を一定過剰量加えて還元し，その余剰量を過マンガン酸カリウム標準液で逆滴定する場合とがある．

過マンガン酸カリウム（$KMnO_4$：158.03）は強い酸化剤で，強酸性溶液中では

$$MnO_4^- + 8H^+ + 5e^- \longrightarrow Mn^{2+} + 4H_2O$$

のように反応する．過マンガン酸イオン MnO_4^-（赤紫色，Mnの酸化数＝＋7）は酸性溶液中では5個の電子を受け取ってマンガンイオン Mn^{2+}（ほぼ無色，Mnの酸化数＝＋2）に還元される．しかし，H^+ が十分に存在しないと（酸性が弱いと）

$$MnO_4^- + 4H^+ + 3e^- \longrightarrow MnO_2 + 2H_2O$$

の反応により酸化マンガン(Ⅳ)が生成し，また，反応の定量性も損なわれる．通常は酸性を保つために硫酸が用いられる．塩酸は MnO_4^- で酸化されて塩素を発生し，硝酸はそれ自身が酸化性をもつので使用できない．$KMnO_4$ を用いた滴定では，赤紫色の MnO_4^- が反応の進行に伴って還元され無色になるが，当量点をわずかに過ぎた点で持続する淡赤色を呈する．そのため，$KMnO_4$ による滴定では指示薬を必要としない．

■例題10 過マンガン酸カリウム液の標定

標準試薬のシュウ酸ナトリウム（$Na_2C_2O_4$：134.00）を 0.1338 g 量り，水約 10 mL に溶かし，希硫酸 200 mL を加えて，濃度未知の $KMnO_4$ 液で滴定したところ 19.86 mL を要した．この $KMnO_4$ 液のモル濃度を求めよ．

解答と解説 MnO_4^- と $C_2O_4^{2-}$ との酸化還元反応式は

$$2MnO_4^- + 5C_2O_4^{2-} + 16H^+ \longrightarrow 2Mn^{2+} + 10CO_2 + 8H_2O$$

で表され，2 mol の MnO_4^- は 5 mol の $C_2O_4^{2-}$ と反応する．すなわち，1 mol/L $KMnO_4$ 液 2000 mL は 670.0 g（134.00 g × 5）の $Na_2C_2O_4$ と反応する．したがって $KMnO_4$ 液の濃度を x mol/L とすると

$$x \text{ mol/L} \times \frac{19.86}{1000} \text{ L} : \frac{0.1338 \text{ g}}{134.00 \text{ g/mol}} = 2 \text{ mol} : 5 \text{ mol}$$

$$x = 0.0201 \text{ mol/L}$$

したがって，求める $KMnO_4$ 液のモル濃度は **0.0201 mol/L** である．

8.6.2 ヨウ素滴定

ヨウ素が関与するヨウ素滴定は**ヨウ素酸化滴定** iodimetry（ヨージメトリー，直接ヨウ素滴定），**ヨウ素還元滴定** iodometry（ヨードメトリー，間接ヨウ素滴定），**ヨウ素還元滴定の関連法**（目的物質に過剰の酸化剤を加え，余った酸化剤をヨウ素還元滴定の原理で滴定．**臭素滴定** bromometry

が代表的）の3つに分類することができる．いずれの場合も指示薬にはデンプン試液が用いられる．

1) ヨウ素酸化滴定

ヨウ素酸化滴定は，還元性物質（目的物質）を比較的弱い酸化剤（$E° = +0.5355$ V）であるヨウ素標準液で直接滴定する．ヨウ素（I_2：253.80）は還元性物質によって還元されてヨウ化物イオンとなる．

$$\text{Red} + I_2 \longrightarrow \text{Ox} + 2\text{HI}$$
（目的物質）（滴定液）

滴定は通常，pH 5〜8の中性付近で行われる．塩基性側ではI_2はヨウ化物イオンI^-と次亜ヨウ素酸イオンIO^-とに分解し，また酸性側では反応速度が極めて遅くなるとともに，反応で生成したヨウ化物イオンが溶存酸素によって酸化され，再びヨウ素に戻ってしまうからである．

（塩基性側） $I_2 + 2\text{OH}^- \longrightarrow I^- + IO^- + H_2O$

（酸性側） $4I^- + O_2 + 4H^+ \longrightarrow 2I_2 + 2H_2O$

■ **例題11** 日本薬局方による0.05 mol/Lヨウ素液の調製と標定

「1000 mL中ヨウ素（I：126.90）12.690 gを含む．」

調製 ヨウ素13 gをヨウ化カリウム溶液（2→5）100 mLに溶かし，希塩酸1 mL及び水を加えて1000 mLとした．

調製したヨウ素液15 mLを正確に量り，0.1 mol/Lチオ硫酸ナトリウム液（$f = 1.025$）で滴定したところ，14.92 mLを要した（指示薬：デンプン試液）．ただし，指示薬の終点は，液が終点近くで淡黄色になったとき，デンプン試液3 mLを加え，生じた青色が脱色するときとした．調製した0.05 mol/Lヨウ素液のファクターを求めよ．

解答と解説 0.05 mol/Lヨウ素液とはヨウ素分子（I_2：253.80）として0.05 mol/Lである．ヨウ素は水に難溶であるが，ヨウ化物イオンI^-の存在下で三ヨウ化物イオンI_3^-となってよく溶ける．

ヨウ素標準液の標定は次の反応に従って，間接法によって行われる．

$$I_2 + 2\text{Na}_2S_2O_3 \longrightarrow 2\text{NaI} + \text{Na}_2S_4O_6$$

調製した0.05 mol/Lヨウ素標準液のファクターをf，用いた液量をV mL，0.1 mol/Lチオ硫酸ナトリウム液のファクターをf'，滴定に要した液量をV' mLとすると，

$fV = f'V'$ より

$f × 15.00$ mL $= 1.025 × 14.92$ mL ∴ $f = \mathbf{1.020}$

2) ヨウ素還元滴定

ヨウ素還元滴定では，まず酸化性物質（目的物質）がI^-を定量的にI_2に酸化する．次いで生成したI_2をチオ硫酸ナトリウム標準液を用いて滴定する．原理を図8.10に示す．ここで酸化性物質がI^-を定量的にI_2に酸化するためには，酸化性物質の標準酸化還元電位がヨウ素の標準酸化還元電位よりも高いこと，ならびにI^-が大過剰に存在していることが必要である．

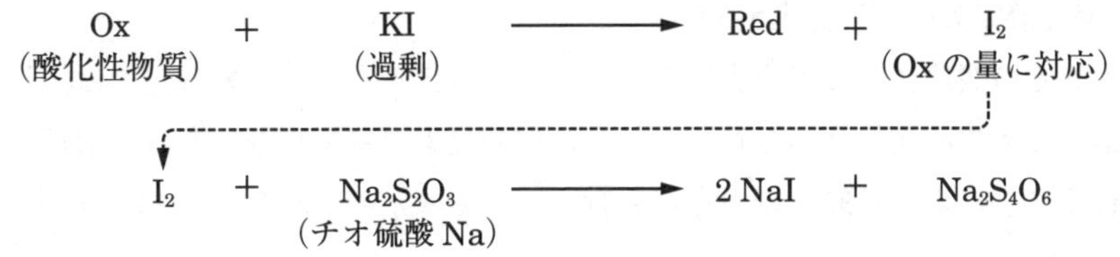

8.6 酸化還元滴定

$$\text{Ox} + \text{KI} \longrightarrow \text{Red} + \text{I}_2$$
（酸化性物質）（過剰）　　　　　　　　　（Oxの量に対応）

$$\text{I}_2 + \text{Na}_2\text{S}_2\text{O}_3 \longrightarrow 2\,\text{NaI} + \text{Na}_2\text{S}_4\text{O}_6$$
　　　　（チオ硫酸Na）

図 8.10　ヨウ素還元滴定（ヨードメトリー）の原理
酸化性物質が KI を定量的に I_2 に変え，これをチオ硫酸ナトリウムで滴定する．

■ 例題 12　0.1 mol/L チオ硫酸ナトリウム液の標定

標準試薬のヨウ素酸カリウム（KIO_3：214.00）106.2 mg をヨウ素瓶に量り，水に溶かし，ヨウ化カリウム 2 g および希硫酸 10 mL を加え，密栓し，10 分間放置した後，デンプン試液を指示薬にして 0.1 mol/L $\text{Na}_2\text{S}_2\text{O}_3$ 液で滴定したところ 28.94 mL を消費した．この 0.1 mol/L チオ硫酸ナトリウム標準液のファクターを求めよ．

解答と解説　チオ硫酸ナトリウム（$\text{Na}_2\text{S}_2\text{O}_3 \cdot 5\,\text{H}_2\text{O}$：248.17）は空気酸化に対しても比較的安定なため，よく用いられる還元剤である．この標定もヨードメトリーである．日本薬局方収載の医薬品の多くがこの方法によって定量される．

チオ硫酸イオン $\text{S}_2\text{O}_3^{2-}$ の酸化還元反応式は次のように表され，

$$2\,\text{S}_2\text{O}_3^{2-} \rightleftharpoons \text{S}_4\text{O}_6^{2-} + 2\,\text{e}^-$$

2 mol の $\text{S}_2\text{O}_3^{2-}$ が 2 個の電子を放出して四チオン酸イオン $\text{S}_4\text{O}_6^{2-}$ になる．$\text{Na}_2\text{S}_2\text{O}_3$ を用いた滴定では，溶液の pH が 0.5 以下になると $\text{S}_2\text{O}_3^{2-}$ の分解が起こり，亜硫酸イオン SO_3^{2-} を生成する．

KIO_3 は硫酸酸性で KI を酸化し，定量的に I_2 を遊離する．

$$\text{KIO}_3 + 5\,\text{KI} + 3\,\text{H}_2\text{SO}_4 \longrightarrow 3\,\text{K}_2\text{SO}_4 + 3\,\text{H}_2\text{O} + 3\,\text{I}_2$$

この I_2 を $\text{Na}_2\text{S}_2\text{O}_3$ によって還元して定量する．

$$\text{I}_2 + 2\,\text{Na}_2\text{S}_2\text{O}_3 \longrightarrow 2\,\text{NaI} + \text{Na}_2\text{S}_4\text{O}_6$$

この 2 つの式を足し合わせて整理すると，この滴定における反応は

$$\text{KIO}_3 + 5\,\text{KI} + 3\,\text{H}_2\text{SO}_4 + 6\,\text{Na}_2\text{S}_2\text{O}_3 \longrightarrow 3\,\text{K}_2\text{SO}_4 + 3\,\text{H}_2\text{O} + 6\,\text{NaI} + 3\,\text{Na}_2\text{S}_4\text{O}_6$$

で表され，1 mol の KIO_3 は 6 mol の $\text{Na}_2\text{S}_2\text{O}_3$ と反応する．

したがって，

$$0.1\,\text{mol/L}\ \text{Na}_2\text{S}_2\text{O}_3\ \ 60000\,\text{mL} \equiv \text{KIO}_3\ \ 214.00\,\text{g}$$

$$0.1\,\text{mol/L}\ \text{Na}_2\text{S}_2\text{O}_3\ \ \ \ \ 1\,\text{mL} \equiv \text{KIO}_3\ \ 3.567\,\text{mg}$$

$$f = \frac{106.2\,\text{mg}}{3.567\,\text{mg/mL} \times 28.94\,\text{mL}}$$

$$= \boxed{1.029}$$

3）ヨウ素還元滴定の関連法（臭素滴定）

ヨウ素還元滴定の関連法として代表的なものに臭素滴定がある．臭素滴定では，目的物質に一定過剰の臭素を加えて特異的反応を行った後，余剰の臭素（＝酸化剤）をヨウ素還元滴定によって逆滴定を行うことにより目的物質の定量を行う．臭素滴定の原理を図8.11に示す．

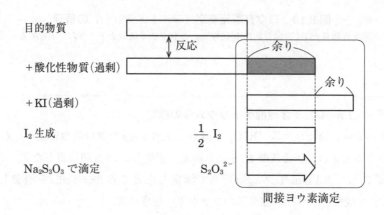

図 8.11　ヨウ素還元滴定の関連法の原理

酸化性物質として，Br_2 を用いるものを臭素滴定と呼ぶ．Br_2 の他に KIO_3, $K_2Cr_2O_7$ なども用いられる．

臭素滴定で用いる 0.05 mol/L 臭素液は Br_2 として 0.05 mol/L である．臭素は揮発性であるため，実際は臭素酸カリウム $KBrO_3$ と過量の臭化カリウム KBr の混液（これを臭素液という）を用時，塩酸で強酸性にすることで定量的に臭素酸カリウム 1 mol から 3 mol の臭素を発生させる．

0.05 mol/L 臭素液の標定は 0.1 mol/L チオ硫酸ナトリウム標準液を用いたヨウ素還元滴定による間接法で行われる．

■ **例題 13　フェノールの定量**

フェノール（C_6H_6O：94.11）1.5132 g をとり，水に溶かして正確に 1000 mL とした．この液 25 mL を正確にヨウ素瓶に入れ，0.05 mol/L 臭素液 30 mL を正確に加え，さらに塩酸 5 mL を加え，直ちに密栓して 30 分間しばしば振り混ぜ，15 分間放置した．次にヨウ化カリウム試液 7 mL を加え，直ちに密栓して激しく振り混ぜ，クロロホルム 1 mL を加え，デンプン試液を加えて 0.1 mol/L $Na_2S_2O_3$ 液（$f = 1.017$）で滴定したところ 7.23 mL 消費した．また，同様の方法で行った空試験では 30.70 mL を要した．このフェノールの含量は何％か．

|解答と解説|　フェノール 1 mol は臭素 3 mol と反応して 2,4,6-トリブロモフェノールを生成する．

$$\text{C}_6\text{H}_5\text{OH} + 3\,\text{Br}_2 \longrightarrow \text{C}_6\text{H}_2\text{Br}_3\text{OH} + 3\,\text{HBr}$$

したがって，1 mol のフェノールは 0.05 mol/L 臭素液 60000 mL と反応する．ゆえに

$$0.05\ \text{mol/L}\quad \text{臭素液}\,1\,\text{mL} \equiv \text{C}_6\text{H}_5\text{OH}\ 1.569\,\text{mg}$$

クロロホルムは，ここで生成したトリブロモフェノールを溶解させ，終点を見やすくするために加えられる．未反応の臭素は次のように KI と反応して I_2 を遊離する．

$$2\,\text{KI} + \text{Br}_2 \longrightarrow 2\,\text{KBr} + \text{I}_2$$

ここで生成した I_2 を $\text{Na}_2\text{S}_2\text{O}_3$ 液で滴定し，空試験値との差よりフェノールの含量を求める．滴定のために採取したフェノールの量は

$$1.5132\,\text{g} \times \frac{25\,\text{mL}}{1000\,\text{mL}} = 0.03783\,\text{g} = 37.83\,\text{mg}$$

滴定されたフェノールの量は $1.569\,\text{mg/mL} \times (30.70 - 7.23)\,\text{mL} \times 1.017 = 37.44\,\text{mg}$

したがって

$$\text{フェノールの含量（\%）} = \frac{37.44\,\text{mg}}{37.83\,\text{mg}} \times 100 = \mathbf{98.97}$$

8.6.3 ヨウ素酸塩滴定

ヨウ素酸カリウム（KIO_3：214.00）は比較的強い酸化剤（$E^\circ = +1.195\,\text{V}$）である．純品が得られ，かつ安定な物質であるため，標準試薬を正確に秤量し，その秤量値からファクターが算出できる．KIO_3 は，滴定の反応条件により異なる反応を起こす．1～2 mol/L 塩酸酸性条件では

$$\text{IO}_3^- + 6\,\text{H}^+ + 6\,\text{e}^- \longrightarrow \text{I}^- + 3\,\text{H}_2\text{O}$$

の反応が起こり，さらに過剰の KIO_3 が加えられると，I^- は I_2 にまで酸化される．

$$2\,\text{IO}_3^- + 12\,\text{H}^+ + 10\,\text{e}^- \longrightarrow \text{I}_2 + 6\,\text{H}_2\text{O}$$

また，3～4 mol/L 塩酸酸性条件では IO_3^- は 4 電子を受け取ってヨウ素陽イオン I^+ を生成し，これが溶液中に多量に存在する塩化物イオン Cl^- と反応して**塩化ヨウ素 ICl** を生成する．

$$\text{IO}_3^- + 6\,\text{H}^+ + \text{Cl}^- + 4\,\text{e}^- \longrightarrow \text{ICl} + 3\,\text{H}_2\text{O}$$

なお，上式の左辺には正電荷が 6，負電荷が 6 あって相殺しあうので，右辺には電荷はない．ヨウ素酸塩滴定は，日本薬局方ではヨウ化カリウムの定量に用いられる．

■ 例題 14　日本薬局方によるヨウ化カリウムの定量

「本品を乾燥し，その約 0.5 g を精密に量り，ヨウ素瓶に入れ，水 10 mL に溶かし，塩酸 35 mL 及びクロロホルム 5 mL を加え，激しく振り混ぜながら 0.05 mol/L ヨウ素酸カリウム液でクロロホルム層の赤紫色が消えるまで滴定する．ただし，滴定の終点はクロロホルム層が脱色した後，5 分以内に再び赤紫色が現れないときとする．」

0.05 mol/L ヨウ素酸カリウム液 1 mL は何 mg のヨウ化カリウム（KI：166.00）に対応するか．

解答と解説　KI に強酸性で KIO_3 を加えると

$$5\,KI + KIO_3 + 6\,HCl \longrightarrow 3\,I_2 + 6\,KCl + 3\,H_2O$$

により I_2 を遊離する．このとき，反応液にクロロホルムを加えておくと，遊離した I_2 によりクロロホルム層が赤紫色を呈する．強塩酸酸性でさらに KIO_3 が加えられると

$$2\,I_2 + KIO_3 + 6\,HCl \longrightarrow 5\,ICl + KCl + 3\,H_2O$$

の反応により，I_2 は酸化されて ICl になり，クロロホルム層は脱色する．

そこで，この両式を足し合わせて整理すると，この滴定における反応は

$$2\,KI + KIO_3 + 6\,HCl \longrightarrow 3\,ICl + 3\,KCl + 3\,H_2O$$

で表され，2 mol の KI は 1 mol の KIO_3 と反応する．したがって，その対応量は

0.05 mol/L ヨウ素酸カリウム液 1 mL ≡ KI **16.60 mg**

▶ 練習問題

1. 日本薬局方によるオキシドールの定量法について，以下の問に答えよ．

「本品 1.0 mL を正確に量り，水 10 mL 及び希硫酸 10 mL を入れたフラスコに加え，0.02 mol/L 過マンガン酸カリウム液で滴定する．」

   (1) 0.02 mol/L 過マンガン酸カリウム液 1 mL は過酸化水素（H_2O_2：34.014）何 mg に対応するか．

   (2) 0.02 mol/L 過マンガン酸カリウム液（$f = 0.985$）を 20.50 mL 消費したとすると，このオキシドール中の過酸化水素の含量は何 w/v ％か．

2. 日本薬局方によるアスコルビン酸（$C_6H_8O_6$：176.12）の定量法について，以下の問に答えよ．

「本品を乾燥し，その約 0.2 g を精密に量り，メタリン酸溶液（1 → 50）50 mL に溶かし，0.05 mol/L ヨウ素液で滴定する（指示薬：デンプン試液 1 mL）．」

   (1) 0.05 mol/L ヨウ素液 1 mL はアスコルビン酸何 mg に対応するか．

   (2) アスコルビン酸の標品 0.2000 g を用いて上記の方法で滴定したところ，0.05 mol/L ヨウ素液（$f = 1.025$）を 21.95 mL 消費したとすると，アスコルビン酸の含量は何 ％ か．

③ 日本薬局方によるサラシ粉の定量法について，以下の問に答えよ．

「本品約 5 g を精密に量り，乳鉢に入れ，水 50 mL を加えてよくすり混ぜた後，水を用いて 500 mL のメスフラスコに移し，水を加えて 500 mL とする．よく振り混ぜ，直ちにその 50 mL を正確にヨウ素瓶にとり，ヨウ化カリウム試液 10 mL 及び希塩酸 10 mL を加え，遊離したヨウ素を 0.1 mol/L チオ硫酸ナトリウム液で滴定する（指示薬：デンプン試液 3 mL）．同様の方法で空試験を行い，補正する．」

(1) 0.1 mol/L チオ硫酸ナトリウム液 1 mL は塩素何 mg に対応するか．

(2) サラシ粉 5.000 g を用いて上記の方法で滴定したところ，0.1 mol/L チオ硫酸ナトリウム液（$f = 1.018$）を 45.90 mL，空試験に 0.10 mL 消費したとすると，サラシ粉中の有効塩素の含量は何％か．

④ 日本薬局方によるフェニレフリン塩酸塩（$C_9H_{13}NO_2 \cdot HCl$：203.67）の定量法について，以下の問に答えよ．

「本品を乾燥し，その約 0.1 g を精密に量り，ヨウ素瓶に入れ，水 40 mL に溶かし，0.05 mol/L 臭素液 50 mL を正確に加える．さらに塩酸 5 mL を加えて直ちに密栓し，振り混ぜた後，15 分間放置する．次にヨウ化カリウム試液 10 mL を注意して加え，直ちに密栓してよく振り混ぜた後，5 分間放置し，遊離したヨウ素を 0.1 mol/L チオ硫酸ナトリウム液で滴定する（指示薬：デンプン試液 1 mL）．同様の方法で空試験を行う．」

(1) 0.05 mol/L 臭素液 1 mL はフェニレフリン塩酸塩何 mg に対応するか．

(2) フェニレフリン塩酸塩 0.1000 g を用いて上記の方法で滴定したところ，0.1 mol/L チオ硫酸ナトリウム液（$f = 0.980$）を 20.10 mL 消費したとすると，フェニレフリン塩酸塩の含量は何％か．

⑤ 日本薬局方によるヒドララジン塩酸塩（$C_8H_8N_4 \cdot HCl$：196.64）の定量法について，以下の問に答えよ．

「本品を乾燥し，その約 0.15 g を精密に量り，共栓フラスコに入れ，水 25 mL に溶かし，塩酸 25 mL を加えて室温に冷却する．これにクロロホルム 5 mL を加え，振り混ぜながら，0.05 mol/L ヨウ素酸カリウム液でクロロホルム層の紫色が消えるまで滴定する．ただし，滴

定の終点はクロロホルム層が脱色した後，5分以内に再び赤紫色が現れないときとする.」
(1) クロロホルム層の紫色は何か.
(2) 滴定するとき，気体を発生するが，この気体は何か.
(3) この定量法は，塩酸ヒドラジンのどのような性質に基づいているか.
(4) 0.05 mol/L ヨウ素酸カリウム液 1 mL はヒドラジン塩酸塩の何 mg に対応するか.

▶ 解 答 ◀

1 (1) 1.701 mg (2) 3.43 w/v%

硫酸酸性条件下，過マンガン酸カリウム $KMnO_4$ 2 mol と過酸化水素 H_2O_2 5 mol が反応する.

$$含量(w/v\%) = \frac{1.701 \text{ mg/mL} \times 20.50 \text{ mL} \times 0.985 \times 10^{-3}}{1.0 \text{ mL}} \times 100 = 3.43$$

2 (1) 8.806 mg (2) 99.06%

ヨウ素 I_2 1 mol とアスコルビン酸 1 mol が反応する.

$$含量(\%) = \frac{8.806 \text{ mg/mL} \times 21.95 \text{ mL} \times 1.025}{0.2000 \times 10^3 \text{ mg}} \times 100 = 99.06$$

3 (1) 3.545 mg (2) 33.06%

サラシ粉 $Ca(OCl)Cl$ に酸を作用させると Cl_2 を発生する．この Cl_2 はヨウ化カリウム KI を酸化して，ヨウ素 I_2 を生成する．この I_2 をチオ硫酸ナトリウム液で滴定する.

$$Ca(OCl)Cl + 2\,HCl \longrightarrow CaCl_2 + H_2O + Cl_2$$
$$Cl_2 + 2\,KI \longrightarrow I_2 + 2\,KCl$$
$$I_2 + 2\,Na_2S_2O_3 \longrightarrow 2\,NaI + Na_2S_4O_6$$

チオ硫酸ナトリウム 1 mol と塩素 Cl 原子 1 mol が対応する.

$$含量(\%) = \frac{3.545 \text{ mg/mL} \times (45.90 - 0.10) \text{ mL} \times 1.018}{5.000 \times 10^3 \text{ mg} \times 50 \text{ mL}/500 \text{ mL}} \times 100 = 33.06$$

サラシ粉は有効塩素 30.0% 以上を含む.

4 (1) 3.395 mg (2) 99.48%

フェニレフリン塩酸塩 1 mol に対して臭素 Br_2 3 mol が反応する．未反応の臭素 1 mol はヨウ素 I_2 1 mol を生じさせ，さらにヨウ素 1 mol はチオ硫酸ナトリウム 2 mol と反応する．したがって，過量の 0.05 mol/L 臭素液は同容量の 0.1 mol/L チオ硫酸ナトリウム液を消費する.

$$含量(\%) = \frac{3.395 \text{ mg/mL} \times (50.00 - 20.10) \text{ mL} \times 0.980}{0.1000 \times 10^3 \text{ mg}} \times 100 = 99.48$$

5 (1) ヨウ素 (2) 窒素 (3) 還元性 (4) 9.832 mg

(金田典雄)

Coffee break 容量分析法と機器分析

　近年，エレクトロニクスの発達とあいまって分析用機器の発達も目覚しく，多くの分析で機器が利用されている．それは，機器による分析は測定値に個人差が出にくく，感度が高いため，特に生体試料の分析やいわゆる環境ホルモンなどの微量成分の測定に適しているからである．容量分析法は，用いられる反応の多くが選択性に乏しいため，化学的性質の似た物質の混合物の分析には適していない．また，機器分析と比較すると個人差が出やすい，試料や試薬が比較的多量に必要であるなどの欠点を有している．しかし，機器分析で用いられる多くの機器は高価であり，定量には目的物質の標準品による検量線の作成が必要な場合が多く，特に中・大型の機器ではいつでも，どこでも分析というわけにはいかない．その点，容量分析法はガラス器具だけで行え，その操作も簡便である．また，化学量論に従って定量分析が行えるという大きな利点を持つ．すなわち，標準品の質量と対応づけることができる「絶対分析法」である．これに対して，検量線を用いて，標準品から得られたシグナルと比較して定量を行う方法は「相対分析法」と呼ばれる．容量分析は試料が単一物質に近く，比較的多量に入手でき，より正確な分析値が要求される場合に適した方法である．そのため，工鉱業製品や環境試料などに関するJISや医薬品に関する日本薬局方などの公定分析法では多く採用されている．

第9章 物質の分離と濃縮

9.1 溶媒抽出

9.1.1 分配平衡と分配係数

試料中の目的成分の濃度が低いときや共存成分が測定を妨害するとき，分離や濃縮は信頼性の高い分析値を得るために重要な操作となる．液–液分配平衡に基づく溶媒抽出は，最も汎用される分離・濃縮法の一つである．いま，ある溶質を互いに完全には混和しない2種の溶媒に溶解させたとする．平衡状態に達したとき，溶質はそれぞれの溶媒への親和性に応じた一定の濃度比（厳密には活量比）で両相に分配される（ネルンスト Nernst の分配律；1891年）．この比を**分配係数** distribution coefficient または**分配定数** distribution constant という（distribution のかわりに partition という語も用いられる）．たとえば，弱酸 HA が水と有機溶媒に分配される場合，HA の分配係数 K_D は次のように表される．

$$K_D = \frac{[HA]_o}{[HA]_{aq}} \tag{9.1}$$

ここで $[HA]_o$ および $[HA]_{aq}$ はそれぞれ HA の有機相および水相での濃度である．電離や会合などによって溶質がさまざまな化学種で存在する場合には，それぞれの相における HA の総濃度（$[HA]_o^t$, $[HA]_{aq}^t$）の比である**分配比** distribution ratio もよく用いられる．たとえば HA が水相中で電離平衡にある場合（$HA \rightleftarrows H^+ + A^-$, $K_a = [H^+]_{aq}[A^-]_{aq}/[HA]_{aq}$），その分配比 D は式（9.2）で表される．

$$D = \frac{[HA]_o^t}{[HA]_{aq}^t} = \frac{[HA]_o}{[HA]_{aq} + [A^-]_{aq}} = \frac{K_D}{1 + K_a/[H^+]_{aq}} \tag{9.2}$$

式（9.2）より，$[H^+]_{aq}$ が大であるほど，すなわち pH が低いほど，D は K_D に近づくことがわかる．なお，会合の影響については例題4で採り上げたので参照のこと．

9.1.2 溶媒抽出

溶媒抽出 solvent extraction（**液-液抽出** liquid-liquid extraction）は，液-液分配平衡を利用して，ある溶液中に含まれる溶質を他の液相へ移行させ分離・濃縮を行う方法である．表9.1に溶媒抽出に用いられる有機溶媒の一例とその性質を示す．水相から有機相へと抽出するためには，目的とする物質は電気的に中性の化学種でなければならない．イオン性の化学種に対してはpHの調節による電離の抑制，酸化還元反応による中性化学種への変換（たとえば $2I^- \rightarrow I_2 + 2e^-$）などが行われる．また，電気的に中性のキレートを生成させて水中の金属イオンを抽出する**キレート抽出** chelate extraction や，目的イオンに反対符号の電荷を有する試薬を加えてイオン対を生成させ有機相へと抽出する**イオン対抽出** ion-pair extraction も広く用いられている．図9.1に溶媒抽出用キレート試薬の例を示した．

表9.1 溶媒抽出に用いられる有機溶媒とその性質

有機溶媒	沸点/℃	密度(25℃) /g cm^{-3}	モル体積(25℃) /cm^3 mol^{-1}	比誘電率 (25℃)	水への溶解度 (25℃)/%	水の溶解度 (25℃)/%
ヘキサン	68.73	0.6606	131.6	1.89	9.8×10^{-4}	1.11×10^{-2}***
シクロヘキサン	80.73	0.7739	108.7	2.02	1.6×10^{-2}*	5.5×10^{-3}
ベンゼン	80.09	0.8736	89.9	2.28	1.78×10^{-1}	6.35×10^{-2}
トルエン	110.63	0.8622	106.9	2.38	5.19×10^{-2}	5.0×10^{-2}
クロロホルム	61.18	1.4797	80.7	4.81***	8.15×10^{-1}	9.3×10^{-2}
1,2-ジクロロエタン	83.48	1.2454	79.4	10.42	8.6×10^{-1}	1.87×10^{-1}
ジエチルエーテル	34.43	0.7078	104.7	4.27	6.04	1.47
4-メチル-2-ペンタノン*	116.5	0.7965	125.8	13.11	1.7	1.9
酢酸エチル	77.11	0.8946	98.5	6.08	8.08	2.94
1-オクタノール**	195.16	0.8262	158.4	10.30	5.4×10^{-2}	3.49

（日本分析化学会編「分析化学便覧」，改訂5版，丸善，2001 および CRC Handbook of Chemistry and Physics (2008), 85 th ed., CRC Press より抜粋）
　* 別名メチルイソブチルケトン．
　** 物質の分離・濃縮ではなく，薬物や化学物質の生体親和性を見積もるためによく用いられている．
　*** 20℃．

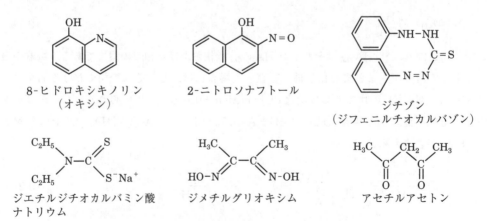

図9.1 溶媒抽出用キレート試薬

9.1 溶媒抽出

■例題 1　繰り返し抽出

分液ロートに体積 V_o の有機溶媒と，濃度 C_0 の物質 A を含む水溶液（体積：V_aq）を入れ，十分に振とうして物質 A を有機相へと抽出する．分配平衡に達した後，有機相を取り除き，新たに体積 V_o の有機溶媒を入れて同様の操作を行う．このような抽出を全部で n 回繰り返す．

(1) 第 1 回目の抽出操作で水相に残る物質 A の濃度 C_1 はいくらになるか．
(2) 第 n 回目の抽出操作の後に水相に残っている物質 A の濃度 C_n はいくらになるか．

分配比を D とし，水相と有機相の体積は抽出操作の前後で変化しないと仮定して答えよ．

解答と解説　題意より第 1 回目の抽出操作で水相から有機相へと抽出される物質 A の物質量は $C_0 V_\mathrm{aq} - C_1 V_\mathrm{aq}$ である．したがって，分配比 D は次のように表される．

$$D = \frac{(C_0 V_\mathrm{aq} - C_1 V_\mathrm{aq})/V_\mathrm{o}}{C_1} = \frac{C_0 V_\mathrm{aq} - C_1 V_\mathrm{aq}}{C_1 V_\mathrm{o}}$$

この式を変形することによって (1) に対する解答が得られる．

$$\therefore \quad C_1 = \boxed{\frac{V_\mathrm{aq}}{D V_\mathrm{o} + V_\mathrm{aq}} C_0}$$

同様の操作を n 回繰り返したとき，水相に残る物質 A の濃度 C_n は

$$C_n = \frac{V_\mathrm{aq}}{D V_\mathrm{o} + V_\mathrm{aq}} C_{n-1} = \left(\frac{V_\mathrm{aq}}{D V_\mathrm{o} + V_\mathrm{aq}} \right)^2 C_{n-2} = \cdots = \boxed{\left(\frac{V_\mathrm{aq}}{D V_\mathrm{o} + V_\mathrm{aq}} \right)^n C_0}$$

これが (2) に対する解答である．

■例題 2　抽出百分率

(1) 溶質の総量のうち，どれだけの割合が有機相に抽出されたかを百分率で示したものを抽出百分率 percent extraction (E) という．有機相および水相の体積をそれぞれ V_o および V_aq，それぞれの相における溶質の総濃度をそれぞれ C_o および C_aq，分配比を D としたとき，E を D および有機相/水相の体積比 R_V の関数として表せ．
(2) ある条件のもとで $\log D = 2.35$ の物質を水相 100 mL から有機相に 99 % 以上抽出するために必要な有機相の体積を求めよ（有効数字 2 桁）．

解答と解説　(1) 問題文に定義されている物理量を用いて E と R_V の関係式を導けばよい．すなわち，

$$E = \frac{C_\mathrm{o} V_\mathrm{o}}{C_\mathrm{aq} V_\mathrm{aq} + C_\mathrm{o} V_\mathrm{o}} \times 100\,\% = \frac{C_\mathrm{o}/C_\mathrm{aq}}{V_\mathrm{aq}/V_\mathrm{o} + C_\mathrm{o}/C_\mathrm{aq}} \times 100\,\% = \frac{D}{1/R_\mathrm{V} + D} \times 100\,\%$$

$$= \boxed{\left(1 - \frac{1}{1 + D R_\mathrm{V}} \right) \times 100\,\%}$$

このように E は D だけでなく R_V にも依存する．

(2) $\log D = 2.35$ より $D = 2.24 \times 10^2$ である．(1) で求めた式より，

$$E = \frac{D}{1/R_V + D} \times 100\% \geqq 99\%$$

$$\therefore R_V \geqq \frac{99\%}{D \times 100\% - 99\% \times D} = \frac{99\%}{2.24 \times 10^2 \times 100\% - 99\% \times 2.24 \times 10^2} = 0.441$$

したがって抽出百分率を 99% 以上にするためには，有機相の体積は少なくとも $100\text{ mL} \times R_V = 44.1\text{ mL}$，すなわち **44 mL** 必要である．

■ **例題 3　水溶液の pH と分配比**

フェノール ($\text{p}K_a = 9.95$) の pH 5.95, 7.95, 9.95, 11.95 におけるクロロホルム / 水分配比 D を分配係数 $K_D = 2.4$ として求めよ（有効数字 2 桁）．ただし，フェノールの会合およびクロロホルムと水の相互溶解性の効果は無視できるものとする．

解答と解説　式 (9.2) を用いる．たとえば pH 5.95 では，

$$D = \frac{K_D}{1 + K_a/[\text{H}^+]_{aq}} = \frac{2.4}{1 + 10^{-9.95}\text{ mol/L} / 10^{-5.95}\text{ mol/L}} \fallingdotseq \mathbf{2.4}$$

同様にして，pH 7.95 では $D = 2.4$，pH 9.95 では $D = 1.2$，pH 11.95 では $D = 2.4 \times 10^{-2}$ となる．このように，水相と有機相それぞれにおける濃度測定から D を求め，$K_D \fallingdotseq D$ と近似して弱酸の K_D を決定するためには，水相の pH を弱酸の $\text{p}K_a$ 値より 2 以上低く保って電離を抑制する必要がある．

■ **例題 4　二量体生成と分配比**

弱酸 HA の有機相 / 水相間の分配において，水相における電離 ($\text{HA} \rightleftarrows \text{H}^+ + \text{A}^-$) だけでなく，有機相における二量体生成 ($2\text{HA} \rightleftarrows (\text{HA})_2$) も考慮しなければならない場合，$D$ はどのように表されるか．二量体生成定数を $K_d = [(\text{HA})_2]_o / [\text{HA}]_o^2$ とし，その他の記号については式 (9.2) にならって答えよ．

解答と解説　分配比の定義に従い式を作成し，K_D, K_d, K_a を用いて変形する．

$$D = \frac{[\text{HA}]_o + 2[(\text{HA})_2]_o}{[\text{HA}]_{aq} + [\text{A}^-]_{aq}} = \frac{[\text{HA}]_o/[\text{HA}]_{aq} \cdot (1 + 2[(\text{HA})_2]_o/[\text{HA}]_o)}{1 + [\text{A}^-]_{aq}/[\text{HA}]_{aq}}$$

$$= \boxed{\frac{K_D(1 + 2K_d[\text{HA}]_o)}{1 + K_a/[\text{H}^+]_{aq}}}$$

pH が一定のもとで水相から弱酸 HA を有機相へと抽出するとき，会合平衡を考慮する必要がなければ（式 (9.2)），D は HA の初濃度や有機相 / 水相の体積比 R_V とは無関係である．一方，本例題のように有機相中での分子の会合が無視できない場合，D は $[\text{HA}]_o$ にも依存している．

初濃度が大であるほど，あるいは R_V が小であるほど $[HA]_o$ も大となり，より多くの会合体が生成する結果，D もより大となる．

9.2 その他の分離・濃縮法

気体試料からの物質の分離・濃縮法としては，吸収，吸着，膜分離（気体透過膜を利用），凝縮などが用いられる．

液体試料中の物質の分離・濃縮法としては，前節で述べた溶媒抽出の他に吸着，膜分離（限外ろ過，逆浸透，透析など），イオン交換，共沈（第6章 Coffee break 参照），浮選，電解析出，再結晶，気化，蒸留などがある．これらのうち**イオン交換** ion exchange はイオン交換樹脂やイオン交換膜などのイオン交換体と溶液相との間での可逆的なイオン交換反応に基づく．イオン交換樹脂は三次元的網目構造をもつ樹脂で，図9.2に示すようなスチレン-ジビニルベンゼン共重合体の骨格に陽イオン交換基（$-SO_3H$ など）あるいは陰イオン交換基（$-CH_2N(CH_3)_3OH$ など）を導入したものが一般的である．また，**浮選** flotation は溶液中の目的物質を気泡とともに浮上させて分離する方法である．目的イオンの電荷またはそれを共沈させた沈殿の表面電荷と反対符号の電荷を有するイオン性界面活性剤を加え，溶液下部から N_2 や空気などを吹き込んで泡立たせ，分離を行う．

固体試料中の目的物質をある溶媒中へと分離する**固-液抽出** solid-liquid extraction には，図9.3に示したソックスレー抽出器 Soxhlet extractor が用いられる．加熱されて蒸気となった溶媒は冷却管で凝縮し，円筒ろ紙内の固体試料へと落下する．液面が上昇するとサイホンの原理で

陽イオン性交換樹脂：$-X = -SO_3^-$ など
陰イオン性交換樹脂：$-X = -CH_2N^+(CH_3)_3$,
$-CH_2N^+(CH_3)_2CH_2CH_2OH$
など

図9.2 ポリスチレン系イオン交換樹脂

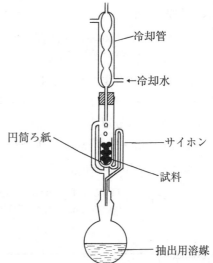

図9.3 ソックスレー抽出器

液は再び下部のフラスコへと戻る．この過程を繰り返すことで試料中の物質が溶媒中へと抽出される．

超臨界流体抽出 supercritical fluid extraction も固体試料中の成分の分離法として知られている（たとえば CO_2 では 304.13 K, 7.375×10^5 Pa（= 72.8 atm）以上で超臨界流体状態となる）．この方法は設備やコスト面での問題で汎用性には欠けるものの，概して抽出効率が高く，熱不安定物質にも応用でき，抽出後の分取も容易なので，コーヒーの脱カフェイン，タバコの脱ニコチン，天然香料の抽出などの工程で用いられている．

■ **例題 5　イオン交換**

イオン交換平衡 $n\,A^{m+}(r) + m\,B^{n+} \rightleftharpoons m\,B^{n+}(r) + n\,A^{m+}$（(r) は樹脂相を表す）の平衡定数を選択係数 selectivity coefficient という．モル濃度に基づく選択係数 ${}^cK_A{}^B$ は次のように表される．

$$ {}^cK_A{}^B = \frac{[B^{n+}(r)]^m [A^{m+}]^n}{[A^{m+}(r)]^n [B^{n+}]^m} $$

(1) A が H^+，B が Mg^{2+} のときの選択係数を表す式を作成せよ．

(2) 乾燥状態で 1 g あたり交換可能な H^+ を 5.0×10^{-3} mol 有する*R-H^+型イオン交換樹脂 2.0 g に 1.0×10^{-2} mol/L $MgCl_2$ 溶液 50 mL を加えてよくかき混ぜた．イオン交換平衡に達したとき，溶液中の Mg^{2+} 濃度は 5.0×10^{-5} mol/L であった．このイオン交換反応の選択係数 ${}^cK_H{}^{Mg}$ はいくらになるか．

　　*このことはかつては「イオン交換容量が 5.0 meq/g である」と表現されてきた．
　　 eq は当量数であるが，現在その使用は推奨されていない．

|解答と解説|　(1) 問題文中の式にそれぞれを当てはめて，

$$ {}^cK_H{}^{Mg} = \frac{[Mg^{2+}(r)][H^+]^2}{[H^+(r)]^2 [Mg^{2+}]} $$

(2) 上式の右辺の各項のうち $[Mg^{2+}]$ は 5.0×10^{-5} mol/L なので，樹脂に吸着された Mg^{2+} の濃度は $[Mg^{2+}(r)] = (1.0 \times 10^{-2} - 5.0 \times 10^{-5})$ mol/L $= 9.95 \times 10^{-3}$ mol/L．一方，イオン交換吸着する Mg^{2+} 1 mol あたり 2 mol の H^+ が溶液中に放出されるので，$[H^+] = 2 \times 9.95 \times 10^{-3}$ mol/L $= 1.99 \times 10^{-2}$ mol/L．したがって $[H^+(r)] = 5.0 \times 10^{-3}$ mol/g $\times$ 2 g/0.05 L $- 1.99 \times 10^{-2}$ mol/L $= 0.1801$ mol/L．これらを上式に代入して，

$$ {}^cK_H{}^{Mg} = \frac{(9.95 \times 10^{-3}\,\text{mol/L})(1.99 \times 10^{-2}\,\text{mol/L})^2}{(0.1801\,\text{mol/L})^2\,(5.0 \times 10^{-5}\,\text{mol/L})} = \mathbf{2.4} $$

▶ 練習問題

1　0.1 g の有機酸（$pK_a = 5.27$）を pH 4.0 の緩衝液 0.1 L に溶かし，水と混和しない 0.05 L の有機溶媒とともに分液ロート中で激しく振とうした．平衡に達したとき有機相中の有機酸の質

量は 0.066 g であった．分配平衡と水相中での酸解離平衡のみを考慮すればよいと仮定して，この有機酸の上記条件における分配比 D を求めよ．また，分配係数 K_D はいくらになるか．

2 繰り返し抽出の効果に関して以下の設問に答えよ．
(1) 分液ロートに有機溶媒 0.03 L と濃度 1.0×10^{-3} mol/L の物質 A の水溶液 0.1 L を入れ，十分に振とうして物質 A を水相から有機相へと抽出する．分配平衡に達した後，水相に残る物質 A の濃度 C_1 はいくらになるか．分配比を $D = 10$ とし，水相と有機相の体積は抽出操作の前後で変化しないものとする．
(2) (1) と同じ物質と溶媒を用い，1 回あたりに使用する有機溶媒の体積を 0.01 L にした以外は全く同じ条件で 3 回抽出を行った．3 回目の抽出操作の後に水相に残っている物質 A の濃度 C_3 はいくらになるか．

3 有機相に溶解したキレート試薬 HL で，水溶液中の金属イオン M^{n+} を抽出する反応，$M^{n+}_{(aq)} + n\, HL_{(o)} \rightleftarrows ML_{n(o)} + n\, H^{+}_{(aq)}$ の平衡定数 K_{ex} は次のように表される．ここで添え字の o および aq はそれぞれ有機相，水相を表す．

$$K_{ex} = \frac{[ML_n]_o [H^+]_{aq}^n}{[M^{n+}]_{aq} [HL]_o^n}$$

有機相/水相間の M^{n+} についての $\log D$ は，K_{ex}, 水溶液の pH，有機相中の HL 濃度（$[HL]_o$）とどのような関係にあるか．低次錯体（ML_{n-1}, ML_{n-2} …）の生成および水相中の ML_n の量は無視できるものとする．

4 陰イオン性界面活性剤の吸光光度定量法の一つとして，界面活性陰イオン AS^- と陽イオン性色素（メチレンブルーなど）C^+ とでイオン対 $AS^- \cdot C^+$ を生成させ，これを有機溶媒へと抽出してその吸光度を測定する方法が知られている．
(1) いま，①水中でのイオン対生成 $AS^- + C^+ \rightleftarrows AS^- \cdot C^+$，②イオン対の有機相への分配 $AS^- \cdot C^+ \rightleftarrows AS^- \cdot C^+_{(o)}$ の二つの平衡のみを考慮すればよいと仮定する．①の平衡定数を K_A，②の平衡定数を K_D としたとき，AS^- の有機相/水相間の分配比 D はこれら定数および水相中の C^+ 濃度 $[C^+]_{aq}$ とどのような関係にあるか．
(2) 10 mL の有機溶媒を用いて 1.0×10^{-5} mol/L の AS^- 溶液 50 mL から 99% 以上の AS^- を抽出するためには，平衡時の C^+ 濃度 $[C^+]_{aq}$ がいくら以上になるように抽出条件を設定しなければならないか．$K_A = 10^{2.0}$, $K_D = 10^{3.0}$ として求めよ．

▶ 解　答 ◀

1 $D = (0.066\,\text{g}/0.05\,\text{L})/\{(0.1 - 0.066)\,\text{g}/0.1\,\text{L}\} = 3.88 ≒ 3.9$

D の値（1 桁多くとり 3.88）を式 (9.2) に代入し，K_D を求めると，$K_D = 4.08 ≒ 4.1$

2 (1) 2.5×10^{-4} mol/L, (2) 1.25×10^{-4} mol/L

(9.1.2 項の例題 1 を参照のこと．使用する有機溶媒の総量が同じであるなら，1 回の有機溶媒の使用量を少なくしてより回数を多く抽出操作を行った方が抽出効率は高くなる)

3 $D = \dfrac{[ML_n]_o}{[M^{n+}]_{aq}} = \dfrac{[HL]_o^n}{[H^+]_{aq}^n} K_{ex}$

これの常用対数をとり，さらに pH $= -\log [H^+]_{aq}$ より

$\log D = \log K_{ex} + n \log [HL]_o + n\, \mathrm{pH}$

(有機相中の HL 濃度が一定とみなせ，かつ問題文に示した仮定が成り立つ範囲では，$\log D$ を pH に対してプロットすると傾き n の直線が得られる．なお，K_{ex} は抽出定数 extraction constant と呼ばれる定数である)

4 (1) $K_A = \dfrac{[AS^- \cdot C^+]_{aq}}{[AS^-]_{aq}[C^+]_{aq}}$, $K_D = \dfrac{[AS^- \cdot C^+]_o}{[AS^- \cdot C^+]_{aq}}$ より

$D = \dfrac{[AS^- \cdot C^+]_o}{[AS^-]_{aq} + [AS^- \cdot C^+]_{aq}} = \dfrac{K_D K_A [AS^-]_{aq}[C^+]_{aq}}{[AS^-]_{aq} + K_A [AS^-]_{aq}[C^+]_{aq}} = \dfrac{K_D K_A [C^+]_{aq}}{1 + K_A [C^+]_{aq}}$

(2) 99％抽出されたときの D は

$D = \dfrac{(1.0 \times 10^{-5}\,\mathrm{mol/L}) \times (0.05\,\mathrm{L} \times 0.99)/0.01\,\mathrm{L}}{(1.0 \times 10^{-5}\,\mathrm{mol/L}) \times (0.05\,\mathrm{L} \times 0.01)/0.05\,\mathrm{L}} = 495$

これを (1) で求めた式に代入して，$[C^+]_{aq} = 9.8 \times 10^{-3}$ mol/L 以上

(田中秀治)

Coffee break　　　　　　　　　　**固相抽出法**

生体試料，臨床試料，環境試料などの分析では，微量成分を測定の対象とすることが多い．複雑なマトリックス（共存主成分）と区別して微量の目的成分を認識し測定するためには，その分離（あるいは妨害成分の除去）や濃縮がしばしば必須となる．しかし伝統的な分離・濃縮法は概して操作が煩雑で時間を要し，多量の試料と試薬を必要とする．近年，**固相抽出法** solid phase extraction と呼ばれる分離・濃縮法が急速に発展してきた．この方法は原理的には 9.1 節や 9.2 節で述べた分配（試料溶液中から固体表面上の液体への分配）や吸着あるいはイオン交換に基づくものであり，液体クロマトグラフィーの分離機構とも共通するものであるが，数 mL 程度の内容積のカートリッジ（ミニカラム）を用いる点に特徴がある．カートリッジはディスポーザブル（使い捨て）のプラスチック製であり，中に数百 mg 程度の固相が充填されている．まず，固相を適切な溶媒あるいは溶液でコンディショニング（活性化，平衡化）したのち，液体試料を負荷する．操作中はカートリッジの入り口側を加圧あるいは出口側を減圧することにより，適度な流速を維持する．次に，洗浄液を流して，非保持成分または非特異的に結合した成分を除去する．最後に溶離液を流し，目的成分を溶出する．この方法は，1) 回収率が高い，2) 試料や溶媒の使用量が少ない，3) 操作が簡便，4) 現場分析（オンサイト分析）への応用が可能などの長所により，現在では日常分析に欠かすことのできない分離・濃縮法の一つとなっている．

第10章
クロマトグラフィーと電気泳動法

10.1 クロマトグラフィーの基礎

10.1.1 クロマトグラフィーの分類と分離機構

クロマトグラフィー chromatography は，支持体に固定された**固定相** stationary phase（固体または液体）に**移動相** mobile phase（液体，気体または超臨界流体）を通し，固定相と移動相との間における試料中の各成分の分布の差（親和力の違い）によって，各成分物質を分離する方法である．クロマトグラフィーは，ギリシャ語で「色」を意味する"*chroma*"と「記録」を意味する"*graphos*"が語源とされており，1906年にロシアの植物学者のツヴェット Tswett が炭酸カルシウムの粉末（固定相）を詰めたガラス管（カラム）と石油エーテル（移動相）を利用して葉緑素の2つの色素を分離したことが始まりとされている．

移動相に液体を用いる場合を**液体クロマトグラフィー** liquid chromatography（LC）といい，固定相が固体であれば液-固クロマトグラフィー，液体であれば液-液クロマトグラフィーという．また，移動相に気体を用いる場合を**ガスクロマトグラフィー** gas chromatography（GC）といい，固定相が固体であれば気-固クロマトグラフィー，液体であれば気-液クロマトグラフィーという．さらに，移動相に液体と気体の両方の性質をもつ超臨界流体を用いる場合を**超臨界流体クロマトグラフィー** supercritical fluid chromatography（SFC）という．その移動相には通常，二酸化炭素が用いられる．一方，分離場の形状によって，固定相が細長い管に含まれている場合を**カラムクロマトグラフィー** column chromatography，平面状で薄い固定相の層を用いる場合を**薄層クロマトグラフィー** thin-layer chromatography（TLC），ろ紙を用いる場合を**ろ紙クロマトグラフィー** paper chromatography（PC）という．カラムクロマトグラフィーのうち，固定相充填剤を微細化して充填密度を高め，かつ耐圧性を高くし，高性能のポンプで移動相を送液して短

時間で分離分析が行えるようにしたものを**高速液体クロマトグラフィー** high performance liquid chromatography (HPLC) という．

表 10.1 に，クロマトグラフィーの一般的分類を示す．クロマトグラフィーの分離モードは，**吸着** adsorption，**分配** partition，**イオン交換** ion exchange，**サイズ排除** size exclusion (**分子ふるい** molecular sieve)，**アフィニティー** affinity (**生物学的親和力**) の5つに大別される．ろ紙クロマトグラフィーは分配，薄層クロマトグラフィー，ガスクロマトグラフィーおよび超臨界流体クロマトグラフィーは吸着と分配，カラムクロマトグラフィーは上記の5つの分離機構のいずれかにより分離される．しかし，厳密にはそれぞれのクロマトグラフィーにおいて必ずしも1つの分離機構がはたらいているわけではなく，複数の機構が組み合わさって作用することが多い．分離機構に基づくクロマトグラフィーの特徴は，10.2.2 項で述べる．

表 10.1　クロマトグラフィーの一般的分類

移動相による分類	形状による分類	分離機構				
		吸着	分配	イオン交換	サイズ排除	アフィニティー
液体クロマトグラフィー	カラムクロマトグラフィー	○	○	○	○	○
	薄層クロマトグラフィー	○	○			
	ろ紙クロマトグラフィー	△	○	△		
ガスクロマトグラフィー (カラム)		○	○			
超臨界流体クロマトグラフィー (カラム)		○	○			

10.1.2　クロマトグラフィーの基礎理論と分離パラメーター

クロマトグラフィーの基礎理論と各パラメーターを，分配型のカラムクロマトグラフィーを中心に概説する．カラムに注入された試料物質は移動相の流れに乗ってカラム内を移動するが，固定相に保持されると全く移動せず，固定相から移動相に移行すると再び移動相の流れに乗ってカラム内を移動し，固定相に保持されると再び停滞する．このように，カラムに注入された試料物質は固定相／移動相間の分布を素早く繰り返しながらカラムを通過し，その結果，カラムから溶出した各試料物質は図 10.1 に示すようなピークとして検出される．このような溶出曲線の分離図を**クロマトグラム** chromatogram という．一方，クロマトグラフィーは分析法そのものを指し，クロマトグラフィーを行う装置を**クロマトグラフ** chromatograph という．クロマトグラフィーを用いて，確認試験，純度試験または定量を行う場合，クロマトグラム上の測定対象ピークがシャープで左右対称であり，ピーク相互の保持時間（下記参照）に十分な差があり，かつ十分に分離していることが必要である．

1) 保持指標

図 10.1 において，試料がカラムに注入されてから A, B の2つの成分が分離してピークとして検出されるまでの時間を**保持時間** retention time (t_R) といい，t_{RA} と t_{RB} はそれぞれ成分 A と B の保持時間を示す．ここでは，成分 B が固定相に保持されやすく，遅く溶出している．t_R

は試料物質が移動相に存在していた時間と固定相に保持されていた時間 t_R' の和であるが，前者の時間は移動相のカラム通過時間 t_0（溶媒先端 solvent front）と同じであるので次式で与えられる．

$$t_R = t_0 + t_R' \qquad t_R' = t_R - t_0 \tag{10.1}$$

また，移動相の流速が一定であれば，保持の度合いによらずすべての成分について移動相に存在していた時間は同じであり，保持時間の差は，固定相に保持されていた時間の差に一致する．

図 10.2 に示すように，カラムに注入された物質が固定相と移動相に分布して平衡に達しているとき，固定相と移動相に存在する物質のモル濃度をそれぞれ C_s, C_m とすると，**分配係数** partition coefficient または distribution coefficient（K_D）は次式で示される．

$$K_D = \frac{C_s}{C_m} \tag{10.2}$$

一方，カラム内の固定相と移動相の体積をそれぞれ V_s, V_m とすると，両相に分布する成分は次式で示される固有の比 k' で固定相/移動相間に分布する．

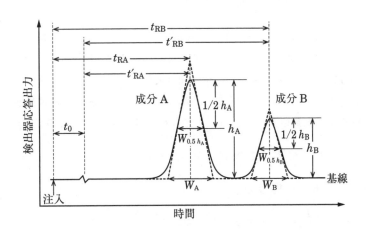

図 10.1 2 成分 A と B を含む試料から得られたクロマトグラム

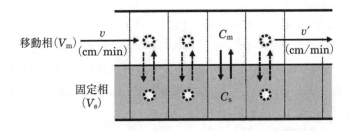

図 10.2 固定相および移動相間における試料物質の移動と分布

$$k' = \frac{\text{固定相中の物質量}}{\text{移動相中の物質量}} = \frac{C_s V_s}{C_m V_m} = \frac{K_D V_s}{V_m} \tag{10.3}$$

この k' を**質量分布比** mass distribution ratio または**キャパシティーファクター** capacity factor と呼び，物質の固定相への保持の指標となる．式（10.3）から，k' は K_D に比例することがわかる．したがって，全試料物質量のうち移動相に存在する**量比** R は，

$$R = \frac{C_m V_m}{C_s V_s + C_m V_m} = \frac{C_m V_m}{k' C_m V_m + C_m V_m} = \frac{1}{k'+1} \tag{10.4}$$

となる．物質は移動相速度に対して量比 R の分だけ移動するので，移動相の移動速度を v（cm/min）とすると，物質がカラム内を移動する速度 v'（cm/min）は，

$$v' = R \times v = \frac{v}{k'+1} \tag{10.5}$$

となる．したがって，カラム温度，移動相の組成，流速などの条件が同一の下で，長さ L のカラムを物質が通過する時間 t_R はカラムの長さに比例し，移動相のカラム通過時間 t_0（$= L/v$）とすると，

$$t_R = \frac{L}{v'} = \frac{L}{v} \times (k'+1) = t_0(k'+1) \tag{10.6}$$

となる．すなわち，保持時間は質量分布比に比例する．カラム長を 2 倍にすると保持時間は 2 倍（比例）になり，移動相速度を 2 倍にすると保持時間は 1/2（反比例）になるので，カラム長を 2 倍にして移動相速度を 2 倍にすると保持時間は変化しないことがわかる．

一方，物質を注入してからピーク頂点までに流れた移動相の体積を**保持容量** retention volume（V_R）という．移動相の流量を F（mL/min）とすると，$V_m = t_0 \times F$ なので，

$$V_R = t_R \times F = t_0(k'+1) \times F = V_m(k'+1) \tag{10.7}$$

式（10.3）より $k' = K_D V_s/V_m$ なので，

$$V_R = V_m \times \left(\frac{K_D V_s}{V_m} + 1\right) = K_D V_s + V_m$$

となり，保持容量は分配係数に（したがって，質量分布比や保持時間に）比例することがわかる．

2）分離パラメーター

A. 理論段数と理論段高さ

カラムを仮想的に多数の段（プレート）が連結したものと考える．その各段で 1 回ずつ固定相／移動相間で物質の分布平衡が達成され，移動相に存在する物質だけが次の段に順次送られ，新たな分布平衡と移動を繰り返すというモデルから溶出曲線を解析する理論をクロマトグラフィーの**段理論** plate theory といい，段の数を**理論段数** theoretical plate number（N）という．

理論段数は，カラム中における物質のバンドの広がりの度合いを示す．図 10.3 に示すように，N が大きいとピークは理論的に正規分布曲線になる．このとき，ピークの頂点から基線までの垂線の長さを**ピーク高さ** peak height（h），ピーク両側の変曲点で引かれた 2 本の接線で区切ら

れる基線の長さを**ピーク幅** peak width（W）という．W は正規分布曲線の標準偏差の 4 倍（4σ）に等しくなる．変曲点の位置はピーク高さの 0.607 倍の位置にあり，両変曲点間のピーク幅は W の半分（2σ）に相当する．また，ピーク高さの中点におけるピーク幅を**半値幅** peak width at half height（$W_{0.5h}$）といい，ピークが正規分布を示す場合，$W = 4\sigma = 1.7 W_{0.5h}$ の関係がある．したがって，理論段数は保持時間とピーク幅または半値幅から，次式によって求められる．

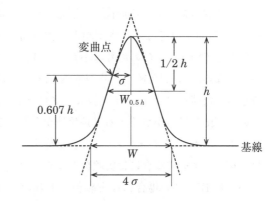

図 10.3 正規分布を示す理想的なピーク

$$N = \left(\frac{4 t_R}{W}\right)^2 = 16 \times \left(\frac{t_R}{1.7 W_{0.5h}}\right)^2 = 5.54 \times \left(\frac{t_R}{W_{0.5h}}\right)^2 \tag{10.8}$$

式（10.8）から，t_R が同じならば N が大きいほど W や $W_{0.5h}$ が小さくなる．すなわち，N が大きいカラムほどカラム効率がよい（シャープなピークが得られる）ことがわかる．したがって，理論段数は分離能の指標となり，カラムの性能評価に用いられる．しかし，理論段数はカラムの長さに比例するため，長さの異なるカラム間の性能評価には使用できない．このため，カラムの長さを理論段数で割った値，すなわち理論段 1 段当たりのカラムの長さである**理論段高さ**あるいは**理論段あたり高さ** height equivalent to a theoretical plate（HETP：H）が用いられる．この値が小さいカラムほどカラム効率が良く，シャープなピークが得られる．

$$H = \frac{L}{N} \tag{10.9}$$

ファンディームター Van Deemter は，理論段高さ H を移動相の流速 v の関数として次式で表した．

$$H = A + \frac{B}{v} + Cv \tag{10.10}$$

ここで，A は充填剤粒子の間隙で生じる渦流拡散（図 10.4）を示している．A は移動相の流速 v には無関係なので，形がそろった充填剤（理想的には同一直径の球状粒子）を細密充填すると渦流効果は小さくなり，H を小さくする（カラム効率を上げる）ことができる．B は主として移動相中における物質のカラム軸方向の分子拡散を示している．流速が遅いほど B/v が大きくなるため，細かい充填剤（直径が小さな球状粒子）を用いると，B の影響は小さくなり，カラム効率が良くなる．C はカラム断面における物質の固定相/移動相間の分配平衡の

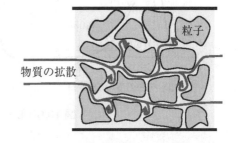

図 10.4 物質の移動における渦流拡散

遅れ（物質移動に対する抵抗）を示している．流速が速いほどCvは大きくなる．固定相が担体表面に薄く均一に分布していると，Cの影響は小さくなり，カラム効率が良くなる．式（10.10）に基づきHに及ぼす流速の影響を示した図をファン ディームタープロット（図10.5）という．Hを最も小さくする最適流速が存在することがわかる．ファン ディームター式は，k'が大きなガスクロマトグラフィーの場合には実験値とよく一致するが，k'が小さな HPLC の場合には実験値とそれほど一致しない．HPLC では流速を速くしてもHはそれほど大きくならないので，必要な理論段数や分析時間を考慮して，最適流速よりも速い流速で行う場合が多い．

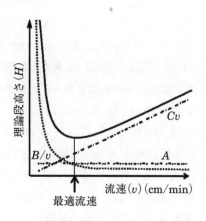

図10.5　ファン ディームタープロット

B．シンメトリー係数

ピークの対称性の度合いは，次式の**シンメトリー係数** symmetry factor（S）で表される．

$$S = \frac{W_{0.05h}}{2f} \tag{10.11}$$

$W_{0.05h}$：ピークの基線からピーク高さの 1/20 の高さにおけるピーク幅

f：$W_{0.05h}$のピーク幅をピークの頂点から記録紙の横軸に下ろした垂線で二分したときのピークの立ち上がり側の距離

試料に対して固定相と移動相の選択が適切であり，かつカラムが均一に充塡されているときは，ピークは正規分布型（$S=1$）を示す．しかし，尾を引くように後方に広がるピーク（テーリング，$S>1$）や前方に広がるピーク（リーディング，$S<1$）がしばしば見られる（図10.6）．テーリングやリーディングは近接ピーク間の分離の支障になるので，カラムの種類や移動相組成を変えるなどにより，左右対称性の良いピークが得られるように分析条件を選択する必要がある．

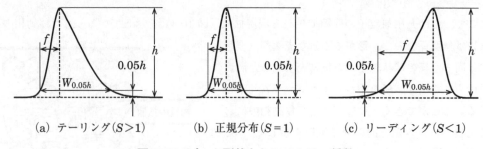

(a) テーリング（$S>1$）　　(b) 正規分布（$S=1$）　　(c) リーディング（$S<1$）

図10.6　ピーク形状とシンメトリー係数

C．分離係数

図10.1において，2成分 A，B のピーク相互の保持時間t_{RA}, t_{RB}の関係は，次式の**分離係数** separation factor（α）で表される．$\alpha=1$ ではピークは重なり，$\alpha>1$ で分離する．分離係数が

大きいほど分離能が良いといえる．

$$\alpha = \frac{t_{RB} - t_0}{t_{RA} - t_0} = \frac{k_B'}{k_A'} = \frac{K_{DB}}{K_{DA}} \quad (10.12)$$

分離係数は，分配の指標となり，2つの試料の分配係数または質量分布比の比で表される．

D．分離度

図 10.1 において，2 成分 A，B のピーク相互の保持時間 t_{RA}, t_{RB} とそれぞれのピーク幅 W_A, W_B との関係は，次式の**分離度** resolution (R_s) で表される．2 つの物質の保持時間の差が同一であれば，ピークが鋭い（$W_{0.5h}$ が小さい）ほど分離度は大きい．

$$R_s = \frac{2(t_{RB} - t_{RA})}{W_B + W_A} = \frac{2(t_{RB} - t_{RA})}{1.70(W_{0.5hB} + W_{0.5hA})} = \frac{1.18(t_{RB} - t_{RA})}{W_{0.5hB} + W_{0.5hA}} \quad (10.13)$$

ピーク高さやピーク幅が等しい2つのピークについて，R_s = 1.0，1.25，1.5 における両成分の重なりの度合いを図 10.7 に示す．R_s = 1.0 のとき W は標準偏差 σ の4倍に相当し，2つのピークはそれぞれのピークの中心から 2σ のところで重なり合う．このとき，両成分ともピークの内側に含まれる確率は 95.44% で，2成分は 2.28% ずつ重なり合う．同様に，R_s = 1.25 と 1.5 では，それぞれ 2.4σ，3.0σ のところで重なり合い，ピークの内側に含まれる確率はそれぞれ 98.39%，99.74% で，2成分はそれぞれ 0.82%，0.13% ずつ重なり合う．日本薬局方では，R_s = 0 のときピークは完全に重なり，ピークが完全に分離するとは，R_s が 1.5 以上を意味すると規定されている．

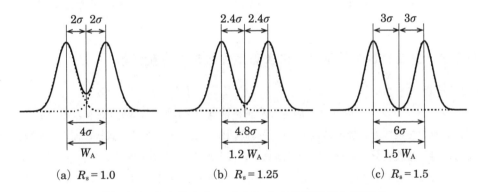

図 10.7　2 成分 A と B のピークの分離状態と分離度

E．分離パラメーター相互の関係と分離の改善

以上に述べた関係式から，クロマトグラフィーにおいて，同一条件下で同じ固定相の充填剤を詰めたカラムの長さ L (cm) を2倍にすると，保持時間 (t_R)，保持容量 (V_R)，理論段数 (N) は2倍になり，分離度 (R_s) とピーク幅 (W) は $\sqrt{2}$ 倍になるが，質量分布比 (k')，シンメトリー係数 (S)，理論段高さ (H)，分離係数 (α) は変化しない．また，N を大きくする（理論段数の高いカラムを選ぶ，カラムを長くする，流速を最適化する），分離係数を増加する（選択性の高いカラムを選ぶ，移動相条件を変えて片方の成分の保持を大きくする）などで，ピーク分離を改善することができる．

> **■ 例題 1　クロマトグラフィーの分離パラメーター**
> クロマトグラフィーにおいて，カラムの長さが2倍になると値が2倍になるものはどれか．
> (1) 質量分布比
> (2) 保持時間
> (3) 分離係数
> (4) 理論段高さ
> (5) シンメトリー係数

解答と解説　(2)

(1) 質量分布比は，固定相の種類，移動相の組成，カラム温度などの分析条件が同じであれば，物質固有の値を示し，移動相の流速やカラムの長さに関係なく一定の値となる．
(2) カラムの長さを L，物質の移動速度を v とすると，保持時間は $t_R = L/v$ で示される．保持時間とカラムの長さは比例するので，カラムの長さが2倍になると，保持時間も2倍になる．
(3) 分離係数 α はピーク相互の保持時間の関係を示し，カラムの長さが2倍になると，2つの成分の保持時間もそれぞれ2倍になるため，分離係数は変わらない．
(4) カラムの長さ L が2倍になると理論段数 N も2倍になるので，理論段高さは変わらない．
(5) カラムを長くしても保持時間とピーク幅が広がるだけで，ピークの対称性には影響しない．

10.1.3　クロマトグラフィーによる定性分析と定量分析

1) 定性分析

同一クロマトグラフィー条件下で測定した試料物質の保持時間は物質固有の値を示す．したがって，試料の被検成分と標準被検成分の保持時間が一致することや，試料に標準被検成分を添加しても試料の被検成分のピーク形状が崩れないことから，成分の同定確認を行うことができる．ただし，異なる成分でもたまたま同じ保持時間を示す場合があるので，固定相の種類や移動相条件を変更するか，原理の異なる検出器を使用するなど，異なる分析条件下でも確認を行うことが望ましい．また，検出器に質量分析計を利用すると，信頼性の高い定性分析を行うことができる．

2) 定量分析

同一クロマトグラフィー条件において，ピーク高さやピーク面積が，それぞれの成分量と比例関係にあれば，その関係を表した**検量線** calibration curve から，成分の定量ができる．ピーク高さの場合，ピーク高さ h を直接測るピーク高さ法と，データ処理装置を用いてピーク高さとして測定する自動ピーク高さ法がある．ピーク面積測定法には，半値幅 $W_{0.5h}$ にピーク高さ h を乗じてピーク面積を近似的に求める半値幅法と，データ処理装置を用いてピーク面積を計算する自動積分法がある．また，検量線を用いる定量分析には，図10.8に示す**内標準法** internal

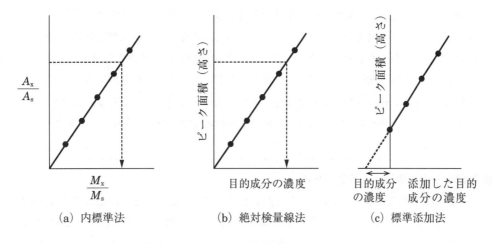

図 10.8 検量線の種類

standard method，**絶対検量線法** absolute calibration curve method（**外部標準法** external standard method ともいう），**標準添加法** standard addition method がある．

A. 内標準法

段階的に濃度の異なる標準被検成分を含む数種の標準液（標準被検成分の量を M_x とする）を調製し，これらに既知量（M_s）の内標準物質を加える．これらより得られたクロマトグラムから，ピーク面積比（またはピーク高さ比）=標準被検成分のピークの面積（または高さ）/内標準のピークの面積（または高さ）を求め，各標準溶液中の標準被検成分量と内標準物質量の比 M_x/M_s に対してプロットし，検量線を作成する．試料溶液に同様に内標準を加えてピーク比を求め，検量線から試料中の被検成分量を求める．添加した内標準物質の量は既知なので被検成分量を求めることができる．試料溶液の注入量も既知なので，試料溶液中の被検成分の濃度もわかる．内標準物質の添加量が常に一定であれば，M_x/M_s の代わりに標準溶液の濃度を横軸にとり，試料溶液の濃度を直接求めることもできる．本法は，試料の注入量が一定でなくてもよく，信頼性も高く操作も簡単である．内標準物質には，被検成分に近い保持時間をもち，被検成分と物理化学的性質が類似し，被検成分と完全に分離する安定な物質を選ぶ必要がある．

B. 絶対検量線法

段階的に濃度の異なる標準被検成分を含む数種の濃度の標準液を調製し，これらより得られたクロマトグラムから，ピーク高さまたはピーク面積を縦軸に，標準被検成分量を横軸にとってプロットし，検量線を作成する．絶対検量線法は，適当な内標準物質が見つからないときにも適用でき，操作が簡便であるが，試料の前処理から注入量に至るまでの全操作を厳密に一定に保って行う必要がある．したがって，内標準法に比べて測定誤差が生じやすい．

C. 標準添加法

試料溶液から4個以上の一定量の液を正確に取り，この各採取液（1個を除く）に段階的に濃

度既知の標準被検成分を加えて数種の標準添加試料溶液を調製する．これらより得られたクロマトグラムから，ピーク面積（またはピーク高さ）を縦軸に，添加した標準被検成分量を横軸にとってプロットする．得られた直線と横軸との交点と原点との距離から，被検成分量を求める．本法は，絶対検量線法と同様に全操作を厳密に一定に保つ必要がある．また，絶対検量線法よりも操作が煩雑で，測定に要する試料溶液量も多くなるが，適当な内標準物質が見つからない場合や，ピークの分離が不十分な場合，測定対象物質以外の成分の影響が無視できない場合などに利用される．

■ **例題 2　内標準法による定量分析**

化合物 A を含む医薬品 20.0 mg を水に溶かして全量を 100 mL とし，この溶液 1.0 mL を正確に量り，一定既知量の内部標準液 1.0 mL を加えて HPLC で分析したところ，内部標準に対する化合物 A のピーク面積比は 0.50 であった．別に，0.05〜0.5 mg/mL の化合物 A の標準液 1.0 mL に同量の内部標準液を加えて HPLC により検量線を作成したところ，回帰直線式は $y = 2.5x + 0.01$（x：化合物 A の標準液の濃度（mg/mL），y：内部標準に対する化合物 A のピーク面積比）であった．本医薬品に含まれる化合物 A の含量（%）は次のどれか．最も近い値を選べ．

(1) 95.0%　　(2) 96.0%　　(3) 97.0%　　(4) 98.0%　　(5) 99.0%

解答と解説　(4)

医薬品試料溶液の濃度は 0.200 mg/mL であり，検量線には 0.05〜0.5 mg/mL の濃度の化合物 A の標準液を用いている．試料溶液と標準液には同量の内部標準を加えているので，試料溶液の内部標準に対する化合物 A のピーク面積比が 0.50 であることから，$y = 0.50$ を検量線の回帰直線式に代入して，この医薬品中には $x = (0.50 - 0.01)/2.5 = 0.196$（mg/mL）の化合物 A が含まれることがわかる．したがって，本医薬品に含まれる化合物 A の含量（%）$= (0.196/0.200) \times 100 = 98.0$．

10.2　液体クロマトグラフィー（LC）

10.2.1　高速液体クロマトグラフィーの装置

高速液体クロマトグラフィー（HPLC）では，耐圧性に優れた粒度の細かい充填剤を使用して移動相を高速で流すことにより，従来のカラムクロマトグラフィーに比べてはるかに迅速かつ高性能な分離分析を行うことができる．図 10.9 に示すように，高速液体クロマトグラフは，移動相送液ポンプ，試料導入装置（インジェクター），カラム，検出器および記録計（データ処理装置）からなる．必要に応じて移動相組成制御装置，カラム恒温槽，反応試薬送液用ポンプおよび化学反応装置などを用いる．

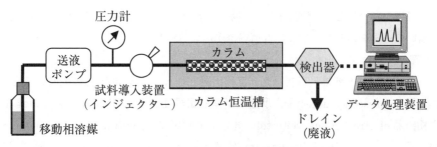

図 10.9 HPLC 装置の構成

1) 移動相送液ポンプ

移動相送液ポンプは，高圧下で移動相を一定流量で精度よく送液できることが必要である．分析用ポンプの耐圧は通常 40 MPa で，流量は 0.2 ～ 2 mL/min 程度である．最近では，充塡剤の微細化やカラムのダウンサイジングにより，100 MPa 以上の耐圧性能や低流量（0.1 mL/min やそれ以下）での送液安定性をもったポンプも開発されている．ポンプの押し出す部分が 2 つあるダブルプランジャー方式のポンプが主流であり，ポンプを 2 台以上繋いで溶媒の混合比を変化させることもできる．

2) 試料導入装置（インジェクター）

マイクロシリンジでサンプルループ内に試料を入れ，レバーを切り替えて手動で試料を注入するマニュアルインジェクターと，シリンジで計量し自動的に注入できるオートインジェクターがある．また，自動式のオートサンプラーでは，多数の試料を連続的に一定間隔で注入するために，試料はウェルプレートや複数のバイアルに入れて装置内にセットするようになっている．

3) カラム

HPLC 用カラムには，通常，粒子径 2 ～ 10 μm の球状の分離用充塡剤を内径 2 ～ 8 mm のステンレス管に細密均一に充塡したものが用いられる．充塡剤には，表面多孔性型（ペリキュラー型）と全多孔性型（ポーラス型）があり，通常，基材としては耐圧性に優れたシリカゲルが用いられる．最近では，粒子径 2 μm 以下という高性能充塡剤が開発され，短時間で高分離が得られるようになっている．内径を 1 ～ 2 mm と細くしたミクロカラムや内径 0.3 mm 程度のキャピラリーカラムも使用されている．これらカラムのダウンサイジングは，試料の微量化や質量分析計との結合，溶媒消費量の低減などの点で有効である．

一般に，粒子径が小さいほどピークの分離能は良くなるが，小さくしすぎると送液に必要なポンプの圧力が高くなり，送液が困難になるので実用に適さない．化学結合型シリカゲル充塡剤は，シリカゲル表面に露出しているシラノール基（Si-OH）に固定相リガンド分子を化学結合したものである．アルカリ性条件下ではシリカゲルが溶解しやすく，酸性条件下では加水分解反応により固定相リガンド分子が解離するおそれがあるので，移動相の pH 範囲が 2 ～ 7.5 に制限される．最近では，pH 10 ～ 11 程度までの移動相でも使用できる耐アルカリ性に優れたシリカゲル系充塡剤も市販されている．

カラムの温度が変わると，試料成分の溶出時間に変化が生じる．そこで，溶出時間を安定させ，再現性の高いデータを得るためにカラム恒温槽が用いられる．

4）検出器

HPLC 用検出器には，**紫外・可視吸光光度検出器** ultraviolet-visible absorption detector，**蛍光光度検出器** fluorescence detector，**示差屈折率検出器** differential reflective index detector，**電気化学検出器** electrochemical detector，**化学発光検出器** chemiluminescence detector，**電気伝導度検出器** electric conductivity detector，**質量分析計** mass spectrometer（MS）などがある．主な検出器の特徴を表 10.2 に示す．

表 10.2　HPLC の検出器および応用例

検出器	特　徴	応用例
紫外・可視吸光光度検出器	紫外・可視部に吸収をもつ有機・無機化合物の検出に広く用いられる．測定波長の固定型と可変型，二波長同時測定できるものがある．また，フォトダイオードを多数並べ，流れの中で各成分のスペクトルが測定できるフォトダイオードアレイ検出器は，三次元クロマトグラムやマルチクロマトグラム解析が可能である．	誘導体化試薬：ニンヒドリン，フェニルイソシアナートなど 医薬品：風邪薬，アミノ酸類，水溶性ビタミン類，その他
蛍光光度検出器	蛍光性物質を特異的かつ高感度に測定する検出器であり，励起側にバンドパスフィルター，蛍光側にカットオフフィルターを装着したフィルター型と，励起側，蛍光側に回折格子を装着した分光型がある．キセノンランプを用いて任意の励起，蛍光波長が選択できる蛍光分光検出器が選択性や感度の点で優れる．	誘導体化試薬：オルトフタルアルデヒドなど 医薬品：アミノ酸類，ノルゲストレル，エチニルエストラジオール錠，その他
示差屈折率検出器	試料側と対照側の屈折率の差を連続的に検出する方法で，偏光型とフレネル型がある．前者が一般的で，広範囲の試料に適用でき，類似化合物間で感度の差がほとんどない．他の検出器に比べて感度は低いが，糖類は比較的感度よく検出できる．	糖類：マルトース，ラクツロース，スクラルファートなど
電気化学検出器	定電位で酸化または還元によって生じる電流を測定する検出器で，ボルタンメトリー型とアンペロメトリー型がある．酸化または還元作用のある物質を高感度に検出できる．	カテコールアミン類
化学発光検出器	溶出液に化学発光用試薬を加えて，フローセルで発光を測定する超高感度な検出器である．化学発光は，原子あるいは分子どうしの反応によって発光するものであり，光励起によらない発光である．	過シュウ酸エステル発光 ルミノール発光 ルシゲニン発光
電気伝導度検出器	溶出液の電気伝導度の変化を測定するものであり，無機イオンや有機イオンの検出に用いられる．	イオン性物質
質量分析計	サーモスプレーイオン化法やエレクトロスプレーイオン化法などを利用して質量分析計と連結し，ピークの質量スペクトルや選択イオンの検出により，分離成分の構造解析や高感度，選択的検出・定量が可能である．	医薬品および代謝物

10.2.2 分離機構と測定法

1）液体クロマトグラフィーの分離機構

図 10.10 に HPLC の原理図を示す．複数の異なる成分を含む混合物試料を分析カラムへ注入すると，移動相の流れとともに固定相と相互作用しながら移動相とともに移動する．このとき，各成分と固定相との相互作用の強さが異なると，強く相互作用する成分はゆっくりと移動し，弱く相互作用する成分は速く移動する．そのため，各成分は相互に分離してカラムから溶出し，順次，検出器に到達してピークとして検出される．分離モードに吸着，分配，イオン交換，サイズ排除（分子ふるい），アフィニティー，光学異性体などを利用したカラムが用いられる（図 10.11）．

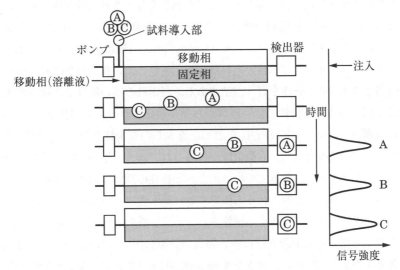

図 10.10　HPLC の原理図

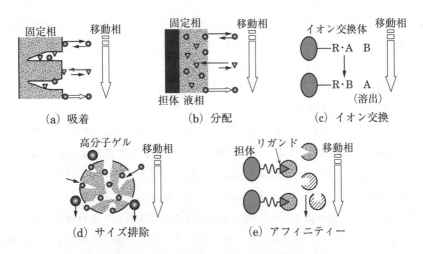

図 10.11　HPLC による種々の分離モード

A. 吸着クロマトグラフィー

試料物質と固定相の充填剤表面との可逆的な物理吸着を利用する方法である．充填剤としてシリカゲル（SiO_2）やアルミナ（Al_2O_3）などの多孔性の吸着剤が用いられ，充填剤そのものが固定相である．シリカゲルへの吸着は，シリカゲル表面のシラノール基と試料物質との間にはたらく水素結合や静電的相互作用，アルミナへの吸着は水素結合やπ-π相互作用に基づく．吸着した成分は，固定相の吸着剤に対する親和性と移動相の溶媒に対する親和性の相違によって，移動相の流れの中で分離される．移動相にはヘキサン，ジクロロメタン，ベンゼンなどの極性の低い有機溶媒を用いる．極性の高い物質ほど強く保持され，極性の低い溶質から順に溶出される．

B. 分配クロマトグラフィー

固定相に含まれる液体と移動相溶媒との間で試料物質を分配させ，分配係数の違いによって分離する方法である．固定相と移動相の組合せによって，**順相クロマトグラフィー normal phase chromatography** と**逆相クロマトグラフィー reversed phase chromatography** がある．

順相クロマトグラフィーは，親水性の高い固定相と極性の低い移動相を組み合わせて，目的成分の親水性の高さに基づいた分離を行う方法である．親水性の高い物質ほど保持が強く，親水性の低い成分ほど保持が弱く，極性の低い溶質から順に溶出される．順相系 HPLC では，担体表面に親水性置換基（$-NH_2$，$-CN$，$-OH$ など）を導入した親水性充填剤，移動相には吸着クロマトグラフィーと同様に極性の低い有機溶媒が使用され，弱～中極性物質の分離に用いられる．

逆相クロマトグラフィーは，疎水性の高い固定相と極性の高い移動相を組み合わせて，目的成分の疎水性の高さに基づいた分離を行う方法である．疎水性の高い物質ほど固定相への保持が強く，疎水性の低い成分ほど保持が弱く，極性の高い溶質から順に溶出される．したがって，逆相クロマトグラフィーは，比較的疎水性の高い物質の分離に用いられる．逆相系 HPLC では，固定相にオクタデシル基（$-C_{18}H_{37}$），オクチル基（$-C_8H_{17}$），フェニル基などを疎水性リガンドとして導入した化学結合型シリカゲル充填剤が繁用され，移動相には水と極性有機溶媒（メタノールなどの低級アルコールやアセトニトリルなど）を適当な割合で混合したものが使用される．

図 10.12 にシリカゲルおよびオクタデシル基を導入した ODS 充填剤（C_{18}）の表面構造を示す．シリカゲルを充填剤として用いる場合，シリカゲル表面に含まれる水が固定相となり移動相との間で分配現象が生じるため，上記の吸着現象と明確に区別できない場合には**分配・吸着クロマトグラフィー partition adsorption chromatography** と呼ばれることもある．

C. イオン交換クロマトグラフィー

セルロースやシリカゲルなどの担体に，$-SO_3^-$ のような交換基を導入した**陽イオン交換体** cation exchanger や $-NR_3^+$ のような交換基を導入した**陰イオン交換体** anion exchanger を固定相とし，塩濃度や pH を調整した緩衝液を移動相に使用する方法である．移動相中の交換基とは異符号のイオン性物質は，固定相のイオン交換体とイオン交換して静電的相互作用によって保持される．酸性基のイオン交換体を用いて陽イオン性物質の分離を行うクロマトグラフィーを陽イオン交換クロマトグラフィー，塩基性基のイオン交換体を用いて陰イオン性物質の分離を行うも

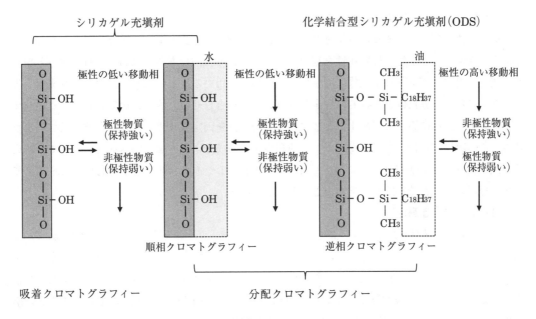

図 10.12 シリカゲルをベースにした充塡剤による吸着および分配クロマトグラフィー

のを陰イオン交換クロマトグラフィーという．イオン交換体には，有機合成ポリマー（ポリスチレン，ポリビニルアルコール，ポリアクリルアミドなど），無機系物質（シリカゲル，ハイドロキシアパタイトなど）のほか，多糖物質（セルロース，デキストラン，アガロースなど）が用いられる．アミノ酸分析計では，アミノ酸は両性化合物であるので，移動相のpHによって陽イオンまたは陰イオンとなるが，等電点より酸性側では陽イオンとして挙動するため，通常，陽イオン交換体を固定相，弱酸性の緩衝液を移動相として，緩衝液のpHを段階的に上げて分離を行う．その結果，酸性アミノ酸，中性アミノ酸，塩基性アミノ酸の順にカラムから溶出する．

D．サイズ排除クロマトグラフィー

固定相に立体的な網目構造（三次元構造）をもつ多孔性高分子ゲルを充塡剤として用いる方法である．孔径より大きい分子は充塡剤粒子の細孔に浸入できないので排除されて（分子ふるい）早く溶出するが，小さな分子は細孔の内部まで浸入できるので遅れて溶出する．分子の大きさによって分離するため，**サイズ排除クロマトグラフィー** size exclusion chromatography あるいは**分子ふるいクロマトグラフィー** molecular sieve chromatography とも呼ばれる．水溶性物質を水系溶媒で分離するゲルろ過クロマトグラフィーと，疎水性物質を有機溶媒で分離するゲル浸透クロマトグラフィーに分類される．前者はマイルドな条件で分離を行えるので，タンパク質，核酸，多糖類などの生体高分子の分離に利用され，基材には多糖（デキストラン，アガロースなど）や親水性合成ポリマー（ポリアクリルアミド，ポリビニルアルコールなど）が用いられる．後者は，有機系合成ポリマーの分離分析などにも使用される．

E. アフィニティークロマトグラフィー

抗原と抗体，酵素と基質または阻害剤，受容体と生理活性物質や薬物，糖とレクチンなどのように，選択性の高い生物学的親和性を利用して分離を行う方法である．試料中の目的成分と親和性の高い物質（リガンド）を担体に固定化した充填剤を用いることにより，不要な共存成分を素通りさせて目的成分だけを選択的に固定化リガンドに結合させる．次に，固定化していないリガンド物質を移動相に添加して流すことにより，目的成分を固定化リガンドから遊離させて溶出させる．この溶出法以外にも，リガンドへの親和性が目的成分よりも強い物質を流すことで目的成分を固定化リガンドから置換して溶出させる方法や，pH やイオン強度など移動相組成を変えて親和力を弱めることで目的成分を溶出させる方法もある．

2) HPLC による測定法

HPLC は，液体試料または溶液にできる試料に適用でき，カラムを高温にする必要がないので，熱に不安定なものでも分析可能である．移動相を規定の流量で流し，カラムを規定の温度に平衡化したのち，一定量の試料溶液または標準溶液を試料導入部より注入する．溶出は，移動相の組成を一定にして行う**一液溶離法**（定組成溶離法）isocratic elution，段階的に組成を変える**段階溶離法** stepwise elution，連続的に組成を変える**勾配溶離法** gradient elution で行われる．分離された成分は検出器によって測定され，記録装置を用いてクロマトグラムとして記録される．分離されたピーク成分は，データ処理装置を用いてそのピーク高さやピーク面積が測定される．HPLC により，標準成分とのピーク保持時間の一致による定性分析，検量線を用いる定量分析ができる．

検出が困難な場合には，検出器に適した物性（吸収，蛍光など）をもつよう適当な誘導体化を行う．誘導体化法には，試薬との反応をカラムに試料を注入する前に行う**プレカラム誘導体化法** precolumn derivatization と，試薬との反応をカラム溶出後に行う**ポストカラム誘導体化法** postcolumn derivatization がある．プレカラム法は，試薬によるカラムの汚染や溶離液の性状の変化などの問題がある．ポストカラム法はこのような問題は少ないが，カラムと検出器の間に反応コイルが入るため，ピーク幅が広がる可能性がある．アミノ酸の誘導体化として，ニンヒドリンによる呈色反応がよく知られているが，アミノ基の蛍光ラベル化剤であるオルトフタルアルデヒド（OPA）や NBD-F（7-fluoro-4-nitrobenzo-2-oxa-1,3-diazole）などを用いると，より高感度な分析が可能である．

3) HPLC による光学異性体の分離

光学異性体 optical isomer は化学的性質に差はないものの，受容体や酵素などの生体内高分子がキラル識別能を示すため，光学異性体間で生理活性や薬理効果の強さが異なったり，代謝経路や代謝速度も異なることがある．したがって，光学異性体の生理活性や薬理効果，薬物動態研究には**光学分離** chiral separation の技術が欠かせない．HPLC による**鏡像異性体**（エナンチオマー enantiomer）の光学分離法として，キラル移動相法およびキラル固定相法の直接分離法と，ジアステレオマー誘導体化法がある．

10.2 液体クロマトグラフィー（LC）

キラル移動相法は，シクロデキストリンやキラルクラウンエーテルなどのキラル識別能をもつ光学活性物質を**キラルセレクター** chiral selector として移動相に添加して，エナンチオマーをジアステレオメリックな複合体として分離する方法である．キラル固定相法は，固定相に多糖類（セルロースやその誘導体など）やタンパク質（アルブミンなど）などのキラルセレクターをキラルリガンドとして結合または保持させたキラルカラムを用いて，ジアステレオメリックな複合体形成により分離を行う方法である．エナンチオマーを ODS のようなキラルではない固定相で互いに分離することはできないが，キラル試薬と反応させて不斉中心を2箇所ないしそれ以上もつジアステレオマー誘導体に変換すると，キラルでない固定相でも容易に分離できるようになる．このジアステレオマー誘導体化法には，通常の固定相を使用できるという利点があるが，反応操作が煩雑であり，試薬の純度や反応中のラセミ化に注意する必要がある．

■**例題 3　液体クロマトグラフィーの分離機構**

液体クロマトグラフィーの分離に関する記述のうち，正しいものを2つ選べ．
(1) サイズ排除クロマトグラフィーを用いると，グリシンはグロブリンよりも早く溶出する．
(2) 陽イオン交換クロマトグラフィーを用いると，グリシンはリシンよりも遅く溶出する．
(3) 順相分配クロマトグラフィーを用いると，ベンゼンはフェノールよりも早く溶出する．
(4) 逆相分配クロマトグラフィーでイオン対試薬を用いると，極性物質の溶出時間は遅くなる．
(5) ODS カラムを用いる逆相分配クロマトグラフィーで，光学異性体を直接分離できる．

解答と解説　(3), (4)

(1) 孔径より小さい分子はゲル内に浸透するが，大きい分子は排除されるので，分子の大きいものから順に溶出する．したがって，アミノ酸のグリシンはタンパク質のグロブリンよりも遅く溶出する．
(2) 陽イオン交換樹脂は，酸性物質や中性物質よりも陽イオン性の塩基性物質を強く保持するため，中性アミノ酸のグリシンは塩基性アミノ酸のリシンよりも早く溶出する．
(3) 順相分配クロマトグラフィーの固定相は親水性で，極性の高いものほど強く保持される．したがって，フェノールよりも極性の低いベンゼンの方が早く溶出する．
(4) 逆相分配クロマトグラフィーの固定相は極性の低いものほど強く保持するので，極性物質とは反対符号の電荷をもつイオン対試薬を加えると，極性物質の疎水性が増大し，溶出時間は遅くなる．
(5) 光学異性体は，キラル試薬と反応させて不斉中心を2箇所以上もつ立体異性体（ジアステレオマー）に変換して分離するか，キラル固定相を用いて直接分離することができる．しかし，ODS のようなキラルでない固定相では，光学異性体を直接分離することはできない．

10.3 ガスクロマトグラフィー (GC)

10.3.1 ガスクロマトグラフィーの装置と検出器

ガスクロマトグラフは，キャリヤーガス導入部および流量制御装置，試料導入装置，カラム，カラム恒温槽，検出器およびデータ処理装置からなる（図10.13）．

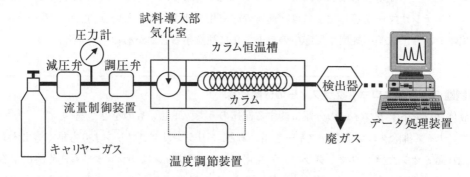

図10.13　ガスクロマトグラフの構成

1）キャリヤーガス

移動相（キャリヤーガス）には，高純度の窒素，ヘリウム，アルゴン，水素などの不活性ガスが用いられる．LCでは移動相組成を変更することで分離の改善や保持時間を最適化することができたが，GCでは移動相の種類を変えても溶出順序が変わることはなく，カラム内径や長さ，充填剤（固定相）の種類や濃度，粒子径，カラム温度，キャリヤーガスの流量を調整することにより，保持や分離を最適化することができる．

2）試料導入

GCは気体試料または気化できる試料に適用でき，気体試料（0.5〜数 mL）は専用のガス導入装置かガスタイトシリンジを用いて注入する．液体試料（0.1〜数十 μL）は，GC用マイクロシリンジを用いる．また，固体試料は専用の試料導入装置かヘッドスペース法により固体試料から気化したガスを直接注入する．試料導入部気化室は，一般にカラム恒温槽内の温度よりも20〜30℃高い一定温度に設定されており，ここで気化した試料成分はキャリヤーガスとともに分析カラムへ移動する．ただし，高温時の成分の分解には注意が必要である．なお，キャピラリーカラムに全量注入すると試料バンドが広がりピークがブロードになるため，通常，注入試料の一部だけをカラムに導入するスプリット注入法や，濃縮効果でほぼ全量注入できるスプリットレス注入法またはコールドオンカラム注入法などが用いられる．

3）カラム

分離には吸着または分配を利用した方法があり，不活性な金属やガラス管に固定相粒子を充填した**パックドカラム** packed column，または不活性な細管の内壁に固定相液体をコーティングした**中空キャピラリーカラム** capillary column が用いられる（図10.14）．

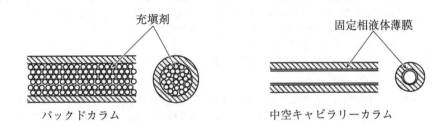

図10.14　ガスクロマトグラフィー用カラム

パックドカラムは，内径2〜6 mm，長さ0.5〜20 mの不活性な金属やガラス管に充填剤を詰めたものである．吸着型充填剤にはシリカゲル，活性炭，アルミナ，合成ゼオライト，分配型充填剤には，ケイソウ土，耐火れんが，ガラス，石英，合成樹脂などの不活性な担体の表面に固定相液体の薄膜を保持させたものが用いられる．固定相液体には，高級脂肪酸エステル，ポリエチレングリコール，ポリメチルシロキサンなどが用いられ，試料成分の保持に影響する．

キャピラリーカラムは，内径0.1〜0.5 mm，長さ10〜200 mの不活性な金属やガラスまたはフューズドシリカ管の内面に固定相液体をコーティングまたは化学結合させた中空構造のもので，パックドカラムより長いものが使えるため，分離能が高い．

4）検出器

ガスクロマトグラフィー用検出器には，**熱伝導度検出器** thermal conductivity detector（TCD），**水素炎イオン化検出器** flame ionization detector（FID），**電子捕獲検出器** electron capture ionization detector（ECD），**炎光光度検出器** flame photometric detector（FPD），**アルカリ熱イオン化検出器** alkali flame thermoionic detector（FTID），**質量分析計** mass spectrometer（MS）などがある．主なGC検出器の特徴と模式図を表10.3と図10.15に示す．

表 10.3　ガスクロマトグラフィーの検出器およびその特徴

検出器	原　理	検出できる化合物	キャリヤーガス	検出限界
熱伝導度検出器 (TCD)	対照セルと試料セルとの間の熱伝導度の差を検出する方法である．試料注入前にはキャリヤーガスのみが両セルを通過し，平衡を保っているが，試料を注入すると熱伝導度が小さくなるので，その差を増幅して検出する．	ほとんどすべての無機，有機化合物（亜酸化窒素，二酸化炭素等）	ヘリウム，水素，窒素，アルゴンなど	1000～10000 pg
水素炎イオン化検出器 (FID)	有機物が水素と空気の混合気体の炎の中で燃焼すると，炭素はイオン化し電極間にイオン電流が流れるので，これを電圧に変換，増幅して検出する．同族体では，炭素数に比例した感度を示す．無機化合物には応答しない．	C-H 結合を有する有機化合物（カンフル，ミグレニン，プリミドン，ハロタン等）	窒素，ヘリウムなど	100 pg
電子捕獲検出器 (ECD)	^{63}Ni などから放出された β 線とキャリヤーガスが衝突して熱電子を生じ，一定の電流が流れる．ここに電子親和性の物質が入ると，熱電子を捕獲して陰イオンを生じ，キャリヤーガス陽イオンと結合して電流が減少するので，これを信号に変換して検出する．	有機ハロゲン化合物，ニトロ化合物等（有機塩素系農薬，大気中フロン等）	窒素など	0.1 pg
炎光光度検出器 (FPD)	リンや硫黄を含む化合物を水素炎中で燃焼すると，特異的な波長の光を発するので，光学フィルターを通してこの光のみを分光し，光電子増倍管で増幅して検出する．	リン化合物，硫黄化合物（有機リン系農薬等）	窒素など	1～10 pg
アルカリ熱イオン化検出器 (FTID)	水素炎でケイ酸ルビジウムなどのアルカリ金属を加熱すると熱イオンを生じ，リンや窒素を含む化合物と反応して電子移動を引き起こし，イオン電流が流れるので，これを増幅し検出する．	有機窒素化合物，有機リン化合物（カルバメート系農薬，カフェイン，ニコチン等）	窒素，ヘリウムなど	0.1～1 pg
質量分析計 (MS)	インターフェイスを介して質量分析計を連結させたもので，電子イオン化法や化学イオン化法などが用いられる．分離成分の構造解析や高感度，選択的検出・定量が可能である．	ほとんどすべての有機化合物（ダイオキシン，代謝物等）	ヘリウムなど	0.1～1 pg

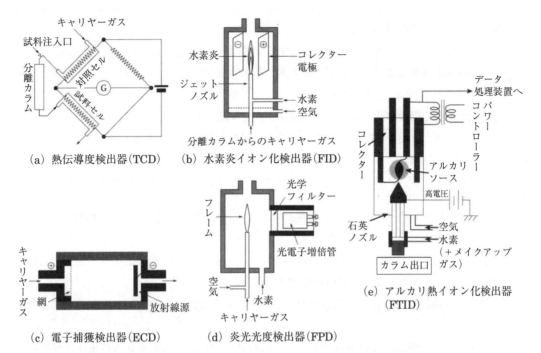

図 10.15　主なガスクロマトグラフィー用検出器の模式図
（中澤裕之・片岡洋行・四宮一総 編（2015）わかりやすい機器分析学　第3版，p.250，廣川書店）

10.3.2　測定法

　キャリヤーガスを一定の流量で流し，カラムを規定の温度に平衡化したのち，一定量の試料溶液または標準溶液を試料導入部より注入する．溶出は，カラム温度を一定に保って行う**恒温分析** isothermal analysis と，低温から高温へと一定速度でカラム温度を上げながら行う**昇温分析** temperature programming analysis がある．恒温分析では保持時間の大きいものほどピーク幅が広くなるが，昇温分析は溶出時間を短縮でき，沸点に開きのある混合物の分析に適している．分離された成分は，クロマトグラムとして記録し，データ処理装置でピーク高さやピーク面積を測定する．分析される成分が不揮発性であるか熱に不安定な場合には，GC へ導入する前に，トリメチルシリル化などにより熱安定性の高い揮発性誘導体に変換すれば分析ができる．

　GC においても HPLC と同様に標準成分とのピーク保持時間の一致による定性分析ができる．しかし，GC における保持時間の再現性は HPLC より劣る場合が多く，物質の確認には保持時間よりも適当な基準物質の保持時間との比（相対保持比）を用いることが多い．また，定性分析の信頼性を向上させるためには，異なる種類のカラムでの GC 分析，試料と標準物質の同じ反応による誘導体化 GC 分析，さらに MS や ECD，FPD，FTID などの選択性の高い検出器による検出が有効である．一方，GC で定量分析を行う際の検量線は HPLC に準じて作成できる．

第10章 クロマトグラフィーと電気泳動法

> ■ **例題4** ガスクロマトグラフィー
> ガスクロマトグラフィーの溶出順序に関する記述のうち，正しいものを2つ選べ．
> (1) 移動相の種類によって，試料成分の溶出順序が変化することがある．
> (2) 固定相の種類によって，試料成分の溶出順序が変化することがある．
> (3) 試料成分を誘導体化すると，溶出順序が変化することがある．
> (4) 定温分析と昇温分析で，試料成分の溶出順序が変化することがある．
> (5) 検出器の種類によって，試料成分の溶出順序が変化することがある．

解答と解説 (2), (3)

(1) 移動相（キャリヤーガス）には不活性ガスが用いられ，その種類によって溶出時間は変わっても溶出順序が変化することはない．

(2) 固定相には吸着型または分配型充填剤が用いられるが，その種類によって質量分布比は異なるため，溶出時間や溶出順序が変化することがある．

(3) 誘導体化部位の数によって化合物の大きさや性質が変わり，溶出順序が変化することがある．

(4) 定温分析と昇温分析で溶出時間とピーク幅は変化するが，試料成分の溶出順序が変化することはない．

(5) 検出はカラムでの分離後の問題であり，検出器の種類を変えても，検出感度や特異性が変わるだけで，試料成分の溶出順序は変わらない．

10.4 その他のクロマトグラフィー

10.4.1 薄層クロマトグラフィー（TLC）

適当な固定相で作られた薄層を用いて，混合成分を移動相で展開させてそれぞれの成分に分離する方法であり，物質の確認または純度試験などに用いられる．TLC装置の概要を図10.16に示す．

1) 薄層板の調製

通常，50 mm × 200 mm または 200 mm × 200 mm の平滑で均一な厚さのガラス板またはプラスチック板の片面に，固定相（シリカゲル，セルロース，アルミナなど）粉末を水で懸濁した液を 0.2 〜 0.3 mm の均一な厚さにアプリケーターを用いて塗布し，風乾後，一定温度（105 〜 120℃）で 30 〜 60 分間加熱，乾燥して調製する．薄層板は湿気を避けて保存する．市販で購入もできる．

2) 操作法

① 試料の塗布：薄層板の下端から約 20 mm の高さの位置を原線とし，左右両側から少なくとも 10 mm 離し，原線上に試料溶液や標準溶液を，マイクロピペットなどを用いて約

10.4 その他のクロマトグラフィー

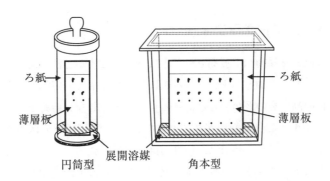

図 10.16 薄層クロマトグラフィーの展開容器
(片岡洋行・田和理市 編 (2011) 薬学分析化学の基礎と応用 第3版, p.230, 廣川書店)

10 mm 以上の適当な間隔で直径 2～6 mm の円形状にスポットし，風乾する．

② 展開容器の準備：展開用容器の内壁に沿ってろ紙を巻き，展開溶媒で潤し，さらに展開溶媒を約 10 mm の深さまで入れ，常温で約 1 時間放置して展開溶媒の蒸気を容器内に飽和させておく．これにより周縁効果（同一成分の移動距離が薄層板の中央部と周縁部で異なる現象）を防ぐ．

③ 展開：薄層面が容器の壁に触れないように注意して薄層板を入れ，容器を密閉し，常温で展開を行う．展開溶媒の先端が原線から適当な距離まで上昇したとき，薄層板を取り出し，直ちに溶媒の先端位置に印を付け，風乾した後，適当な検出法でその位置および色などを調べる．

3) 検出および定性・定量

物理的方法として，波長 254 nm または 365 nm の紫外線ランプを薄層板に照射して蛍光を検出する方法，蛍光剤入りの担体を用い，成分がその蛍光を消光することによる暗いスポットとして検出する方法，混合蛍光剤入りの担体を用いて各種の色の蛍光スポットとして検出する方法がある．化学的方法には，硫酸，硝酸，二クロム酸カリウム，クロロスルホン酸のような腐食性の試薬の他，種々の呈色試薬（アルカロイドやアミンを検出するドラーゲンドルフ試薬，アミノ酸を検出するニンヒドリン試薬など）を噴霧してスポットを確認する方法がある．

定性分析は，次式によって求められる試料成分の R_f **値**（R_f は rate of flow の略）が標準物質の R_f 値と一致することで行う．R_f 値の最大値は 1，最小値は 0 である．

$$R_f = \frac{原線からスポットの中心までの距離}{原線から溶媒先端までの距離} \tag{10.14}$$

R_f 値は変動しやすいので，標準物質を同一プレート上に並べて展開し，比較することが望ましい．

また，デンシトメーターを用いると，スポットの位置や大きさとともに成分濃度が測定できるので，定量分析が可能である．

10.4.2　ろ紙クロマトグラフィー（PC）

ろ紙を用いて混合成分を移動相で展開させて各成分に分離する方法であり，物質の確認または純度試験などに用いられる．通常のPCは，ろ紙に吸着した水を固定相とする分配型であり，移動相には一般に極性の高いものが用いられ，水と自由に混和しない溶媒を用いる場合は，あらかじめ水で飽和させて使用する（水飽和ブタノールなど）．ろ紙に極性の低い有機溶媒，油脂類などをあらかじめ固定相としてしみ込ませ，極性の高い溶媒で展開させる逆相分配モードでの分離も行われる．ろ紙上にアルミナやシリカゲルを混和させたものを固定相とし，極性の低い有機溶媒を組み合わせて分配吸着型PCを行うこともできる．一方，イオン交換基を導入したろ紙を用いるイオン交換型PCでは，無機酸，有機酸，塩基，緩衝液などの水性溶媒を移動相として用いる．

操作法はTLCの場合と同様であるが，展開方法には，上昇法（下方から毛細管現象で吸い上げる）と下降法（毛細管現象と溶媒自身の重みで移動相を下降させる）がある．展開時間は上昇法で15〜30時間，下降法はそれよりやや短い．展開は一定温度で行うことが望ましく，検出に硫酸，硝酸などの腐食性の酸は用いられない．なお，PCのR_f値の再現性はTLCよりも優れているが，展開時間が長く，分離能や感度も劣る．

10.4.3　超臨界流体クロマトグラフィー（SFC）

SFCは，臨界温度，臨界圧力以上に保つことにより超臨界状態とした移動相を用いるクロマトグラフィーであり，移動相には臨界温度，臨界圧力が比較的低くて危険性の少ない二酸化炭素（臨界温度31.3℃，臨界圧力7.39×10^6 Pa）がよく用いられる．超臨界流体は液体状態と気体状態との中間の性質を示し，粘性は液体よりも低くて溶質の拡散が速いので，HPLCよりも流速が大きい状態で高性能分離が可能である．また，超臨界状態での密度は気体状態よりも100倍以上高いため，分子間の相互作用が増し，試料物質を溶解する力が気体状態のときよりも向上する．したがってSFCは，GCでは分離が困難な高沸点物質や熱に不安定な化合物の迅速分析に適している．

▶練習問題

1　クロマトグラフィーの分離パラメーターに関する記述のうち，正しいものを2つ選べ．
　(1) カラム温度を上げると，一般に質量分布比が高くなり，早く溶出する．
　(2) テーリングピークは非対称性で，シンメトリー係数は1より大きい．
　(3) ピーク高さと保持時間が同じなら，ピークが鋭いほど理論段数は大きい．
　(4) 2つのピークをほぼ完全に分離させるには，両者の分離係数は1.5以上必要である．
　(5) カラムの理論段高さは最適流速で最大となる．

2　液体クロマトグラフィーの検出器として用いられるものはどれか．
　(1) 水素炎イオン化検出器

10.4 その他のクロマトグラフィー

(2) 炎光光度検出器
(3) 熱伝導度検出器
(4) 電子捕獲型検出器
(5) 質量分析計

3 ガスクロマトグラフィーの分離機構として，正しいものはどれか．2つ選べ．
(1) 静電的な相互作用の差を利用して物質を分離する．
(2) 固定相と移動相との間の分配係数の差で物質を分離する．
(3) 分子の大きさの違いを利用して物質を分離する．
(4) 生物学的親和力の差を利用して物質を分離する．
(5) 物理的な吸着特性の差を利用して物質を分離する．

4 クロマトグラフィーの分類と分離機構に関する記述のうち，正しいものを2つ選べ．
(1) ろ紙クロマトグラフィーは，ろ紙繊維の表面の水分を固定相とする分配型である．
(2) 薄層および液体クロマトグラフィーは，固定相上での化合物の移動距離を測る方法である．
(3) ガスクロマトグラフィーの保持時間は，薄層クロマトグラフィーの R_f 値より再現性が劣る．
(4) カラムクロマトグラフィーでは，吸着，分配，イオン交換，分子ふるいなどで分離される．
(5) 逆相クロマトグラフィーの固定相は，順相クロマトグラフィーの固定相より極性が高い．

▶▶ 解 答 ◀◀

1 (2), (3)
(1) 質量分布比 k' は固定相と移動相に存在する物質の物質量の比であり，カラム温度を上げると移動相に対する溶解性が高くなるため，k' は小さくなり保持時間が短くなる．
(2) 尾を引くように後方に広がるテーリングピークは，式（10.11）より $S > 1$ となる．
(3) 式（10.8）から，保持時間 t_R が同じならば，W や $W_{0.5h}$ が小さい（ピークが鋭い）ほど理論段数 N は大きい．
(4) 分離係数はクロマトグラム上のピーク相互の保持時間の関係を示すが，完全に分離しているかはわからない．分離度はクロマトグラム上のピーク相互の保持時間とそれぞれのピーク幅との関係を示し，2つのピークがほぼ完全に分離するのは，分離度が1.5以上のときである．
(5) 理論段高さはカラム全長を理論段数で割った値であり，最適流速で理論段数は最大となるので，理論段高さは最小となる．

2 (5)
(1)～(4)はガスクロマトグラフィーの検出器である．質量分析計は，ガスクロマトグラフィー（電子イオン化法や化学イオン化法）と液体クロマトグラフィー（エレクトロスプレーイオン化法や大気圧化学イオン化法）の検出器として用いられる．液体クロマトグラフィーでは，吸

光光度検出器，蛍光光度検出器，示差屈折率検出器，電気化学検出器，化学発光検出器なども用いられる．

③ (2), (5)

(1)はイオン交換クロマトグラフィー，(2)は分配クロマトグラフィー，(3)はサイズ排除クロマトグラフィー，(4)はアフィニティークロマトグラフィー，(5)は吸着クロマトグラフィーの分離機構である．ガスクロマトグラフィーで用いられる分離機構は分配または吸着のみである．

④ (1), (4)

(1) ろ紙クロマトグラフィーは，ろ紙繊維の表面に吸着されている水を固定相とし，水と自由に混ざらない溶媒を移動相として展開する方法で，固定相と移動相に対する分配係数の差に基づいて分離される．

(2) ろ紙および薄層クロマトグラフィーでは，単位時間当たりに試料成分が固定相上に展開される移動距離を測るのに対し，ガスおよび液体クロマトグラフィーなどのカラムクロマトグラフィーでは，カラムから試料成分が溶出される時間を測る．

(3) 原線から溶媒先端までの距離に対する原線からスポットの中心までの距離の比（R_f値）は，同一条件では物質に固有の値であり，物質の同定に用いられる．しかし，R_f値は，ガスおよび液体クロマトグラフィーにおける保持時間に比べ，一般に再現性が劣る．

(4) 吸着，分配，イオン交換，分子ふるいの他，アフィニティーを分離機構とする方法がある．

(5) 逆相系カラムの固定相にはODSのような疎水性物質，順相系カラムの固定相には，シリカゲルのような親水性物質が用いられる．

10.5 電気泳動法

10.5.1 電気泳動法の分類

電気泳動 electrophoresis とは，荷電した溶質や粒子を直流電場の中に置くとき，陽イオンは**陰極** cathode, 陰イオンは**陽極** anode に向かって溶媒中を移動する現象をいう．電気泳動法には，支持体のない**移動界面電気泳動法** moving boundary electrophoresis, 膜状あるいはゲル状の支持体を用いる**ゾーン電気泳動法** zone electrophoresis, 内径が100 μm 以下の溶融シリカ（フューズドシリカ）の細管を用いる**キャピラリー電気泳動法** capillary electrophoresis に大別される．移動界面電気泳動法は，完全な分離が困難で，装置が大型で高価であり，多量の試料を必要とするが，泳動を光学的に観察して移動度を精密に測定することができるので，純粋な物質の物理的性状の研究には有用である．ゾーン電気泳動法は，比較的簡単な装置で高分離能が得られ，微量の試料で分析できるので，生体試料などの分析によく利用される．ゾーン電気泳動法は支持体に試料を添加して電場を与え，支持体の中を移動した成分を染色して検出するため，支持体の種類や形状の違いによる多くの種類がある．一方，キャピラリー電気泳動法は，流れの途中に検出器

を付けることにより，高速かつ高分解能の分離定量が可能である．さらに，キャピラリーの代わりに，ガラスや合成樹脂でできた数 cm 角の基板上にマイクロチャネルを掘って泳動を行う**マイクロチップ電気泳動法** microchip electrophoresis が開発され，数十秒での超高速な遺伝子解析が可能になっている．表 10.4 に担体および分離メカニズムに基づいて分類した主な電気泳動法を示す．これらの方法は，アミノ酸や糖などの低分子からタンパク質や核酸などの生体高分子に至る各種成分の分離，確認，純度検定に広く用いられている．特に近年のバイオサイエンスには欠かせない手法である．

表10.4 主な電気泳動法の分類

電気泳動法		支持体	分離メカニズム	応用例
移動界面電気泳動法	ティゼリウス型電気泳動法	なし	自由溶液，電気浸透	血清タンパク質
	等速電気泳動法	なし	自由溶液	アミノ酸，ペプチド
ゾーン電気泳動法	ろ紙電気泳動法	ろ紙	荷電密度，電気浸透	アミノ酸，ペプチド
	膜電気泳動法	セルロースアセテート膜		血清タンパク質
	ゲル電気泳動法	デンプンゲル アガロースゲル ポリアクリルアミドゲル キャリアアンフォライト 両性担体	荷電密度，分子ふるい効果，ミセル効果，等電点，アフィニティー，免疫	アミノ酸，ペプチド，タンパク質，核酸，分子量測定 遺伝子解析，プロテオーム解析
キャピラリー電気泳動法	キャピラリーゾーン電気泳動法	なし	荷電密度，電気浸透	医薬品分析 光学異性体分析 遺伝子解析
	ミセル動電クロマトグラフィー	なし	荷電密度，電気浸透，ミセル効果	
	キャピラリーゲル電気泳動法	ポリアクリルアミドゲル アガロースゲル	分子ふるい効果	
	キャピラリー等電点電気泳動法	両性担体	等電点	
その他の電気泳動法	マイクロチップ電気泳動法	なし/ポリマー樹脂	荷電密度，分子ふるい効果	タンパク質，核酸，分子量測定

10.5.2 電気泳動法の原理

1）泳動速度と移動度

荷電した粒子を電場の中におくと，電場の強さや荷電粒子の電荷の大小，大きさおよび形状，反対電荷イオンの種類，支持体との相互作用に依存して固有の速度で粒子は移動する．この移動

速度の違いを利用して物質を相互に分離，同定，定量する方法が電気泳動法である．電気泳動装置には種々のタイプがあるが，原理的には図 10.17 に示すようなものである．イオン性物質が電場を移動するときの**電気泳動速度** electrophoretic velosity v (cm/s) は，式（10.15）で表される．

$$v = \frac{Q}{f} \cdot \frac{V}{L} = \frac{Q}{f} \cdot E \tag{10.15}$$

ここで，Q は荷電した粒子の電荷（C），V は電圧（V），L は電極間の距離（cm），f は抵抗係数である．電圧 V を電極間距離 L で割った値 E は電場の強さであり，1 cm あたりにかかる電圧（V/cm）を表す．

単位電位勾配 E あたりの速度 v を**電気泳動移動度** electrophoretic mobility μ（cm^2/V·s）といい，単位時間あたり，単位電場あたりの移動距離で，物質に固有の値である．また，Q は溶媒の pH，イオン強度，種類などに依存する値であり，f は粒子の形，大きさ，溶媒の粘度などに依存する．球状の粒子の場合，粒子の半径を r，溶媒の粘度を η とすると，ストークスの法則により $f = 6\pi\eta r$ であるので，式（10.15）から電気泳動移動度 μ は次式で表される．

$$\mu = \frac{v}{E} = \frac{Q}{f} = \frac{Q}{6\pi\eta r} \tag{10.16}$$

したがって，電気泳動移動度は粒子の電荷に比例し，粒子の半径および溶媒の粘度に反比例する．その他に電気泳動に影響を及ぼす要因として，同一分子量で荷電が同じ場合，球状分子（抵抗が小さい）は線状分子（抵抗が大きい）よりも電気泳動移動度は大きい．また，緩衝液のイオン強度が増加すると，緩衝液イオンが荷電粒子を取り巻くことにより，粒子の見かけの電荷が低

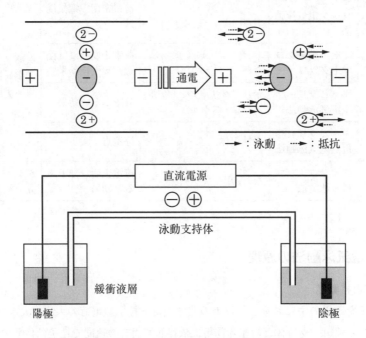

図 10.17　電気泳動の原理と装置

下し，見かけのサイズが変化して電気泳動移動度が減少する．なお，電気的に抵抗をもつ媒体中を電流が流れると，**ジュール熱** Joule heat（総発熱量＝電圧×電流×秒）が発生して緩衝液中の水分が蒸発あるいは対流による拡散が生じ，電気泳動速度に影響を与えるので，注意が必要である．

2）電気浸透流

支持体が帯電していると，そこに接している部分では反対符号をもつ緩衝液イオンが分布し，**電気二重層** electric double layer を形成する．電場の中で，このイオンは自身の電荷とは反対の電極に引き寄せられるため，緩衝液全体がこのイオンと一緒に流れる（図 10.18）．この液の流れを**電気浸透流** electroosmotic flow（EOF）といい，HPLC ポンプのように送液の役割をするが，ポンプ送液では中心ほど速い**層流** laminar flow になるのに対し，均一で平面的な**栓流** plug flow となる．そのため，試料のゾーンの拡散が小さく，シャープな分離が得られる．キャピラリー電気泳動（CE）では，キャピラリー内壁のシラノール基が負に帯電して，緩衝液は電気浸透流により陽極から陰極に向かって流れる．電気浸透流の速度は，一般の電気泳動速度に比べて速いため，陽イオン，中性物質，陰イオンのいずれも陰極方向に流れ，この順で分離，検出される．

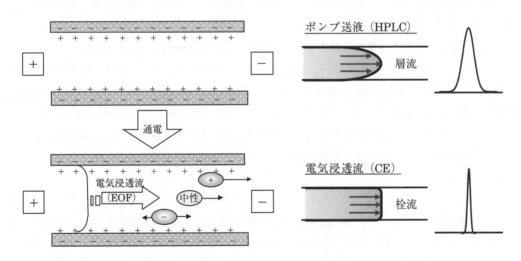

図 10.18 支持体が負に帯電している場合の電気浸透流とポンプ送液との比較

10.5.3　ろ紙電気泳動法，セルロースアセテート膜電気泳動法

ろ紙電気泳動法 paper electrophoresis は市販の電気泳動用のろ紙を支持体とした電気泳動法で，帯状のろ紙の両端を陰極および陽極の電極液に浸し，ろ紙の中ほどに試料を帯状に塗布して通電する．正に荷電した粒子は陰極側に，負に荷電した粒子は陽極側に移動する．泳動終了後，適当な染色液で染色して分離した成分を検出する．**セルロースアセテート膜電気泳動法** cellulose acetate membrane electrophoresis は，ろ紙のセルロースのヒドロキシ基をアセチル化したセルロースアセテート膜を支持体に用いる方法である．原理や操作法はろ紙電気泳動法と

同じであるが，試料や色素の吸着が少なく，微量の試料で測定が可能で，各分画の分離が明瞭である．なお，セルロースアセテート膜では電気浸透流が認められるので，その程度によって試料の塗布位置が異なってくる．臨床分析では，セルロースアセテート膜電気泳動法による血清中のアルブミン分画とα_1-, α_2-, β-, γ-グロブリン分画の泳動パターンが疾病の診断に利用されている．

10.5.4 ゲル電気泳動法

1) アガロースゲル電気泳動法

アガロースは寒天の中性多糖成分を精製したもので，加熱溶解した後に冷却すると繊維状アガロースが絡み合って網目構造をとったゲルになる．このゲルを支持体とする**アガロースゲル電気泳動法** agarose gel electrophoresis は，電気浸透が比較的小さく拡散がよいので，特に核酸の電気泳動に利用される．核酸はリン酸基をもつため全体に負の電荷を帯びており，陽極に向かって一律に移動する．1塩基あたりのリン酸基の数が同じで，単位長さあたりの電荷数はほぼ等しいため，分子ふるい効果により，小さい（鎖長が短い）核酸分子ほど速く移動し，網目よりもはるかに大きい（鎖長が長い）核酸分子はほとんど移動しない．核酸の染色には臭化エチジウムが用いられ，蛍光検出される．臨床分析では，免疫電気泳動やアイソザイム分析に利用されている．

2) ポリアクリルアミドゲル電気泳動法

ポリアクリルアミドゲル電気泳動法 polyacrylamide gel electrophoresis（PAGE）は，ポリアクリルアミドゲルを支持体にしたゾーン電気泳動法の一種であり，ガラス管内に調製した円柱状ゲルで行う**ディスク法** disc technique と平板状に調製したゲルで行う**スラブ法** slab technique がある．両者とも原理やゲル組成は同じであるが，スラブ電気泳動では多検体を同時に1枚のゲル上で電気泳動でき，試料間の相互比較が容易である．ディスク電気泳動は分離成分の回収や二次元電気泳動の一次元目の電気泳動に利用できるなどの利点がある．

A. ゲルの調製

アクリルアミドと架橋剤であるN,N-メチレンビスアクリルアミド（Bis）の混液に重合開始剤である過硫酸アンモニウム（$(NH_4)_2S_2O_8$）と重合促進剤であるN,N,N',N'-テトラメチルエチレンジアミン（$(CH_3)_2N$-CH_2-CH_2-$N(CH_3)_2$）（TEMED）を加えると，重合反応（フリーラジカル反応）によって三次元網目構造をもつポリアクリルアミドゲルが形成される．

ゲルの分子ふるい効果はゲルの濃度と架橋度で決まるため，加えるアクリルアミドとBisの量から，次式によって**ゲル濃度** gel concentration（$T\%$）と**架橋度** degree of cross-linking（$C\%$）を算出する．

$$T = \frac{a+b}{m} \times 100 \qquad C = \frac{b}{a+b} \times 100 \tag{10.17}$$

ここで，mはゲルの調製に用いた試液の全容量（mL），aはm中に含まれるアクリルアミドの量（g），bはm中に含まれるBisの量（g）である．ゲル濃度Tは3〜30％の範囲で変えることができ，Tが大きいほどゲルの網目（有効孔径）は小さくなる．一般に，ゲル濃度が20％以上になると硬くて脆いゲルとなり，取り扱いにくくなる．

B. 分離メカニズム

　PAGE の特徴は，試料のタンパク質成分を薄い層に濃縮した後に電気泳動による分離を行う点で，そのために支持体として**濃縮用ゲル** concentrating gel と**分離用ゲル** separation gel を用いる（図 10.19）．濃縮用ゲルはタンパク質成分の濃縮を目的としており，すべてのタンパク質成分が自由に泳動できるように有効孔径の大きいゲル（T が小さく，C が大きい）が使用される．分離用ゲルは，試料タンパク質成分の種類に応じて適当な有効孔径をもつゲルを調製する．タンパク質の濃縮と分離を行うためには，ゲルの不連続性に加えて，泳動を行う各部分でのイオンの種類や濃度，pH に関しても一定の不連続性が必要であり，通常，濃縮用ゲルのほうが分離用ゲルよりも低い pH で調製される．

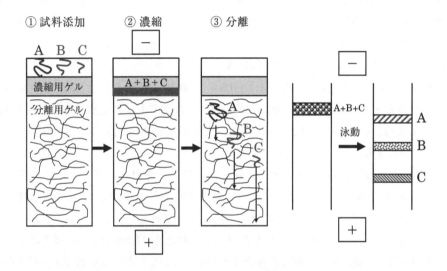

図 10.19　ポリアクリルアミドゲル電気泳動法における分離メカニズム

　濃縮には，できる限り大きな移動度をもつ**リーディングイオン** leading ion と，どのタンパク質よりも移動度が小さい**トレーリングイオン** trailing ion を用いる．たとえば，リーディングイオンに Cl$^-$，トレーリングイオンにグリシンの陰イオン Gly$^-$ を選び，電場を加えると，リーディングイオンの Cl$^-$ は濃縮用ゲルの上端部から下降し始め，トレーリングイオンの Gly$^-$ はその後を追ってゲル内に進入する．このときタンパク質はリーディングイオンとともに存在し，タンパク質成分の電気泳動移動度がリーディングイオンより小さく，トレーリングイオンより大きければ，タンパク質成分はリーディングイオンから次第に分離され，リーディングイオンとトレーリングイオンの間に集まり，**スタッキング** stacking 現象を起こして非常に薄い層に濃縮されていく．

　濃縮されて濃くなったタンパク質の層が分離用ゲルに到達すると，有効孔径の小さいゲルの存在でタンパク質の電気泳動移動度は低下するが，Gly$^-$ などの低分子イオンの移動度は影響を受けず，分離用ゲルに進入すると pH が上昇するため，Gly$^-$ の電離度が大きくなり，その移動度

も増大する．その結果，Gly^-はタンパク質を追い抜き，Gly^-とCl^-の界面が分離用ゲル内を速やかに下降する．この界面を**緩衝液フロント** buffer front といい，ブロムフェノールブルーなどの色素を緩衝液に添加しておくと，その位置を電気泳動中に観察できる．取り残されたタンパク質成分はトレーリングイオンであるGly^-が作り出す液相中で一定の電位勾配を受けて泳動し，各成分が相互に分離する．この分離はゲルの分子ふるい効果と分子の電荷の両方に基づいて行われる．

C．検　出

PAGE で分離されたタンパク質成分の検出にはクーマシーブリリアントブルー R250 やアミドブラック 10B などのタンパク質と強固に結合する色素が用いられる．前者の方が検出感度が高く，現在ではこれが汎用されている．泳動後のゲルをこの色素溶液に浸すと，ゲル全体が青色に染まるが，脱色液で処理するとタンパク質部分以外は脱色されてタンパク質部分が明瞭に観察できる．また，銀染色法は色素染色法よりも 100 倍以上の検出感度をもつ．

3）SDS-ポリアクリルアミドゲル電気泳動法

硫酸ドデシルナトリウム sodium dodecyl sulfate（SDS）は陰イオン性界面活性剤であり，タンパク質の変性剤として作用する．**SDS-ポリアクリルアミドゲル電気泳動法**（SDS-PAGE）では，SDS で変性したタンパク質を試料として，支持体に SDS を含むポリアクリルアミドゲルを用いて電気泳動する．

0.5 mmol/L 以上の濃度の SDS を含む溶液にタンパク質を加えると，タンパク質に対する SDS の質量比が 1：1.4 のタンパク質-SDS 複合体を形成する（図 10.20）．この複合体の結合比は糖タンパク質や酸性タンパク質などの例外を除いてほぼ一定であり，アミノ酸 2〜3 残基に SDS が 1 分子結合している計算になる．したがって，大過剰の SDS のもつ負電荷によって，変性したタンパク質は一様に負に荷電した複合体となり，しかもその荷電状態はタンパク質の種類に関係なく一定である．また，このタンパク質-SDS 複合体は細長いひも状をしており，その太さはタンパク質の種類にかかわりなく一定であり，長さがそのタンパク質の分子量に比例してい

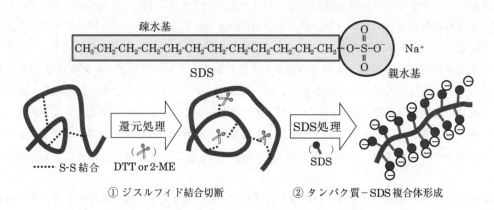

図10.20　SDS の化学構造とタンパク質-SDS 複合体の形成

ることから,タンパク質-SDS複合体はポリアクリルアミドゲルの分子ふるい効果のみに依存して泳動することになり,タンパク質の電気泳動移動度とその分子量の対数がある分子量範囲において直線関係を示す(図10.21).このような特徴からSDS-PAGEはタンパク質の簡便な分子量測定法として広く応用されている.

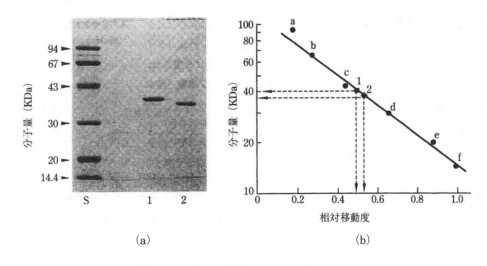

図10.21　SDS-PAGEによる分子量測定
(片岡洋行・田和理市 編(2011)薬学分析化学の基礎と応用 第3版,p.274,廣川書店)
(a) SDS-PAGE 泳動像: S:分子量マーカータンパク質;1,2:試料
(b) 分子量マーカータンパク質の分子量(対数)と相対移動度の関係
 a:ホスホリラーゼb (MW:94,000) b:ウシ血清アルブミン (MW:67,000)
 c:オボアルブミン (MW:43,000) d:カルボニックアンヒドラーゼ (MW:30,000)
 e:大豆トリプシンインヒビター (MW:20,000) f:ラクトアルブミン (MW:14,400)

4) 等電点電気泳動法

等電点電気泳動法 isoelectric focusing (IEF) は,pH勾配を形成させたゲルを用いて,タンパク質をその等電点(pI)に等しいpHの位置に濃縮させて分離する方法である.ゲル内にpH勾配を形成させるには,等電点の異なる種々の**両性担体** carrier ampholyte を混合して電圧をかける方法と,あらかじめゲル自体に解離基を固定化して安定なpH勾配を形成させたもので,イモビラインなどの固定化pHゲルを用いる方法がある.

5) 二次元電気泳動法

二次元電気泳動法 2-dimensional electrophoresis (2-D) は,原理や条件の異なる2種類の電気泳動法を組み合わせて行う方法で,特にタンパク質の分離では,一次元目に等電点電気泳動法,二次元目にSDS-PAGEを行う.二次元電気泳動法は,泳動後のゲルからタンパク質(スポット状)を抽出し,MALDI-TOF-MS分析を行うことでタンパク質の同定に利用されている.

10.5.5 キャピラリー電気泳動法

キャピラリー電気泳動法（capillary electrophoresis）は，毛細管（キャピラリー）の両端に高電圧をかけ，物質を高速かつ高分解能で分離する方法である．溶融シリカキャピラリーでは，緩衝液のpHが4以上になると，キャピラリー内壁のシラノール基（Si-OH）が電離して負に帯電するため，緩衝液は電気浸透流により陽極から陰極に向かって流れる（図10.18）．キャピラリー電気泳動装置は，電極，緩衝液槽，高圧直流電源，キャピラリー（溶融シリカ，内径20〜100 μm，外径150〜400 μm），検出器で構成される．試料導入には，落差法，加圧法，吸引法，電気的導入法などが用いられる．落差法は，キャピラリー管の片端を試料に浸してもち上げることで試料を管内に導入する方法であり，極微量（数 nL）の試料を再現性よく導入することができる．検出器は，UV検出器，フォトダイオードアレイ検出器，レーザー蛍光検出器，質量分析計が利用され，10.1.3項のクロマトグラフィーと同様に，定性・定量分析ができる．クロマトグラムに相当する分離図は，**エレクトロフェログラム** electropherogram と呼ばれる．一般に，泳動時間が短く，分離能も高いため，DNAシークエンサーなどキャピラリーアレイ電気泳動法として利用されている．キャピラリー電気泳動法の概要と主な分離モードを図10.22に示す．

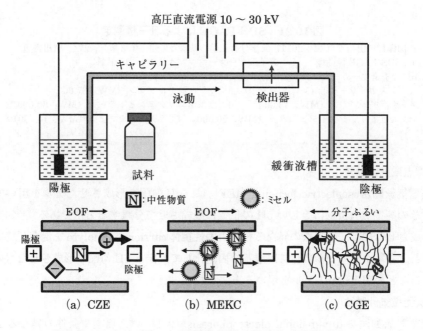

図10.22　キャピラリー電気泳動法の概要と主な分離モード

1) キャピラリーゾーン電気泳動法

キャピラリーゾーン電気泳動法 capillary zone electorophoresis（CZE）は，支持体を用いず，キャピラリー内に電解質溶液を満たし，自由溶液中で分離を行う最も汎用される分離モードで，電気泳動と電気浸透流によってイオン性物質を分離する方法である．陽イオン，中性物質，陰イオンの順に溶出されるが，電荷をもたない中性物質どうしは分離できない．

2) ミセル動電クロマトグラフィー

ミセル動電クロマトグラフィー micellar electrokinetic chromatography（MEKC）は，電気泳動の方法論にクロマトグラフィーの分離メカニズムを組み合わせて，中性物質の分離も可能にした方法である．MEKCでは，SDSのような界面活性剤をミセルが形成される程度の濃度に添加した電解質溶液をキャピラリーに充填し，目的物とミセルとの間に生じる疎水性相互作用を利用して低分子化合物や中性化合物の分離を可能にしている．ミセルに取り込まれる割合の大きい物質ほど電気浸透流と逆方向への移動時間が長くなる．物質はミセルに取り込まれる割合（分配係数の差）によって移動速度に差が出るため，中性物質どうしの相互分離ができる．

3) キャピラリーゲル電気泳動法

キャピラリーゲル電気泳動法 capillary gel electorophoresis（CGE）は，キャピラリー内にポリアクリルアミドゲルやアガロースゲルなどのゲルあるいは高分子ポリマーを充填し，分子ふるい効果を利用した方法で，電気浸透流は充填されたゲルなどで抑制されるため，分子量の小さいイオンから順に溶出される．タンパク質や核酸の分離に用いる．

4) キャピラリー等電点電気泳動法

キャピラリー等電点電気泳動法 capillary isoelectric focusing（CIEF）は，キャピラリー内に両性担体といわれる広範な電荷をもつ両性イオン化合物の混合物を充填し，キャピラリーの両端に電圧をかけてキャピラリー内にpH勾配を形成させ，目的物質の等電点の違いに基づいて分離する方法である．

5) マイクロチップ電気泳動法

マイクロチップ電気泳動法 microchip electrophoresis（MCE）は，数cm角のガラスやプラスチック製の基板上に，光リソグラフィーと化学的エッチングによって幅50〜100 μm，深さ8〜30 μm の溝からなるキャピラリー（マイクロチャネル）をつくり，これに泳動用緩衝液を通して電気泳動を行う方法である．超微量（pL）の試料量で，高電圧（1.5〜2.5 kV）を印加できるため，短い分離チャネルで数十秒の短時間に高分離能が得られる．また，基板チップに自由に流路を作製でき，多検体の同時分析が可能で，遺伝子解析やプロテオーム解析に利用されている．

■ 例題5　電気泳動法

電気泳動法に関する記述のうち，正しいものを1つ選べ．
(1) SDS-ポリアクリルアミドゲル電気泳動法では，タンパク質はすべて陰極側に移動する．
(2) キャピラリー電気泳動法では，電気的中性物質の相互の分離は不可能である．
(3) アガロースゲル電気泳動でDNAを分離するために，試料に臭化エチジウムを加える．
(4) ポリアクリルアミドゲル電気泳動では，分子ふるい効果のみにより分離する．
(5) 等電点電気泳動では，電極間にpH勾配を形成させてタンパク質の分離を行う．

解答と解説　(5)

(1) SDS（硫酸ドデシルナトリウム）は陰イオン性界面活性剤であり，SDSと複合体を形成すると，どのタンパク質も一様に負の電荷に帯電するため陽極側に移動する．タンパク質は分子サイズの違いによって分離される．

(2) キャピラリー電気泳動法の一種であるミセル動電クロマトグラフィーでは，界面活性剤を緩衝液に加えて泳動を行う．中性物質がミセルに取り込まれる度合いの違いによって移動速度に差が出るため，中性物質相互の分離が可能である．

(3) アガロースゲルは比較的大きな三次元網目構造をとり，高分子でも自由に拡散できるため，1000塩基対以上のDNAには分子ふるい効果を示し，DNAを分子量で分離できる．臭化エチジウムは，核酸の検出に用いる蛍光染色試薬である．

(4) ポリアクリルアミドゲル電気泳動では，物質の荷電密度とサイズ（分子ふるい効果）の両方によって分離される．

(5) 等電点電気泳動では，電極間に等電点の異なる種々の両性担体等を用いて安定なpH勾配を形成させ，タンパク質をその等電点に等しいpH層に濃縮して分離を行う．

▶ 練習問題

[1] 電気泳動法における泳動用緩衝液の影響について，正しいものを1つ選べ．
(1) 緩衝液のイオン強度は，移動度に影響しない．
(2) 緩衝液の粘度や温度は，移動度に影響しない．
(3) 緩衝液のpHは，電気浸透流の強弱に影響しない．
(4) アミノ糖は，中性付近の緩衝液中では陽極側に移動する．
(5) ヌクレオチドは，中性付近の緩衝液中では陽極側に移動する．

[2] 電気泳動法に関する記述のうち，間違っているものを2つ選べ．
(1) イオン性物質の電気泳動速度は，イオンの電荷に影響され，電圧に反比例する．
(2) イオン性物質の電気泳動速度は，分子の形や電極間の距離に影響を受ける．
(3) 中性での電気泳動移動度は，亜硝酸イオンの方が硝酸イオンより小さい．

(4) 薄膜ゲル電気泳動法とディスク電気泳動法はいずれもゾーン電気泳動法の一種である．
(5) 泳動後のタンパク質を高感度に検出するために，銀染色法が用いられる．

▶ 解 答 ◀

① (5)
(1) 緩衝液のイオン強度が増加すると，緩衝液イオンが荷電粒子を取り巻くことにより，粒子の見かけの荷電数が低下し，見かけのサイズが変化する．その結果，移動度が減少する．
(2) 緩衝液の粘度の増大で，荷電粒子の移動に対する流体の抵抗が大きくなり移動度が減少する．緩衝液の温度の上昇で，水分の蒸発や対流による拡散が起こり移動度に影響を及ぼす．
(3) 緩衝液のpHを変えると，支持体の解離状態が変化し，電気浸透流の発生に影響する．
(4) アミノ糖のアミノ基は中性付近の緩衝液中では正に帯電するため，陰極側に移動する．
(5) ヌクレオチドは，核酸塩基，ペントース，リン酸からなり，分子全体としては酸性を示すので，中性付近の緩衝液中では負に帯電し，陽極側に移動する．

② (1), (3)
(1) 式(10.15)より電気泳動におけるイオン性物質の移動速度はイオンの電荷に影響され，電圧に比例する．
(2) イオン性物質の電気泳動速度は，電極間の距離に反比例し，分子の形に影響を受ける．
(3) 亜硝酸イオン（NO_2^-）の方が硝酸イオン（NO_3^-）より分子量が小さいのでイオン半径も小さく，粘性抵抗も小さくなるので，電気泳動移動度は大きくなる．
(4) ゾーン電気泳動法は，ろ紙，セルロースアセテート膜やポリアクリルアミドゲルなどの支持体を，薄い平板状（薄膜）あるいはカラム管（ディスク法）に充填して用いる．
(5) タンパク質の検出にはクーマシーブリリアントブルー染色法や銀染色法が用いられる．

（片岡洋行）

第11章
免疫学的分析法

11.1 抗原と抗体

　生体に異物としての**抗原** antigen が投与されると，その抗原と特異的に反応する**抗体** antibody が血清中に産生される．一般に抗原となりうるものはタンパク質または分子量 2000 以上のペプチド，糖鎖などである．抗原として抗体に認識されるのは，抗原の分子構造の一部（タンパク質の場合，4～6アミノ酸程度）であり，この構造を**エピトープ** epitope（抗原決定基）と呼ぶ．1つの抗体は，特異的に1つのエピトープのみを認識する．イムノアッセイに用いられる抗体は通常，IgG である．IgG は分子量約 15 万の糖タンパク質で，分子量約 5 万の H 鎖 2 本と分子量約 2.5 万の L 鎖 2 本がジスルフィド（S-S）結合を介してつながっている．

　通常のタンパク質にはエピトープが複数個存在するので，異種タンパク質を動物に投与すると，それらのエピトープを認識する抗体が産生される．このような各エピトープに対する特異性の異なる複数の抗体は**ポリクローナル抗体** polyclonal antibody と呼ばれる．一方，1種類のエピトープのみを認識する均一な抗体を**モノクローナル抗体** monoclonal antibody という．モノクローナル抗体は，免疫したマウスのリンパ球（抗体産生能力を有する）とミエローマ（骨髄腫細胞）を融合し，目的の抗体を産生する**ハイブリドーマ**（融合細胞）のクローンを単離することで得られる．ポリクローナル抗体を作製する場合は，免疫原は高度に精製したものを用いなければならないが，モノクローナル抗体を作製する場合は，免疫原は未精製のものでも構わない．その理由は，ハイブリドーマをスクリーニングする段階で細胞をクローン化するからである．

　抗原抗体反応における**交差反応性** cross reactivity とは，抗体が本来の抗原分子以外の類似分子と反応してしまう性質のことである．例えば，低分子生理活性物質とその代謝物，ペプチドホルモンとその前駆体タンパク質などが交差反応する場合がある．モノクローナル抗体は一般に特異性は高いが，交差反応する可能性もあるので注意が必要である．交差反応が起こらないために

は抗体の**特異性** specificity が高いことが極めて重要である．特異性が高く，かつ**結合親和性** binding affinity の大きい抗体は微量の抗原を検出することができる．

投与した物質が抗原として生体に抗体を産生させる能力がある場合，**免疫原性** immunogenicity があるという．また，抗原として抗体と結合する性質があることを**抗原抗体反応性** immunoreactivity があるという．抗原抗体反応性と免疫原性の両方をもつ物質を**完全抗原** complete antigen と呼ぶ．一般に通常のタンパク質は完全抗原である．一方，抗原抗体反応性はもつが，免疫原性をもたない物質を**不完全抗原** incomplete antigen と呼ぶ．医薬品をはじめとする低分子化合物や分子量約 2000 以下のペプチドは，一般に抗原としては認識されない．この場合，担体となるキャリヤータンパク質に低分子化合物を共有結合したものを投与することで，特異抗体を得ることができる．このような低分子化合物を**ハプテン** hapten と呼ぶ．ハプテンは不完全抗原であるが，不完全抗原がすべてハプテンとなるわけではない．抗原と抗体の結合は，解離定数が $10^{-10} \sim 10^{-12}$ mol/L 程度の極めて強い結合であるが，イオン結合，水素結合，ファンデルワールス力ならびに疎水性相互作用などの非共有結合による可逆的な反応である．

■ **例題 1　抗原と抗体**

次の記述のうち，正しいものを 2 つ選べ．
(1) IgG 抗体は 2 本のポリペプチド鎖からなる糖タンパク質である．
(2) IgG 抗体はまったく同じ構造の抗原結合部位が 1 分子内に 2 箇所存在する．
(3) 低分子化合物に対する抗体は得られないので，測定対象は高分子に限られる．
(4) 抗原と抗体が特異的に結合する反応を交差反応性と呼ぶ．
(5) 抗原抗体反応は非共有結合による反応である．

解答と解説　(2)，(5)

(1) IgG 抗体は 2 本の H 鎖と 2 本の L 鎖の合計 4 本のポリペプチド鎖からなる．
(2) 抗原結合部位は H 鎖と L 鎖の N 末端領域からなり，1 分子中に 2 箇所存在する．
(3) 低分子化合物はキャリヤータンパク質などの高分子に共有結合した後，動物に投与すると抗体を産生できる．
(4) 交差反応とは，抗体が抗原とは別の物質（多くの場合，抗原の構造類似物）と反応することである．
(5) 抗原と抗体は互いの立体構造が相補的になっているため極めて強い結合力を示す．抗原と抗体の分子間はすべて非共有結合で可逆的である．

11.2 イムノアッセイの種類と原理

イムノアッセイ（免疫学的測定法）immunoassay とは，タンパク質，ペプチド，低分子化合物などをそれらに対する特異抗体を用いて定量する方法である．ここでは検出のために標識をつける標識イムノアッセイについて述べる．標識物として放射性同位元素や酵素などが用いられ，それぞれ**ラジオイムノアッセイ** radioimmunoassay（RIA）ならびに**エンザイムイムノアッセイ** enzyme immunoassay（EIA）と呼ばれる．

ラジオイムノアッセイに用いられる主な放射性同位元素を表 11.1 に示す．この中で ^{125}I はチロシンのフェノール性水酸基のオルト位が I 原子で置換できるので，チロシン残基をもつタンパク質やペプチドの標識に主に用いられる．^{125}I は半減期が 60 日と扱いやすく，NaI シンチレーションカウンターで高感度の測定が可能なことから，汎用されている．低分子のハプテンを放射標識する場合，標識による影響を避けるため分子構造中の炭素原子または水素原子に放射性の ^{14}C や ^{3}H を用いて合成したものが用いられる．^{3}H は ^{14}C より比活性（dpm/mol）が高く，高感度な分析が可能である．ただし，^{3}H や ^{14}C は半減期が長く，廃液の処理に手間がかかる欠点がある．

表 11.1 ラジオイムノアッセイに用いられる主な放射性同位元素

核　種	放射線	測定機器	半減期
^{3}H	β 線	液体シンチレーションカウンター	12.26 年
^{14}C	β 線	液体シンチレーションカウンター	5570 年
^{125}I	γ 線	NaI シンチレーションカウンター	60 日
^{131}I	γ 線	NaI シンチレーションカウンター	8 日

エンザイムイムノアッセイには，標識酵素として，西洋わさびペルオキシダーゼ，ウシ小腸アルカリホスファターゼ，大腸菌 β-ガラクトシダーゼなどが用いられる．基質には，呈色基質だけでなく，蛍光基質や化学発光基質など種々のものが用いられ，検出感度は，吸光法（呈色）＜蛍光法＜化学発光法の順に高くなる．

標識イムノアッセイには競合法と非競合法の 2 つの方法がある．**競合法** competitive method では，標識抗原（一定量）と非標識の抗原が，抗体（一定量）と競合的に結合する．したがって，競合法では目的物質（非標識抗原）の量が増大すると抗原抗体複合体中の標識物のシグナル強度が減少する（図 11.1 (a)）．**非競合法** noncompetitive method では，ポリスチレンなどの固相表面にあらかじめ十分量の抗体を固定化（物理的に吸着）し，次に抗原（目的物質）を加え，両者が反応した後，標識抗体を加え，抗原抗体反応を行う．反応後，過剰の標識抗体を洗浄・除去し，固相表面に結合した標識物のシグナル強度を測定することにより，目的物質の量を知る（イムノメトリックアッセイ）．非競合法では目的物質量が増大すると標識抗体量（シグナル）が増大す

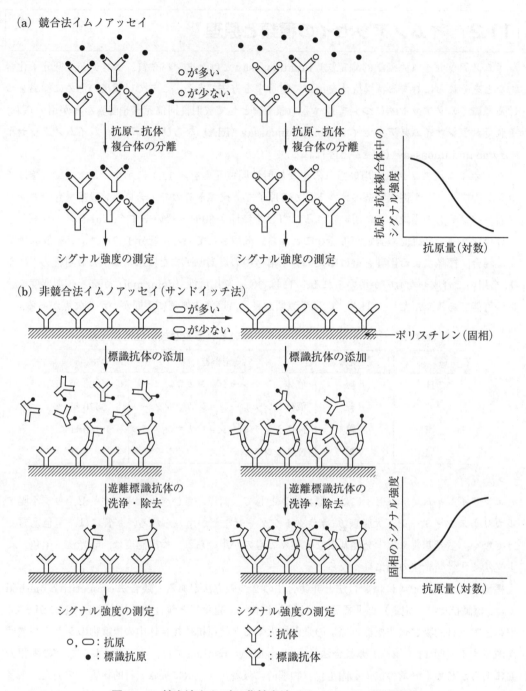

図 11.1　競合法ならびに非競合法イムノアッセイの原理

る（図 11.1 (b)）．この方法は**サンドイッチ法** sandwich immunoassay とも呼ばれる．サンドイッチ法では抗原を固相化抗体に結合させた後，未標識抗体（一次抗体）を加え，さらにその抗体を認識する抗体（二次抗体）を加えることもある．この場合は二次抗体が標識されており，汎用性が高い．このように抗体または抗原を固相に結合させて，抗原抗体反応を固相表面で行う方法を **ELISA**（enzyme-linked immunosorbent assay）**法**と呼ぶ．固相を用いることで，抗原抗体複合体（B）と遊離型（F）の分離を容易にしたものである．ELISA 法は，モノクローナル抗体のスクリーニングやウイルス感染症の抗体検査に多用されている．抗体検査の場合には，ウイルスタンパク質などの抗原を固相化し，その後，被検血清（一次抗体），標識二次抗体を加える．

なお，抗原抗体反応では，タンパク質の高次構造が破壊されている場合でも，エピトープの構造が残っていれば抗体と結合する．したがって，イムノアッセイで得られる測定値は必ずしもそのタンパク質の生理活性と一致するとは限らない．

■**例題 2　イムノアッセイの原理**
次の記述のうち，正しいものを 1 つ選べ．
(1) 身体の免疫機能を利用して，生体内の微量成分を測定する方法をイムノアッセイ（免疫学的測定法）という．
(2) 競合法では目的物質（抗原）の量が増加すれば，抗原抗体複合体中のシグナル強度は増大する．
(3) 非競合法では目的物質の量が増加すれば，抗原抗体複合体中のシグナル強度は増大する．
(4) ELISA 法とはサンドイッチ法のことである．
(5) 非競合法では抗原を固相化することはない．

解答と解説　(3)
(1) イムノアッセイとは特異抗体を用いた *in vitro* 微量定量法のことである．
(2) 競合法では，標識抗原と未標識抗原が抗体との結合において競合するので，未標識抗原の量が増加するとシグナル強度は減少する．
(4) ELISA 法とは，ポリスチレンなどの固相上で抗原抗体反応を行うイムノアッセイのことである．サンドイッチ法は，固相上の抗体を用いた ELISA 法の一種であるが，同義語ではない．
(5) ウイルス感染の抗体検査においては，抗原であるウイルスタンパク質をポリスチレン表面に固相化する．

11.3　B/F 分離

イムノアッセイでは標識された抗原は，抗体と結合している結合型（Bound, B）または抗体と結合していない遊離型（Free, F）のいずれかとして存在する．競合法イムノアッセイでは遊

離型または結合型のいずれかの標識物のシグナル強度を測定する必要があるため，BとFを分離する（**B/F分離** separation of bound and free fractions という）．通常は抗原抗体複合体であるB画分を定量する．

B/F分離に用いられる方法として，1) 二抗体法，2) ポリエチレングリコール（PEG）沈法，3) チャコール吸着法，4) 固相化プロテインA法などがある．二抗体法では可溶性の抗原抗体複合体に二次抗体（抗体のFc部分を認識する）を加え，巨大な複合体として沈殿させる．PEG沈法では，PEGにより高分子化合物である抗原抗体複合体（B）を沈殿させる．チャコール吸着法では，デキストランでコートしたチャコール（活性炭）によって，低分子化合物（F）のみを吸着させて取り除く．固相化法では，セファロースビーズに抗体のFc領域を認識するプロテインAを共有結合した固相化プロテインAセファロースなどを用いる．固相化法は，反応時間が短く，抗体を特異的に認識して沈殿させることから，最も汎用されている．

これらのB/F分離法は，抗原分子または標識物が低分子化合物であるか，あるいは酵素などの高分子化合物であるかによって使い分ける必要がある．すなわち，低分子化合物の場合はチャコール吸着法やPEG沈殿法を適用できるが，高分子化合物はチャコールに吸着せず，またPEGによって沈殿してしまう．

■**例題3　B/F分離法**

次の記述のうち，正しいものを2つ選べ．
(1) 二抗体法は，抗原抗体複合体をさらに抗体で架橋することで抗原抗体複合体を沈降させる．
(2) チャコールは抗体を特異的に結合する性質があるので，B/F分離に用いられる．
(3) 低分子化合物がハプテンである場合，PEG沈法はB/F分離に用いることはできない．
(4) プロテインAセファロースは，セファロースビーズにプロテインAを物理的に吸着させたものである．
(5) プロテインAセファロースは，抗原が高分子であっても低分子であっても利用できる．

解答と解説　**(1), (5)**

(1) 抗原抗体複合体に第二抗体（抗体に対する抗体）を適量加えると巨大な複合体が形成され，沈降する．
(2) チャコールは，低分子化合物を非特異的に吸着するが，タンパク質のような巨大分子は結合しない．
(3) PEGは，タンパク質，多糖，核酸などの高分子を沈殿させる作用がある．したがって，分子量約15万の抗体は沈殿するが，ハプテンなどの低分子化合物は沈殿しない．
(4) プロテインAセファロースは，セファロースビーズにプロテインAと呼ばれるタンパク質を共有結合したものである．

(5) 抗原が高分子であっても低分子化合物であっても，抗体はすべてプロテインAに捕捉される．操作も容易で優れたB/F分離法である．

11.4 ヘテロジニアスイムノアッセイとホモジニアスイムノアッセイ

RIAのようにB/F分離を必要とするイムノアッセイは**ヘテロジニアスイムノアッセイ** heterogeneous immunoassay（不均一免疫測定法）と呼ぶ．RIAはすべてヘテロジニアスイムノアッセイである．一方，標識抗原のシグナル強度が抗体との反応によって変化する場合は，B/F分離をすることなく，標識抗原，非標識抗原ならびに抗体からなる反応混合物のシグナル強度を直接測定することが可能で，これを**ホモジニアスイムノアッセイ** homogeneous immunoassay（均一免疫測定法）と呼ぶ．グルコース-6-リン酸デヒドロゲナーゼを標識に用いるEIAでは，抗体と結合すると酵素活性が失われることを利用している．この方法は**エミット** enzyme multiplied immunoassay technique（EMIT）と呼ばれる（図11.2）．ヘテロジニアスイムノアッセイは操作に手間のかかることが欠点であるが，感度，再現性において，ホモジニアスイムノアッセイより優れている．一方，ホモジニアスイムノアッセイは操作が簡便で大量処理に向いていることから，**血中薬物濃度測定** therapeutic drug monitoring（TDM）など，臨床化学分野で活用されている．

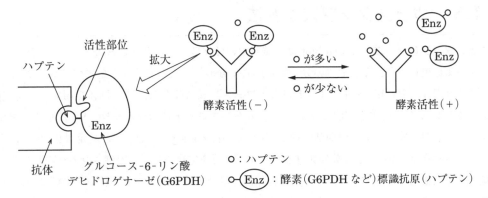

図11.2 ホモジニアスイムノアッセイ（エミットシステム）の原理
グルコース-6-リン酸デヒドロゲナーゼは，遊離状態では酵素活性を示すが，ハプテン部分が抗体と結合すると活性部位がふさがれ，基質が結合できなくなり，酵素活性を示さなくなる．

■例題 4　ヘテロジニアスイムノアッセイとホモジニアスイムノアッセイ

次の記述のうち，正しいものを 3 つ選べ．
(1) 抗原抗体反応後，B/F 分離の必要ないものはヘテロジニアスイムノアッセイと呼ばれる．
(2) RIA はすべてヘテロジニアスイムノアッセイである．
(3) EIA のうち，サンドイッチ法はホモジニアスイムノアッセイである．
(4) ホモジニアスイムノアッセイは臨床現場での利用価値が高い．
(5) エミット（EMIT）システムはホモジニアスイムノアッセイの一例である．

解答と解説　(2)，(4)，(5)

(1) 抗原抗体反応後，B/F 分離をする必要のないものは，ホモジニアスイムノアッセイと呼ばれる．
(2) RIA では B と F に関係なく，シグナルを発するので，B/F 分離は必須である．
(3) サンドイッチ法などの ELISA は，固相を用いることによって B/F 分離を容易にしたものである．ヘテロジニアスイムノアッセイである
(4) ホモジニアスイムノアッセイは自動化しやすいことから，多数の検体を迅速に処理する必要のある臨床現場で汎用される．

11.5　ウェスタンブロット法

　ウェスタンブロット法 western blot は，試料中の種々のタンパク質を SDS-ポリアクリルアミドゲル電気泳動により，それぞれの分子量に応じて分離し，次いでそれらをすべてポリビニリデンジフルオリド（PVDF）（古くはニトロセルロース）膜に転写し，特異抗体を用いて，特定のタンパク質のみを検出する方法である．ウェスタンブロット法の原理を図 11.3 に示す．まず，タンパク質試料を陰イオン性界面活性剤 SDS（sodium dodecyl sulfate）と還元剤 2-メルカプトエタノール存在下，100℃，3 分間処理し，タンパク質を完全に還元，変性させる．これにより，大量の負電荷を有する SDS-タンパク質複合体は，ポリアクリルアミドゲル中を陽極に向かって泳動する．このとき分子量の小さなタンパク質は速く泳動する．
　泳動終了後，ポリアクリルアミドゲルに PVDF 膜を密着させて，再度，電気泳動によってすべてのタンパク質を膜に転写する．転写後，膜をアルブミンなどでブロッキング（タンパク質の結合していない PVDF 膜を非特異的なタンパク質で覆うこと）した後，一次抗体，酵素標識した二次抗体（一次抗体を認識する抗体）を反応させる．膜を洗浄後，発色試薬または化学発光試薬を加えて，一次抗体と反応した特定のタンパク質のバンドを検出する．最近では，感度が高く，操作も簡便な化学発光試薬が多用されている．

ELISA法とウェスタンブロット法の特徴を表11.2に示す．ELISA法は通常，96ウェルまたはそれ以上のプレートで行うことが可能で，操作を自動化できるため，多数の検体の一次スクリーニングに適している．一方，ウェスタンブロット法は，1回に泳動できるのは20検体程度で操作も煩雑である．ELISA法は抗体の交差反応などによって擬陽性シグナルを生じることがあるが，ウェスタンブロット法はタンパク質の分子量情報も含むのでより正確である．それぞれの方法の特徴を理解して，単独で，あるいは組み合わせて用いることが重要である．

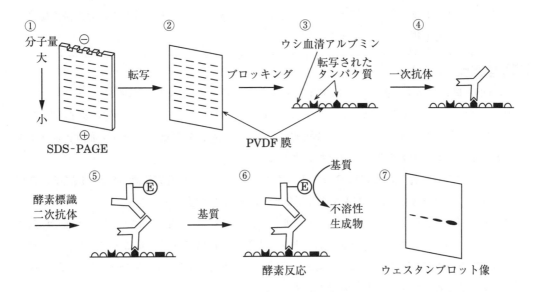

図11.3 ウェスタンブロット法
①タンパク質試料をSDS-ポリアクリルアミドゲル電気泳動（SDS-PAGE）で分離，②泳動後，ゲル内のタンパク質をポリビニリデンジフルオリド（PVDF）膜に転写，③PVDF膜の露出部分をウシ血清アルブミンなどでブロッキング，④一次抗体が目的タンパク質に特異的に結合，⑤酵素標識した二次抗体が結合，⑥酵素反応により不溶性生成物が膜上に沈着，⑦目的タンパク質の可視化

表11.2 ELISA法とウェスタンブロット法の特徴

	ELISA法	ウェスタンブロット法
多検体処理	○	△
定量性	○	△
自動化のしやすさ	○	×
分子量に関する情報	×	○
操作の簡便性	○	×
スクリーニング向き	○	×
信頼性の高さ	△	○

■ **例題 5　ウェスタンブロット法**
次の記述のうち，正しいものを 2 つ選べ．
(1) ウェスタンブロット法では，電気泳動した DNA を特異的に検出することができる．
(2) ウェスタンブロット法では，非特異的な結合を防ぐためにブロッキング処理を行う．
(3) ウェスタンブロット法の電気泳動にはアガロースゲル電気泳動が用いられる．
(4) ウェスタンブロット法では，目的タンパク質の分子量に関する情報は得られない．
(5) ウェスタンブロット法では，リン酸化やアセチル化など，タンパク質の翻訳後修飾に関する情報も得ることができる．

解答と解説　(2), (5)
(1) DNA 断片を電気泳動し，検出する方法はサザンブロット法と呼ばれる．
(2) 転写に用いる PVDF（またはニトロセルロース）膜はタンパク質を結合する性質が強い．タンパク質である抗体の膜への非特異的結合を防ぐため，転写後，膜をウシ血清アルブミンまたはスキムミルクなどでブロッキングする．
(3) タンパク質の電気泳動には SDS-ポリアクリルアミドゲル電気泳動（SDS-PAGE）を用いる．アガロースゲルは DNA や RNA などの電気泳動に用いる．
(4) SDS-PAGE ではタンパク質は完全に変性し，ポリペプチド鎖の短いものほど速く泳動される．分子量マーカー（分子量既知のタンパク質）を同時に泳動することにより，目的タンパク質の分子量情報が得られる．なお，オリゴマー構造を有するタンパク質は SDS-PAGE によって，各サブユニットに分離される．
(5) リン酸化またはアセチル化アミノ酸残基を特異的に認識する抗体を用いて，タンパク質の翻訳後修飾を検出することができる．

▶ **練習問題**

[1] イムノアッセイに関する記述のうち，正しいものを 2 つ選べ．
(1) 通常，タンパク質分子あたり 1 個のエピトープが存在する．
(2) ハプテンとは，単独では抗体を産生する能力はないが，キャリアータンパク質に結合させると抗体を得ることができる低分子化合物である．
(3) タンパク質を動物に投与したときに得られる抗体は，通常，複数種類の抗体の混合物で，ポリクローナル抗体である．
(4) モノクローナル抗体は特異性が極めて高く，交差反応が起こらない点で優れている．
(5) 特異性の高い抗体は結合親和性も大きい．

[2] イムノアッセイに関する記述のうち，正しいものを 2 つ選べ．
(1) 競合法では一定量の抗体と一定量の抗原に対して，さまざまな濃度の標識抗原を加える．

(2) 非競合法では大過剰の抗体（または抗原）に対して抗原（または抗体）を加え，生成した抗原抗体複合体に標識抗体を結合させて検出する．
(3) ELISA 法はすべて非競合法である．
(4) EIA の検出感度は用いる抗体の結合親和力によって決まる．
(5) 非競合法は競合法よりも高感度分析が可能である．

▶ 解 答 ◀

①　(2)，(3)
(1) 通常，タンパク質は複数のエピトープ（抗原決定基）をもつ多価抗原である．
(4) モノクローナル抗体は一般に特異性は高いが，交差反応が起こらないわけではない．
(5) 特異性と結合親和力は別の概念である．

②　(2) (5)
(1) 競合法では一定量の抗体と一定量の標識抗原を用いる．
(3) 固定化ハプテンへの標識抗体の結合を遊離型ハプテン(目的成分)が競合する方法がある．
(4) 検出感度は，抗体の結合親和力と検出方法の両方で決まる．
(5) 非競合法には増感法があり，放射性同位元素の感度を超えるものもある．増感法にはアビジン-ビオチン結合を利用して1つの抗体に多数の酵素を結合させるものなどがある．

（金田典雄）

第12章 画像診断技術

　画像診断技術は近年急速に進歩し，その性能は年々向上している．現在の医療において，画像診断は不可欠の技術である．主なものとして，X線診断法，MRI 診断法，超音波診断法，内視鏡検査，核医学検査などがある．

12.1 X線診断法

　X線診断法 X-ray diagnostic imaging の代表的なものは，X線単純撮影法（いわゆるX線検査）とX線コンピューター断層撮影法（X線 CT または単に CT という）である．X線診断法ではX線発生装置（X線管）から発生させたX線を人体に照射し，透過してきたX線を検出し，画像化する．X線は，組織や臓器によって吸収率が異なるため画像上での濃淡として表される．X線の吸収率は，骨＞血液＞水＞脂肪＞肺（空気）の順に低くなり，X線が透過しにくい骨は白く，透過しやすい肺は黒い画像となる．

12.1.1 X線単純撮影法

　X線単純撮影法の検出は，古くからX線フィルムによる骨や胸部の診断に用いられている．最近ではX線フィルムに代わってイメージングプレート（IP）と呼ばれる蛍光板が用いられ，IP上のデータを装置が読み取り，モニターに表示したり，透過したX線を直接デジタル信号に変換するデジタルラジオグラフィーが汎用されている．なお，消化器，循環器，泌尿器など軟部組織の診断では，単純に撮影しただけではコントラストのある像が得られない．そのため，X線吸収を高める陽性造影剤あるいは低くする陰性造影剤が用いられる．前者には消化器診断用の硫酸バリウム（経口投与）や循環器診断用のヨード化合物（主に心臓カテーテル）があり，原子番号が大きい原子を有し，高いX線吸収率を示す．後者には空気や二酸化炭素がある．

　また，乳房を挟むように押し広げて撮影する乳房検査専用の低エネルギーX線撮影装置としてマンモグラフィーがあり，乳がんの画像診断に汎用されている．

12.1.2　X線CT

X線CT（X-ray computed tomography，X線コンピューター断層撮影）は，X線単純撮影と同様に生体を透過したX線を検出するものである．X線管とそれに向かい合って弓状に多数の検出器が配置された円筒の中を，被検者を乗せた寝台を体軸方向に移動させながら，X線を人体の周りに360°高速に回転させて照射する点に特徴がある（ヘリカルCT（図12.1））．こうして得られたデータをコンピューター処理することにより断層像を作成する．現在では，検出器の列を体軸方向に多数（最大320列）並べて，1回の照射回転で多数の断層像（320列の場合，体軸の約16 cm分）を一気に取得するマルチスライスCTが開発されている．X線CTは臓器の形態，出血，腫瘍などを知ることができ，測定時間も短い．しかし，放射線被曝があり，骨格の影響を受けるなどの欠点がある．画像は白黒で表示され，その濃淡はCT値（単位：ハンスフィールドユニット（HU））で表される．CT値は空気を−1000 HU，水を0 HU，吸収の大きな骨を＋1000 HUとして，2000段階からなる数値で表される．

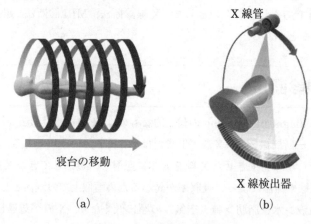

図12.1　X線CTの原理
(a) ヘリカルCTのイメージ．X線管が被検者の周りを回転すると同時に寝台が移動する．
(b) X線管とそれに対向するX線検出器．X線検出器は体軸にそって多数（64列など）並べられ，同時に多数の断層像が得られる（マルチスキャンCT）．
（東芝メディカルシステムズ株式会社より改変）
（CT適塾（http://www.ct-tekijyuku.net/）より引用）

12.2　MRI診断法

MRI magnetic resonance imaging（磁気共鳴画像）診断法は，核磁気共鳴を人体に応用したものである．本法は，生体内に最も豊富に存在する水分子や脂肪のプロトン（水素原子核）の組織中での存在状態の違いを反映して臓器や組織を画像化するもので，脳など軟部組織でのコントラストが高い．一方，プロトン密度の低い骨や肺（空気）のシグナルは弱い．

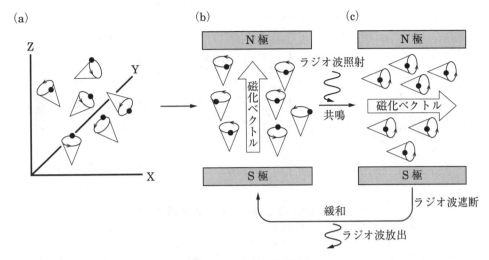

図 12.2　MRI の原理
(a) 自然状態におけるプロトン（黒丸で示す）の歳差運動．各プロトンの歳差運動の軸は無秩序な方向を向いている．
(b) 自然状態におけるプロトンを静磁場（N極，S極）内に置くと歳差運動の軸は静磁場方向に整列する（配向がそろう）．ただし，位相はそろっておらず，全体の磁化ベクトルは静磁場方向（Z軸）になる．
(c) 歳差運動の周波数と同じ周波数のラジオ波を照射すると，共鳴により歳差運動の位相がそろい，磁化ベクトルはX軸方向に向く（励起状態）．次いでラジオ波の照射を止めるとラジオ波を放出しながら元の状態に戻っていく（緩和）．

図 12.2 に MRI による画像診断法の原理を示す．体内において，電荷をもつプロトンは自転しながら，軸を傾けて回るコマのような首振り運動（歳差運動）をしており，固有の磁場（磁気モーメントという）を生じさせる．すなわち，プロトンは磁気モーメントをもつ小さな棒磁石と考えられる．そのようなプロトンがZ軸方向の静磁場に置かれると，それまでランダムな配向をしていた歳差運動の軸は一斉に静磁場方向にそろい，プロトン全体の示す磁化ベクトルは静磁場方向を向く．そこに歳差運動の周波数（ラーモア周波数と呼ぶ）と同じ周波数の電磁波（FMラジオ波程度）を照射すると，共鳴現象によって歳差運動の位相がそろい，それまでZ軸の静磁場方向を向いていた磁化ベクトルが90°倒れてX軸方向に向く（この過程を励起と呼ぶ）．その後，電磁波の照射を遮断すると，プロトンは吸収したエネルギーを放出しながら再び磁化ベクトルがZ軸方向に向いた基底状態に戻る．MRIではこの放出されるエネルギー（電磁波）を磁気共鳴（MR）信号として受信し，コンピューター処理によって断層像を得ている．励起されて90°倒れていた磁化ベクトルが静磁場と同じ向きに戻る緩和過程を**緩和** relaxation といい，緩和には縦緩和と横緩和がある（図 12.3(a)）．縦緩和とは磁化ベクトルが静磁場（Z軸）方向に回復していく過程であり，横緩和とは磁化ベクトルのX軸成分が減衰していく過程である．それぞれの緩和に要する時間を縦緩和時間 T_1 ならびに横緩和時間 T_2 と呼ぶ．

具体的には，人体を 1.5 T（テスラ）または 3 T の強力な静磁場（通常，超伝導磁石）内に置き，磁場内で電磁波の照射と遮断を繰り返し，励起されたプロトンの磁化モーメントの向きが静磁場

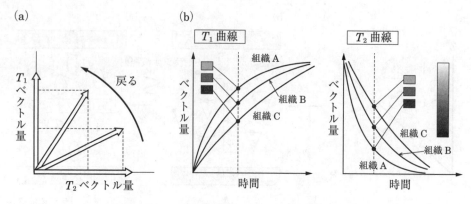

図 12.3　MRI の縦緩和（T_1）と横緩和（T_2）

(a) 緩和過程における磁化ベクトルの変化

　　磁化ベクトルを縦と横の 2 成分に分けて考える．縦方向を T_1，横方向を T_2 という．励起状態において 90°倒れていたベクトルは緩和過程で縦方向（Z 軸）に戻る．このとき T_1 ベクトル量は時間とともに増大し，T_2 ベクトル量は減衰する．

(b) T_1 曲線および T_2 曲線

　　組織の違い（含水量など）によって T_1 の増大または T_2 の減衰のしかたが異なる．緩和過程のある時間における各ベクトル量の違いは白黒の濃淡として画像化される．一般に，ある組織における濃淡は T_1 強調画像と T_2 強調画像で逆の関係になる．

と垂直な方向から静磁場と同じ方向に戻るまでの時間 T_1 と T_2 を測定する．組織の違いによって水分子の T_1 と T_2 が異なる（図 12.3 (b)）．ある時点でのシグナル強度を比較すると，各組織を異なる濃淡で示すことができる．測定条件を選ぶことで T_1 強調画像または T_2 強調画像が得られる．T_1 強調画像では解剖学的構造が，T_2 強調画像では梗塞，炎症，腫瘍などの病変部位に関する情報が得られやすい．MRI 診断法は，身体の任意の方向の断面を画像化でき，放射線被曝がない点で優れている．また，T_1 または T_2 の信号強度を局所的に強める造影剤として用いられるガドリニウム製剤（金属キレート）は，X 線 CT で用いられるヨード造影剤よりも副作用の発現頻度が低く，脳腫瘍の診断などに威力を発揮している．

12.3　超音波診断法

超音波診断法 ultrasonography はヒトの可聴域より高い周波数（1～20 MHz）の音波を発信し，その一部が反射して音源方向に戻ってくる反射波（エコー波）の強度と戻るまでの時間から，生体内の臓器などを画像化する方法である．超音波診断法では，超音波を発信するとともに体内からの反射波を受信する探触子（プローブ）を体表に密着させて測定する．周波数は高いほど解像度は向上するが，体内への浸透度が低下する．プローブから出た超音波は，音波の伝わり方の異なる臓器や組織間の境界面において一部が反射され，残りは透過する．音波の伝わりやすさは**音響インピーダンス** acoustic impedance で表され，骨＞筋肉＞血液＞水＞脂肪＞空気の順に小さくなる．

超音波診断法には，一般的な組織の断層像を得る断層法と，反射波の周波数変化から血流を観察することができるドプラ法に分けられる．さらにドプラ法と断層像を重ねて表示するカラードプラ法がある．通常用いられる断層法は，肝臓，膵臓，腎臓，膀胱，子宮，卵巣，胎児など非常に多くの臓器の診断に利用されている．ドプラ法は，血管内の血球による反射波の周波数が，近づいてくる場合と遠ざかる場合で異なる（ドプラ効果）ことを利用している．

超音波診断法は侵襲性がなく安全である．また画像がリアルタイムで表示されることから，動脈硬化，弁膜症，心奇形，心筋症などの心血管疾患や軟組織における腫瘍，腫瘤，結石，さらに胎児のモニターなどに汎用されている．

12.4 内視鏡検査

内視鏡検査は，ファイバースコープと電子内視鏡が主なものである．ファイバースコープは体外の光源から光ファイバーを用いて消化管などの管腔内を照射し，反射光を再度，光ファイバーの内面全反射により操作側のビデオシステムに送る．管腔内を直接観察することができ，通常，観察と同時に組織の採取や治療を行うことができる．電子内視鏡は内視鏡先端部に小型CCDカメラが装着されており，カメラのデータを電気信号としてビデオシステムに送り，画像化する．

12.5 核医学診断法

核医学診断法は，放射性医薬品を体内に投与し，体内から放出されるX線やγ線を体外から検出して画像化するもので，放射性医薬品の体内分布や動態から，がんやその他の疾患の診断に利用される．主な核医学診断法として，SPECTとPETがある．

12.5.1 SPECT

被検者に^{99m}Tc，^{123}I，^{67}Ga，^{201}Tl，^{111}Inなどを含む放射性医薬品を投与し，これらの核種から放出される1本のγ線やX線（これを単光子 single photon と呼ぶ）をコリメーターを通してNaIシンチレーターで検出して，画像化する．この方法をシンチグラフィーといい，撮影装置をガンマシンチカメラと呼ぶ．なかでもγ線を放出する^{99m}Tcは，物理的半減期が6時間と短く被曝線量が少ないこと，ジェネレーターでの作製が容易であること，種々の化合物に合成できることなどから，骨，甲状腺，唾液腺，脳，心筋，腎臓などの診断に最もよく利用されている．ガンマシンチカメラをX線CTのように円筒形に配置して，被検者の周りを高速で回転させ，得られたデータをコンピューター解析によって断層画像とすることができる（図12.4(a)）．そのような装置は **SPECT** single photon emission computer tomography（単光子放出断層撮影）と呼ばれる．

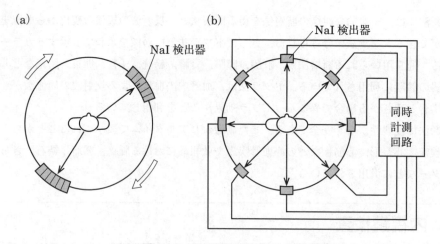

図12.4　SPECTとPETの装置概要
(a) SPECT．NaI検出器が被検者の周りを回転することにより断層像を得る．
(b) PET．向かい合う1対の検出器を多数ならべ同時に入ったシグナルを計測することにより断層像を得る．

12.5.2 PET

PET positron emission tomography（陽電子放出断層撮影）は，^{18}F，^{15}O，^{11}C，^{13}Nなどのポジトロン（$β^+$線または陽電子）核種で標識した化合物を人体に投与し，放出されるポジトロンが体内のエレクトロン（陰電子）と会合して消滅する際に，互いに反対方向に放出される2本のγ線（消滅放射線）を測定して断層像を作成する（図12.4(b)）．向かい合った1対の検出器にγ線が同時に検出されたときだけ計測する．ポジトロン核種の半減期は数分から2時間程度と極めて短いため，X線CTに比べると放射線被曝は少ない．また，全身像として一度に調べられる．しかし，使用する放射性医薬品は医療用サイクロトロンを備えた施設（病院内など）で製造，管理，標識し，直ちに患者に投与する必要があり，費用も高額である．最も汎用される^{18}F-フルオロデオキシグルコース（^{18}F-FDG）は，生体に投与（静脈注射）されるとグルコース代謝の盛んな脳や腫瘍組織などに取り込まれるが，細胞内で代謝されずに腎臓から尿中に排泄される．PETは臓器の代謝活性を定量することができることから，脳各部位の神経活動の評価などにも有効である．なお，PETは形態学的な情報を得られないため，X線CTと組み合わせたPET/CT装置が汎用される．

■ 例題 1　画像診断技術

次の記述のうち，正しいものを 1 つ選べ．
(1) X 線 CT は円筒形の X 線照射装置とそれに対向する検出器からなり，寝台が体軸方向に移動することで，体内を縦切りの断層像として描出する．
(2) MRI 診断法では，体内の信号発生部位を特定するために，静磁場に対して垂直の方向に磁場をかける．
(3) 超音波診断法では，組織を透過してきた超音波を検出し，画像化する．
(4) ファイバースコープは光の全反射を利用している．
(5) PET では，^{18}F などのポジトロン核種から放出されるポジトロンを検出器で直接検出して画像化する．

解答と解説　(4)

(1) X 線 CT は基本的には体軸に垂直な面での断層像が得られる．
(2) 体内における信号発生部位（深さ）を特定するために静磁場と同じ方向にさらに直線的に変化させた傾斜磁場と呼ぶ弱い磁場をかける．
(3) 超音波診断法は，超音波が体内の臓器や異なる組織に当たりその一部が反射してきた反射波をとらえて画像化する
(4) ファイバースコープに用いられる光ファイバーは光の全反射を利用している．
(5) PET では，体内の放射性医薬品から放出されたポジトロンが体内のエレクトロンと衝突して消滅する際に発生する 2 本の γ 線（消滅放射線）を検出する．

▶ 練習問題

1　画像診断技術に関する記述のうち，正しいものを 2 つ選べ．
(1) 心臓カテーテル検査による冠動脈の診断には，通常，造影剤投与が必要である．
(2) MRI 診断法では，水分の多い組織の方が，水分の少ない組織よりもプロトンの緩和時間（T_1 および T_2）は短くなる．
(3) 超音波診断法のなかでドプラ法は，血流など動きのある物体の測定に利用される．
(4) SPECT 法では，^{18}F-FDG などのポジトロン核種を用いて体内の腫瘍部位などを検索する．
(5) PET は空間分解能が高く，腫瘍などの病巣部位の特定に有効である．

2　画像診断技術に関する記述のうち，正しいものを 2 つ選べ．
(1) X 線単純撮影と X 線 CT を比べると，X 線 CT の方が放射線の被曝は少ない．
(2) MRI は非侵襲的な診断法であり，造影剤を用いる必要はない．
(3) 骨で囲まれた器官や臓器の画像診断において，X 線 CT の方が MRI より優れている．

(4) PETで用いる ^{18}F，^{13}N などの核種は物理的半減期が極めて短く，放射線被曝は少ない．
(5) SPECT や PET は各臓器の機能を画像情報として得られる利点がある．

③ 画像診断技術に関する記述のうち，正しいものを2つ選べ．
(1) X線CT ならびに MRI の腹部断層像は，患者の足元から頭部に向けて見た画像である．
(2) X線CT や MRI は骨折や骨の病変の検査にも利用される．
(3) 超音波診断法は非侵襲的かつリアルタイムでの画像取得が可能である．
(4) MRI は心臓ペースメーカー植え込み患者においてのみ禁忌である．
(5) T_1 強調画像は病変部位に関する画像が得られやすい．

▶▶ 解 答 ◀◀
① (1), (3)
(1) 通常，陽性造影剤であるヨード化合物が用いられる．
(2) 水分の多い組織は水分子の自由度が大きく，エネルギーを放出する過程であるプロトン緩和時間 T_1 および T_2 はいずれも長くなる．
(4) SPECT はポジトロン核種ではなく，^{99m}Tc などの γ 線核種を用いる．
(5) PET の空間分解能は低い．そのため X線CT のような空間分解能の高い装置と組み合わせた PET/CT が汎用される．

② (4), (5)
(1) X線CT は X線単純撮影に比べて X線の照射線量が高く，放射線被曝の危険性が高い．
(2) 画像のコントラストを高めるため，主にガドリニウム (Gd) 製剤などの MRI 造影剤を用いることがある．
(3) X線は骨における吸収率が高く，X線CT では骨の影響を受ける．
(4) ^{18}F の物理的半減期は 110 分，^{13}N は 9.96 分である．そのため，放射線被曝は少ない．
(5) 投与した放射性医薬品の体内分布，体内動態から組織の機能を調べることができる．

③ (1), (3)
(2) 骨は X線を吸収するため X線CT は骨の検査には有効であるが，プロトン密度は低いため MRI は用いられない．
(4) ペースメーカー以外に人工関節や義歯など体内に金属があると MRI 測定はできない．
(5) T_1 強調画像は構造的情報を得るのに向いている．

(金田典雄)

日本語索引

ア

Rf値 145
IgG 161
アガロースゲル電気泳動法 152
アスピリンの定量 91
アノード 75
アフィニティー 124
アフィニティークロマトグラフィー 138
アルカリ熱イオン化検出器（FTID） 141, 142
アレニウスの定義 33

イ

EMIT 167
EDTA 53, 54, 98
EBT 99
イオン強度 26
イオン交換 119, 124
イオン交換クロマトグラフィー 136
イオン交換樹脂 119
イオンサイズパラメーター 27
イオン対抽出 116
イオン雰囲気 26
異種イオン 65
異種イオン効果 65
一液溶離法 138
一次標準物質 82
一次標準法 82
移動界面電気泳動法 148, 149
移動相 123

移動相送液ポンプ 133
イムノアッセイ 163
イメージングプレート 173
医療用サイクロトロン 178
陰イオン交換体 136
陰極 75, 148
インジェクター 133
陰性造影剤 173

ウ

ウェスタンブロット法 168, 169, 170

エ

HETP 127
HSAB則 60
HPLC 124
HPLCの検出器 134
HPLC用カラム 133
HPLC用検出器 134
液-液抽出 116
液間電位 75
液体クロマトグラフィー（LC） 123
液体クロマトグラフィーの分離機構 135
滴定 81
エコー波 176
SI 3
SI基本単位 3
SI組立単位 3, 4
SI接頭語 3, 4
SI誘導単位 3

SDS-ポリアクリルアミドゲル電気泳動法（SDS-PAGE） 154
エチレンジアミン四酢酸 53, 98
エチレンジアミン四酢酸二水素二ナトリウム液 99
X線コンピューター断層撮影 174
X線CT 174
X線診断法 173
X線単純撮影法 173
エナンチオマー 138
NN 98, 99
N, N-ジメチルホルムアミド 96
エピトープ 161
F検定 16
F分布表 17
MRI 174
MRI診断法 174
エリオクロムブラックT 98, 99
ELISA法 165, 169
エレクトロフェログラム 156
塩 40
塩化ヨウ素 109
塩基 33
塩基の電離 34
塩基の電離定数 35
塩橋 75
炎光光度検出器（FPD） 142
エンザイムイムノアッセイ 163

オ

ODS充填剤　136
オルトフタルアルデヒド　138
音響インピーダンス　176

カ

外部標準法　131
解離定数　34
ガウス分布　12
過塩素酸　96
過塩素酸標準液の標定　96
化学電池　75
化学発光検出器　134
化学平衡　28
化学量論　29
架橋度　152
核医学診断法　177
拡張デバイ-ヒュッケル則　26
確定誤差　11
下降法　146
加水分解　40
加水分解定数　40
ガスクロマトグラフ　140
ガスクロマトグラフィー（GC）　123, 140
ガスクロマトグラフィー用カラム　141
ガスクロマトグラフィー用検出器　141
画像診断技術　173
カソード　75
片側検定　14, 17
活性電極　71, 72
活量　25
活量係数　26
ガドリニウム製剤　176

過飽和　62
過マンガン酸塩滴定　105
過マンガン酸カリウム　105
カラム　133
カラムクロマトグラフィー　123
渦流拡散　127
ガルバニ電池　75
還元　69
還元滴定　104
還元剤　69
緩衝液　41
緩衝液フロント　154
間接滴定　85
間接ヨウ素滴定　105
完全抗原　162
含量　86
緩和　175

キ

機器分析法　2
棄却検定　16
危険率　15
器差　11
起電力　76
帰無仮説　15
逆滴定　85
逆相クロマトグラフィー　136
キャパシティーファクター　126
キャピラリーゲル電気泳動法（CGE）　149, 157
キャピラリーゾーン電気泳動法（CZE）　149, 157
キャピラリー電気泳動法　148, 149, 156
キャピラリー等電点電気泳動法　149, 157
キャリヤーガス　140

Q検定　16, 18
吸蔵　64
吸着　64, 124
吸着クロマトグラフィー　136
吸着指示薬　84, 102
競合法　163
鏡像異性体　138
共沈　64
共通イオン効果　64
強電解質　25
共役酸塩基対　34
極性溶媒　25
キラル移動相法　138, 139
キラル固定相法　138, 139
キラルセレクター　139
キレート　50
キレート化合物　50
キレート環　50
キレート効果　51
キレート試薬　50, 54
キレート滴定　98
キレート抽出　116
均一沈殿法　64
均一免疫測定法　167
金属錯体　49
金属指示薬　84, 98

ク

空試験　86
偶然誤差　11
偶然誤差の伝播　21
クーロン相互作用　26
繰り返し抽出　117
クリスタルバイオレット　97
クロマトグラフ　124
クロマトグラフィー　123
クロマトグラム　124

ケ

蛍光光度検出器　134
系統誤差　11
結合親和性　162
血中薬物濃度測定　167
ゲル浸透クロマトグラフィー　137
ゲル電気泳動法　149
ゲル濃度　152
ゲルろ過クロマトグラフィー　137
検量線　130

コ

恒温分析　143
光学異性体　138
光学分離　138
抗原　161
抗原決定基　161
抗原抗体反応性　162
交差反応性　161
構造解析法　2
高速液体クロマトグラフ　132
高速液体クロマトグラフィー（HPLC）　132
抗体　161
勾配溶離法　138
固-液抽出　119
コールドオンカラム注入法　140
国際単位系　3
誤差　11
個人誤差　11
固相化プロテインAセファロース　166
固相化プロテインA法　166

固相抽出法　122
固定相　123
孤立電子対　49
混晶形成　64

サ

再結晶　64
歳差運動　175
採取　1
サイズ排除　124
サイズ排除クロマトグラフィー　137
錯体　49
錯体の生成定数　50, 52
酸　33
酸塩基滴定　87
酸塩基指示薬　84
酸化　69
酸化滴定　104
酸化還元滴定　104
酸化還元指示薬　84
酸化還元電位　71
酸化還元反応　69
酸化剤　69
酸化数　70
参照電極　85
サンドイッチ法　164, 165
酸の電離　34
酸の電離定数　35

シ

ジアステレオマー誘導体化法　138, 139
Ca^{2+}とMg^{2+}の分別定量　100
紫外・可視吸光光度検出器　134
磁気共鳴画像　174

自己プロトリシス　36
自己プロトリシス定数　36
示差屈折率検出器　134
示差滴定　89
指示電極　85
質量分析計（MS）　134, 141, 142
質量分布比　126
質量保存の法則　29
質量モル濃度　6
弱電解質　25
十億分率　6
臭素滴定　105, 108
終点　84
[18]F-フルオロデオキシグルコース　178
重量分析法　2, 64
ジュール熱　151
主成分分析　2
順相クロマトグラフィー　136
昇温分析　143
条件安定度定数　55
条件生成定数　55, 56
上昇法　146
常量分析　2
シラノール基　133
試料　1, 2, 5, 6, 9
試料導入装置　133
質量作用の法則　28
真度　11, 12
シンメトリー係数　128

ス

水酸化ナトリウムの定量　89
水素炎イオン化検出器（FID）　141, 142
水平化効果　37, 39

水和 26
スタッキング 153
スプリット注入法 140
スプリットレス注入法 140
SPECT 177
スラブ法 152

セ

正確さ 11
正規分布 12
正極 75
静電的相互作用 26
精度 11, 12
生物学的親和力 124
精密さ 11
生理食塩液の定量 103
絶対検量線法 131
絶対分析法 113
セルロースアセテート膜電気泳動法 151
全安定度定数 50
全生成定数 50
選択係数 120
前濃縮 1
千分率 6
栓流 151

ソ

相対標準偏差 13
相対分析法 113
層流 151
ゾーン電気泳動法 148, 149
測定 1
ソックスレー抽出器 119

タ

対イオン 26

第1種の誤り 15, 19
対応量 86
第2種の誤り 19
多座配位子 50
縦緩和 175
縦緩和時間 T_1 175
ダニエル電池 75
単位 2
段階溶離法 138
単極電位 71
単光子放出断層撮影 177
単座配位子 50
探触子 176
断層法 177
段理論 126

チ

チオ硫酸ナトリウム 107
チオ硫酸ナトリウム液の標定 107
逐次安定度定数 51
逐次生成定数 51
チャコール吸着法 166
中央値 20
中空キャピラリーカラム 141
抽出百分率 117
中和滴定 87
超臨界流体クロマトグラフィー (SFC) 123, 146
超臨界流体抽出 120
直接滴定 85
直接ヨウ素滴定 105
沈殿滴定 101
沈殿形 64
沈殿生成 61

テ

t 検定 16

TDM 167
T_2 強調画像 176
t 分布表 13, 14
T_1 強調画像 176
Dixon 法 16, 18
ディスク法 152
定性分析 1, 64
定組成溶離法 138
定量分析 1
データ解析 1
テーリング 128
デジタルラジオグラフィー 173
テトラメチルアンモニウムヒドロキシド液 96
デバイ-ヒュッケルの極限法則 26
電位差滴定 84
電解質 25
電解セル 75
電荷均衡 29
電気泳動 148
電気泳動移動度 150
電気泳動速度 150
電気泳動法 148
電気化学検出器 134
電気浸透流（EOF） 151
電気的終点検出法 84
電気的中性の原理 29
電気伝導度検出器 134
電気二重層 151
電極 71
電極電位 71
電子供与体 70
電子受容体 70
電子対供与体 34
電子対受容体 34
電子内視鏡 177

電子捕獲検出器（ECD） 141, 142
電池反応に対するネルンストの式 76
点滴分析 2
電離 25
電離定数 34, 35
電離度 25
電流滴定 84

ト

等電点電気泳動法 155
当量点 84
特異性 162
ドプラ法 177
トレーリングイオン 153

ナ

内視鏡検査 177
内標準物質 131
内標準法 130, 131
難溶性塩 61

ニ

二抗体法 166
二次元電気泳動法 155
二次標準液 83
二次標準法 82
ニンヒドリン 138

ネ

熱伝導度検出器（TCD） 141, 142
熱力学温度 3
熱力学的平衡定数 28
ネルンストの式 71

ノ

濃縮用ゲル 153
濃度 5
濃度平衡定数 28
ノンパラメトリック法 20

ハ

配位結合 49
配位子 49
配位数 49, 50
ハイブリドーマ 161
薄層クロマトグラフィー 123, 144
パックドカラム 141
ハプテン 162
反射波 176
ハンスフィールドユニット 174
半値幅 127
斑点試験 2
半電池 71
半反応 69

ヒ

PEG 沈法 166
PET 178
B/F 分離 166
ピーク高さ 126
ピーク幅 127
ppm 6
ppt 6
ppb 6
非 SI 単位 5
非競合法 163
非共有電子対 49
非結合電子対 49
非水滴定 96
非水溶媒 96
ヒドロニウムイオン 33
百分率 6
百万分率 6
標識イムノアッセイ 163
標準液 81
標準起電力 76
標準水素電極 72, 73
標準添加法 131
標準電極電位 72, 73
標準物質 83
標準偏差 13
標定 82, 99
標本 12
秤量形 64
微量成分分析 2
微量分析 2

フ

ファイバースコープ 177
ファクター 82
ファンディームタープロット 128
ファヤンス法 101
フェノールの定量 108
フェノールフタレイン 84
フォトダイオードアレイ検出器 134
フォルハルト法 102
不確定誤差 11
不活性電極 71, 72
不完全抗原 162
負極 75
不均一免疫測定法 167
副反応係数 55
浮選 119

物質収支　29
物質量　3
物理量　2
不偏分散　13
不飽和　62
フルオレセインナトリウム　102
プレカラム誘導体化法　138
ブレンステッド-ローリーの定義　33
プローブ　176
ブロッキング　168
プロトン　33
プロトン供与体　33
プロトン受容体　33
分解　1
分子ふるい　124
分子ふるいクロマトグラフィー　137
分析化学　1, 5, 9
分配　124
分配・吸着クロマトグラフィー　136
分配クロマトグラフィー　136
分配係数　115, 125
分配定数　115
分配比　115
分配平衡　115
分離　1
分離係数　128
分率　6
分離度　129
分離パラメーター　124, 126
分離分析法　2
分離用ゲル　153

ヘ

平均活量係数　26
平均値　13
pH　37
pH 緩衝液　41
pH 指示薬　84
ヘテロジニアスイムノアッセイ　167
ヘリカル CT　174
偏差値　13
ヘンダーソン-ハッセルバルヒの式　42

ホ

ホウ酸の定量　92
方法誤差　11
飽和　62
保持時間　124
保持指標　124
ポジトロン　178
母集団　12
保持容量　126
ポストカラム誘導体化法　138
保存　1
母標準偏差　12
母平均　12, 13
ホモジニアスイムノアッセイ　167
ポリアクリルアミドゲル電気泳動法（PAGE）　152
ポリエチレングリコール（PEG）沈法　166
ポリクローナル抗体　161
ポリスチレン系イオン交換樹脂　119
本試験　86

マ

マイクロチップ電気泳動法　149, 157
前処理　1
膜電気泳動法　149
マスキング剤　98
マトリックス　2
マルチスライス CT　174
マンモグラフィー　173

ミ

水の安定領域　74
水のイオン積　36
水の自己プロトリシス　36
水の電離　36
ミセル動電クロマトグラフィー（MEKC）　149, 157

ム

無電流電極電位　76

メ

メチルオレンジ　84
メチルレッド　84
免疫学的測定法　163
免疫原性　162

モ

目的成分　1, 2, 5, 6, 9, 20, 84, 115, 122, 136, 138, 171
モノクローナル抗体　161
モル濃度　5
モル溶解度　63

ユ

有意差検定　15

有意水準　15
有効数字　20
誘導体化　138

ヨ

陽イオン交換体　136
溶解　1, 61
溶解度積　61, 62
ヨウ化カリウムの定量　110
陽極　75, 148
陽性造影剤　173
ヨウ素　106
ヨウ素液の標定　106
ヨウ素還元滴定　105, 106
ヨウ素還元滴定の関連法　105, 108
ヨウ素酸塩滴定　109
ヨウ素酸化滴定　105, 106
ヨウ素酸カリウム　107, 109
ヨウ素滴定　105
陽電子放出断層撮影　178

溶媒抽出　116
溶媒抽出用キレート試薬　116
容量分析法　2, 81
容量分析法に必要な条件　81
容量分析用標準液　83
ヨード造影剤　176
横緩和　175
横緩和時間 T_2　175

ラ

ラーモア周波数　175
ラジオイムノアッセイ　163

リ

リーディング　128
リーディングイオン　153
リービッヒ-ドゥニジェ法　102
リガンド　138
硫酸アンモニウム鉄（Ⅲ）試液　102
硫酸ドデシルナトリウム　154

硫酸標準液の標定　87
両側検定　14, 17
量比　126
理論段あたり高さ　127
理論段数　126
理論段高さ　127
リン酸の定量　88

ル

ルイスの定義　34, 60
ル・シャトリエの原理　29

ロ

ろ紙クロマトグラフィー　123, 146
ろ紙電気泳動法　149, 151

ワ

Warder 法　89

外国語索引

数字

2-dimensional electrophoresis 155

A

absolute calibration curve method 131
accuracy 11
acetate membrane electrophoresis 151
acid 33
acid-base indicator 84
acid-base titration 87
acoustic impedance 176
active electrode 71
activity 25
activity coefficient 26
adsorption 64, 124
adsorption indicator 84, 102
affinity 124
agarose gel electrophoresis 152
alkali flame thermoionic detector 141
amperometric titration 84
analytical chemistry 1
analyze 1
anion exchanger 136
anode 75, 148
antibody 161
antigen 161
autoprotolysis 36

B

back titration 85
base 33
binding affinity 162
blank test 86
bromometry 105
buffer front 154

C

calibration curve 130
capacity factor 126
capillary column 141
capillary electrophoresis 148, 156
capillary gel electorophoresis 157
capillary isoelectric focusing 157
capillary zone electorophoresis 157
cathode 75
cation exchanger 136
charge balance 29
chelate 50
chelate compound 50
chelate effect 51
chelate extraction 116
chelate ring 50
chelating reagent 50
chelatometric titration 98
chemical cell 75
chemical equilibrium 28

chemiluminescence detector 134
chiral selector 139
chiral separation 138
chromatogram 124
chromatograph 124
chromatography 123
column chromatography 123
common ion effect 64
competitive method 163
complete antigen 162
complex 49
concentrating gel 153
concentration 5
conditional formation constant 55
conditional stability constant 55
confidence interval 13
conjugate acid-base pair 34
coordinate bond 49
coordination number 49
coprecipitation 64
Coulomb interaction 26
counter ion 26
cross reactivity 161

D

data analysis 1
Debye-Hückel limiting law 26
degree of cross-linking 152
degree of electrolytic

dissociation 25
determination 1
determine 1
differential reflactive index detector 134
digestion 1
direct titration 85
disc technique 152
dissolution 1, 61
distribution coefficient 115, 125
distribution constant 115
distribution ratio 115

E

electric conductivity detector 134
electric double layer 151
electrochemical detector 134
electrode 71
electrode potential 71
electrolyte 25
electrolytic cell 75
electrolytic dissociation 25
electrolytic dissociation constant 34
electromotive force 76
electron acceptor 70
electron capture ionization detector 141
electron donor 70
electroneutrality principle 29
electron pair acceptor 34
electron pair donor 34
electroosmotic flow 151
electropherogram 156

electrophoresis 148
electrophoretic mobility 150
electrophoretic velocity 150
electrostatic interaction 26
enantiomer 138
end point 84
enzyme immunoassay 163
enzyme-linked immunosorbent assay 165
enzyme multiplied immunoassay technique 167
epitope 161
equivalence point 84
ethylenediaminetetraacetic acid 53
extended Debye-Hückel law 26
external standard method 131
extraction constant 122

F

factor 82
flame ionization detector 141
flame photometric detector 141
flotation 119
fluorescence detector 134

G

galvanic cell 75
gas chromatography 123
Gaussian distribution 12
gel concentration 152
gradient elution 138

gravimetric analysis 2, 64

H

half cell 71
half reaction 69
hapten 162
hard and soft acids and bases theory 60
height equivalent to a theoretical plate 127
Henderson-Hasselbalch equation 42
heterogeneous immunoassay 167
high performance liquid chromatography 124
homogeneous immunoassay 167
hydration 26
hydrolysis 40
hydrolysis constant 40
hydronium ion 33

I

immunoassay 163
immunogenicity 162
immunoreactivity 162
incomplete antigen 162
indicator electrode 85
indirect titration 85
inert electrode 71
instrumental analysis 2
instrumental error 11
internal standard method 130
iodimetry 105
iodometry 105

ion exchange 119, 124
ionic atmosphere 26
ionic strength 26
ion-pair extraction 116
ion product 36
ion size parameter 27
isocratic elution 138
isoelectric focusing 155
isothermal analysis 143

J

Joule heat 151

L

law of conservation of mass 29
law of mass action 28
leading ion 153
Le Chatelier's principle 29
leveling effect 37
ligand 49
liquid chromatography 123
liquid junction potential 75
laminar flow 151
lone electron pair 49

M

macroanalysis 2
magnetic resonance imaging 174
major analysis 2
mass balance 29
mass distribution ratio 126
mass spectrometer 134, 141
matrix 2
mean 13
mean activity coefficient 26

measurement 1
median 20
metal complex 49
metal indicator 84
method error 11
micellar electrokinetic
  chromatography 157
microanalysis 2
microchip electrophoresis
  149, 157
minor analysis 2
mixed crystal formation 64
mobile phase 123
molality 6
molarity 5
molecular sieve 124
molecular sieve
  chromatography 137
monoclonal antibody 161
monodentate ligand 50
moving boundary
  electrophoresis 148

N

Nernst equation 71
neutralization titration 87
nonaqueous titration 96
nonbonding electron pair 49
noncompetitive method 163
non-parametric method 20
normal distribution 12
normal hydrogen electrode 73
normal phase
  chromatography 136
null hypothesis 15

O

occulation 64
optical isomer 138
overall formation constant 50
overall stability constant 50
oxidation 69
oxidation number 70
oxidation-reduction 84
oxidimetry 104
oxidizing agent 69

P

packed column 141
paper chromatography 123
paper electrophoresis 151
partition 124
partition adsorption
  chromatography 136
partition coefficient 125
peak height 126
peak width 127
peak width at half height 127
percentage 6
permanganate titration 105
permil 6
personal error 11
pH buffer solution 41
physical quantity 2
plate theory 126
plug flow 151
polar solvent 25
polyacrylamide gel
  electrophoresis 152
polyclonal antibody 161

polydentate ligand　50
population　12
positron emission tomography　178
postcolumn derivatization　138
potentiometric titration　84
precipitation　61
precipitation form　64
precipitation from homogeneous solution　64
precipitation titration　101
precision　11
precolumn derivatization　138
preconcentration　1
preservation　1
pretreatment　1
primary standard　82
proton　33
proton acceptor　33
proton donor　33

Q

qualitative analysis　1, 64
quantification　1
quantify　1
quantitative analysis　1

R

radioimmunoassay　163
random error　11
recrystallization　64
redox potential　71
redox reaction　69
redox titration　104
reducing agent　69
reductimetry　104
reduction　69
reference electrode　85
relative standard deviation　13
relaxation　175
resolution　129
retention time　124
retention volume　126
reversed phase chromatography　136

S

salt　40
salt bridge　75
sample　1, 12
sampling　1
sandwich immunoassay　165
saturation　62
secondary standard solution　83
selectivity coefficient　120
separation　1
separation analysis　2
separation factor　128
separation gel　153
separation of bound and free fractions　166
SI base unit　3
side reaction coefficient　55
SI derived unit　3
significance level　15
significance test　15
significant figures　20
single-electrode potential　71
single photon emission computer tomography　177

SI prefix　3
size exclusion　124
size exclusion chromatography　137
slab technique　152
solid-liquid extraction　119
solid phase extraction　122
solubility product　61
solvent extraction　116
Soxhlet extractor　119
specificity　162
spot analysis　2
stacking　153
standard addition method　131
standard deviation　13
standard electrode potential　72
standard electromotive force　76
standard hydrogen electrode　74
standardization　82
standard solution　81
stationary phase　123
stepwise elution　138
stepwise formation constant　51
stepwise stability constant　51
stoichiometry　29
structure analysis　2
supercritical fluid chromatography　123
supercritical fluid extraction　120
supersaturation　62

symmetry factor   128
systematic error   11

T

temperature programming analysis   143
theoretical plate number   126
therapeutic drug monitoring   167
thermal conductivity detector   141
thermodynamic equilibrium constant   28
thin-layer chromatography   123
titration   81
trace analysis   2
trailing ion   153
trueness   11

U

ultrasonography   176
ultratrace analysis   2
ultraviolet-visible absorption detector   134
unbiased variance   13
unidentate ligand   50
unit operation   1
unsaturation   62
unshared electron pair   49

V

volumetric analysis   2, 81

W

weak electrolyte   25
weighting form   64
western blot   168

X

X-ray computed tomography   174
X-ray diagnostic imaging   173

Z

zone electrophoresis   148